T0240031

Numerische Mathematik

Markus Neher

Numerische Mathematik

Eine anschauliche modulare Einführung

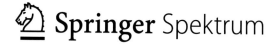 Springer Spektrum

Markus Neher
Angewandte und Numerische Mathematik
Karlsruher Institut für Technologie
Karlsruhe
Baden-Württemberg, Deutschland

ISBN 978-3-662-68814-4   ISBN 978-3-662-68815-1 (eBook)
https://doi.org/10.1007/978-3-662-68815-1

Die Deutsche Nationalbibliothek verzeichnet diese Publikation in der Deutschen Nationalbibliografie;
detaillierte bibliografische Daten sind im Internet über https://portal.dnb.de abrufbar.

Planung/Lektorat: Iris Ruhmann
Springer Spektrum ist ein Imprint der eingetragenen Gesellschaft Springer-Verlag GmbH, DE und ist ein
Teil von Springer Nature.
Die Anschrift der Gesellschaft ist: Heidelberger Platz 3, 14197 Berlin, Germany

Das Papier dieses Produkts ist recycelbar.

Vorwort für Lernende

Wenn Sie zum ersten Mal mit Numerik in Berührung kommen, haben Sie vermutlich schon ein umfangreiches Grundwissen in Algebra und Analysis erworben. Sie kennen die Begriffe der Existenz und der Eindeutigkeit von Lösungen und Sie haben Methoden kennengelernt, mit denen sich gewisse algebraische oder analytische Probleme geschlossen (analytisch, symbolisch, exakt) lösen lassen. Damit ist eine Formel oder ein Berechnungsverfahren gemeint, mit dem die Lösung in endlich vielen durchführbaren Schritten exakt bestimmt wird.

Allerdings stößt diese reine Mathematik bei Anwendungsproblemen schnell an Grenzen:

- Nicht jede mathematische Aufgabenstellung ist geschlossen lösbar. Für nichtlineare Gleichungen gelingt dies nur in Spezialfällen.
- Die praktische Durchführung eines exakten Lösungsverfahrens kann zu aufwendig sein. Dies gilt unter anderem für große lineare Gleichungssysteme mit vielen Unbekannten, die in den Ingenieurwissenschaften auftreten.
- Symbolische Darstellungen können schwer verständlich sein. Die Zahlen

$$x_1 = \pi^e, \quad x_2 = e^\pi, \quad x_3 = \frac{2}{(1 - \ln 2)^2}$$

sind wohldefiniert, die beteiligten Funktionen wohlbekannt. Können Sie diese drei Zahlen der Größe nach ordnen? Können Sie es für die Näherungen

$$\tilde{x}_1 = 22.50, \quad \tilde{x}_2 = 23.14, \quad \tilde{x}_3 = 21.24?$$

- In technischen Anwendungen sind für Funktionen selten Berechnungsformeln bekannt, sondern nur Messwerte an endlich vielen Messpunkten. Aus diesen sollen dann Werte von Ableitungen oder Integralen geeignet approximiert werden.

Numerik ist die Mathematik der Näherungswerte, bzw. präziser der Verfahren, mit denen sich mathematische Aufgabenstellungen approximativ so lösen lassen, dass man dezimale Näherungen erhält. Häufig geschieht dies in einem iterativen Prozess, in dem eine Startnäherung so lange verbessert wird, bis ein geeignetes

Abbruchkriterium erfüllt ist. Ein Näherungswert allein ist nämlich wertlos, solange nichts über seine Güte bekannt ist. Sehen Sie der Approximation

$$\sin\frac{\pi}{5} \approx 0.5887852524$$

an, wie viele der angegebenen Nachkommastellen korrekt sind (es sind nur zwei)? Aufgabe der Numerik ist daher, zu berechneten Näherungswerten auch Fehlerschranken zu liefern und in Fällen, in denen dies unmöglich oder schwierig ist, zumindest Konvergenzaussagen zu treffen, mit denen Fehler zuverlässig eingeschätzt werden können.

Aufgrund des beschriebenen Mangels an exakten Lösungsmethoden ist die Numerik sehr breit aufgestellt. In diesem Buch besprechen wir numerische Verfahren zur Lösung linearer und nichtlinearer Gleichungssysteme, zur Eigenwertberechnung bei Matrizen, zur Approximation univariater Funktionen sowie zur näherungsweisen Integration bezüglich einer Veränderlichen. Die numerische Behandlung von Differentialgleichungen wurde nicht aufgenommen, da dies den Umfang des Buchs zu sehr vergrößert hätte.

Die Kapitel sind nahezu unabhängig voneinander, mit Ausnahme der numerischen Integration, die auf den Abschnitten zur Polynom-Interpolation in Kap. 6 aufbaut. Teilweise können einzelne Abschnitte separat gelesen werden. Punktuelles Lernen ist damit problemlos möglich, eventuell in Kombination mit oder als Ergänzung zu Kursmaterial einer Numerik-Vorlesung, die Sie besuchen.

Etwas sehr Wichtiges sollten Sie jedoch zuerst lesen: Das einführende Kapitel und hier speziell den kurzen Abschnitt zu Kondition und Stabilität. Ohne ein Grundverständnis dieser Begriffe können die behandelten Algorithmen und Fehlerabschätzungen nicht angemessen gewürdigt werden. Andererseits ist es meiner Ansicht nach unnötig, sich beim Einstieg in die Numerik sofort in aufwendige, schwer durchschaubare Stabilitätsanalysen zu stürzen. Diese stellt man besser zurück, bis eine gewisse Anzahl an Algorithmen bekannt und geübt sind. Aus diesem Grund werden Kondition und Stabilität erst im letzten Kapitel rigoros diskutiert.

Bei der Lektüre dieses Lehrbuchs wünsche ich Ihnen Freude an den mathematischen Inhalten und Erfolg beim Verständnis. Über Rückmeldungen und Anregungen würde ich mich freuen, um eventuelle spätere Auflagen zu verbessern. Und wenn Sie bis hierher mitgelesen haben, lesen Sie vielleicht noch das Vorwort für Lehrende. Die Informationen dort können auch für Sie interessant sein.

Karlsruhe   Markus Neher
Januar 2024

Vorwort für Lehrende

Das vorliegende Lehrbuch ist aus einer vierstündigen Numerik-Vorlesung im Lehramtsstudiengang Mathematik am Karlsruher Institut für Technologie (KIT) entstanden, wobei nicht alle Themen des Buchs im selben Kurs behandelt werden konnten. Das Buch richtet sich an Studierende und Dozierende[1] von Studiengängen, in denen die Numerik vier bis sechs Semesterwochenstunden des Curriculums einnimmt.

Wir präsentieren eine breite Palette an grundlegenden numerischen Aufgabenstellungen und Lösungsmethoden: Verfahren zur Lösung linearer und nichtlinearer Gleichungssysteme, zur Eigenwertberechnung bei Matrizen, zur Approximation univariater Funktionen sowie zur näherungsweisen Integration bezüglich einer Veränderlichen. Das große Thema der numerischen Lösung von Differentialgleichungen wurde nicht aufgenommen, da dies den Umfang dieses Buchs zu sehr vergrößert hätte.

Die Darstellung bemüht sich um Anschaulichkeit und geht nicht so sehr in die Tiefe wie umfangreicher gestaltete Lehrbücher zur Numerik. Dies bedeutet keinen Verzicht auf mathematische Strenge. Gewisse Grundlagen aus der Analysis und der Linearen Algebra werden ohne Beweis als bekannt vorausgesetzt, z.B. das Gauß'sche Eliminationsverfahren für lineare Gleichungssysteme oder die Taylor'sche Formel. Im Gegensatz dazu werden die numerischen Inhalte mit wenigen Ausnahmen vollständig bewiesen. Derartige Ausnahmen sind z.B. der Interpolationsfehler bei der kubischen Spline-Interpolation und die asymptotische Fehlerentwicklung nach Potenzen von h^2 für die summierte Trapezregel. In diesen Fällen sind die aus der Literatur bekannten Beweise meist technischer Natur, wobei die Beweisidee hinter langwierigen Berechnungen mit geschickt gewählten Hilfsgrößen zurücktritt. Erfahrungsgemäß sind derartige Ausführungen beim Einstieg schwer durchschaubar, sodass sie demotivierend wirken. Quellen, in denen die jeweiligen Beweise nachgelesen werden können, sind angegeben. Am Ende jedes Kapitels befindet sich ein kleiner Ausblick auf verwandte Themen, die in diesem Buch aus Platzgründen nicht aufgenommen wurden.

Kap. 1 dient der Einführung in die Arbeitsweise der Numerik. Dabei werden die Unzulänglichkeiten der Gleitpunktarithmetik und die daraus resultierenden

---

[1] Bzw. Student*innen und Dozent*innen, falls Sie Gendersternchen bevorzugen.

Stabilitätsprobleme numerischer Algorithmen angesprochen, aber nicht ausgiebig diskutiert. Viele Lehrbücher stellen dieses Thema an den Anfang, da das Problem der Fehlerbehandlung bei jeder praktischen Ausführung eines Algorithmus auftritt. Aus didaktischen Gründen haben wir uns dazu entschieden, in den Abschn. 1.2 und 1.3 nur das Bewusstsein für die Problematik anhand einfach nachvollziehbarer Beispiele zu wecken und eine ausführliche Stabilitätsdiskussion erst am Ende zu führen, damit sich Lernende nicht zu Beginn bei der meist mühsamen Fehleranalyse im Gestrüpp der Epsilontik verfangen und so die Lust an der Numerik verlieren, bevor sie zu den eigentlichen numerischen Fragestellungen und ihren wesentlich eleganteren Lösungsverfahren vordringen.

Kap. 2 befasst sich mit der näherungsweisen Lösung nichtlinearer Gleichungen. Wir besprechen Fixpunktiteration, das Newton-Verfahren sowie einige verwandte Verfahren sowohl für univariate als auch für multivariate reellwertige Funktionen. Dieses Kapitel ist wiederum aus didaktischen Gründen vor der Diskussion linearer Gleichungssysteme platziert. Nach meiner Lehrerfahrung sehen viele Studierende keinen Bedarf, den wohlbekannten Gauß-Algorithmus umständlich mit Eliminations- und Permutationsmatrizen zu beschreiben, wohingegen allen bewusst ist, dass nichtlineare Gleichungen selten geschlossen gelöst werden können und numerische Verfahren daher unverzichtbar sind. Die Motivation, sich auf die Numerik einzulassen, soll durch die gewählte Reihenfolge der Themen gesteigert werden. Als nützlicher Nebeneffekt ist die Fixpunktiteration bei der Einführung von Splitting-Verfahren bekannt, sodass darauf zurückgegriffen werden kann.

Die numerische Lösung linearer Gleichungssysteme ist in zwei Kapitel aufgeteilt. Zunächst werden direkte Verfahren besprochen, die auf dem Gauß-Algorithmus beruhen und eine Lösung in endlich vielen Schritten berechnen. Auf die QR-Zerlegung sowie ihre Anwendung auf über- und unterbestimmte lineare Gleichungssysteme gehen wir ebenfalls ein. Danach werden in Kap. 4 iterative Verfahren vorgestellt, die im Fall hoher Dimensionen, bei denen die direkten Verfahren zu aufwendig sind, Näherungen liefern. Das Jacobi-Verfahren und das Gauß-Seidel-Verfahren werden als Splitting-Verfahren eingeführt, die Methode des steilsten Abstiegs und das cg-Verfahren als Abstiegsverfahren. Schließlich werden mit FOM und GMRES die zwei wichtigsten auf der Arnoldi-Iteration beruhenden Krylov-Unterraum-Verfahren behandelt. Zur numerischen Berechnung von Eigenwerten und Eigenvektoren von Matrizen betrachten wir in Kap. 5 Vektoriteration, inverse Iteration mit und ohne Shifts sowie das QR-Verfahren.

Gegenstand des Kap. 6 zur Approximation und Interpolation von Funktionen und Messwerten sind neben Taylor-Approximation, Polynom- und Spline-Interpolation auch die trigonometrische Interpolation sowie die Approximation nach der Methode der kleinsten Quadrate. Ein Abriss des Gauß-Newton-Verfahrens gibt einen Ausblick auf die nichtlineare Ausgleichsrechnung.

Kap. 7 ist der numerischen Integration gewidmet. Besprochen werden Newton-Cotes-Formeln, summierte Quadraturformeln, Extrapolation mit dem Romberg-Verfahren und Gauß-Quadratur. In Kap. 8 beschließen wir unsere Einführung in die

Numerik mit einer Analyse der Fehlerfortpflanzung in Algorithmen, unter Einbeziehung der beim Rechnen in Gleitpunktarithmetik auftretenden Rundungsfehler.

Das Buch kann einem Kurs als Hauptlektüre zugrundegelegt werden. Da die Kapitel nahezu unabhängig voneinander aufgebaut sind, kann andererseits fast beliebig daraus ausgewählt werden. Auch einzelne Abschnitte können behandelt oder übersprungen werden. Eine Ausnahme bildet die numerische Integration, die als Vorwissen die Abschnitte zur Polynom-Interpolation in Kap. 6 benötigt.

Ehemaligen und gegenwärtigen Kolleginnen und Kollegen danke ich für Anregungen und Verbesserungsvorschläge zu früheren Versionen dieses Manuskripts, ganz besonders Volker Grimm und Michael Kirn. Beim Springer-Verlag bedanke ich mich für die Annahme zur Veröffentlichung. Der Programmplanerin Iris Ruhmann sowie der Projektkoordinatorin Jeevitha Juttu danke ich für die immer angenehme Zusammenarbeit. Zuletzt schulde ich meiner Frau Helga Dank für ihre anhaltende Unterstützung, ohne die auch dieses Buch nicht verwirklicht worden wäre.

Beim Einsatz dieses Buches in Ihrer Lehre wünsche ich Ihnen viel Freude und Erfolg. Über Rückmeldungen und Anregungen würde ich mich freuen, um eventuelle spätere Auflagen zu verbessern. Und wenn Sie bis hierher mitgelesen haben, lesen Sie vielleicht noch das Vorwort für Lernende. Die Informationen dort können auch für Sie interessant sein.

Karlsruhe   Markus Neher
Januar 2024

Inhaltsverzeichnis

Einführung 1

Viele technische Aufgabenstellungen lassen sich experimentell lösen. Klassische Beispiele experimentellen Lösens sind der Bau gotischer Kathedralen im Mittelalter, die Entwicklung des Automobils oder die Bestimmung optimaler Wirkstoffkonzentrationen in der Medikamentenentwicklung.

Manchmal sind Experimente aber teuer (insbesondere Misserfolge wie der Einsturz einer fehlerhaft gebauten Kathedrale) oder zu zeitaufwendig (falls z. B. beim Auftreten eines neuen Krankheitserregers schnell neue Medikamente benötigt werden). Eine günstige Alternative kann darin bestehen, durch Modellbildung eine Gleichung oder ein Gleichungssystem aufzustellen, welches das Problem in mathematischer Formulierung hinreichend genau beschreibt. Aus der Lösung des mathematischen Problems gewinnt man dann Rückschlüsse auf die Lösung des praktischen Problems.

In der Regel lässt sich die durch Modellbildung gewonnene mathematische Aufgabenstellung nicht exakt, ðsymbolisch oder analytisch lösen. An dieser Stelle setzt die Numerik ein. Die Numerische Mathematik befasst sich mit der *Konstruktion und Analyse von endlichen Algorithmen zur Berechnung von Näherungslösungen für kontinuierliche mathematische Probleme* (Abb. 1.1).

An den verschiedenen Stationen vom praktischen Problem zur numerischen Lösung treten unterschiedliche Fehler auf, welche die am Ende erhaltene Näherungslösung verfälschen. Schon von Beginn an ist jede naturwissenschaftliche Beobachtung messfehlerbehaftet. Dies ist nicht nur eine Erfahrungstatsache, sondern auch ein in der Heisenberg'schen Unschärferelation verankertes Prinzip.

Soll ein komplexes praktisches Problem durch eine einfache mathematische Gleichung beschrieben werden, entstehen im Rahmen der Modellbildung durch Vernachlässigung von als unbedeutend erachteten Einflussgrößen sogenannte Modellfehler. Als elementares Anwendungsbeispiel betrachten wir den freien Fall eines

© Der/die Autor(en), exklusiv lizenziert an Springer-Verlag GmbH, DE, ein Teil von Springer Nature 2024
M. Neher, *Numerische Mathematik*,
https://doi.org/10.1007/978-3-662-68815-1_1

Abb. 1.1 Problemlösungs-
prozess

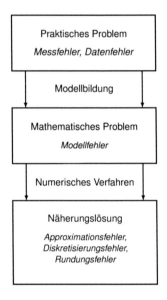

Tennisballs aus $h=1.50\,\mathrm{m}$ Höhe. Bei der üblichen Modellierung durch das Newton'sche Gravitationsgesetz nimmt man unter anderem die folgenden Modellfehler
in Kauf:

- Vernachlässigung des Luftwiderstands beim Fall,
- Annahme einer konstanten Erdbeschleunigung, die in Wahrheit vom Ort auf der
  Erdoberfläche und von der Höhe über Grund abhängt,
- Vernachlässigung der Corioliskraft.

Die vorgenommenen Vereinfachungen sind hier dadurch gerechtfertigt, dass sie die
berechnete Fallzeit des Tennisballs nur unwesentlich beeinflussen. Ersetzt man den
Tennisball aber durch einen aufgeblasenen Luftballon, wird der Fall durch Auftrieb
und Luftwiderstand so sehr gebremst, dass dieser bei einer sachgerechten Modellierung zu berücksichtigen ist.

   Die Größe der in Kauf genommenen Modellfehler kann meist erst im Nachhin-
ein untersucht werden, wenn theoretische Vorhersagen des Modells mit praktischen
Beobachtungen verglichen werden. Ein berühmtes historisches Beispiel dafür liefert
die Periheldrehung der Merkurbahn. Ab Mitte des 19. Jahrhunderts lagen präzise
astronomische Messungen der Bahnkurve des Planeten Merkur vor, die den Berechnungen auf Basis der Newton'schen Himmelsmechanik widersprachen. Zwischen
der beobachteten jährlichen Präzession des Perihels von 5.75 Bogensekunden und
dem theoretisch berechneten Wert von 5.32 Bogensekunden klaffte eine Lücke von
0.43 Bogensekunden, was immerhin 7.5 % Abweichung entspricht. Um die Beobachtung in Einklang mit der Theorie zu bringen (sic!), suchte man lange Zeit vergeblich
nach unbekannten Himmelskörpern, deren Gravitationskraft die Abweichung verursachen sollte. Aufgelöst wurde der Widerspruch erst 1915 durch Albert Einstein.

Seine allgemeine Relativitätstheorie konnte die vorliegenden Messungen erklären und offenbarte so die Unvollständigkeit der Newton'schen Mechanik.

Bei der näherungsweisen numerischen Lösung einer Gleichung kommen neue Fehlerquellen zu den bereits beschriebenen hinzu, u.a. Approximationsfehler (falls z. B. eine Naturkonstante wie die Fallbeschleunigung g approximiert wird), Diskretisierungsfehler (falls z. B. eine Ableitung durch einen Differenzenquotienten ersetzt wird) oder Rundungsfehler, die beim Rechnen mit Gleitpunktzahlen auftreten. Aufgabe der Numerik ist es, diese Fehler zu analysieren und ihren Einfluss auf das Endergebnis einer Rechnung so gering wie möglich zu halten.

1.1   Symbolisches und numerisches Rechnen

Symbolisches Rechnen ist das in Algebra und Analysis übliche exakte Rechnen mit Variablen (Symbolen):

$$(a + b)^2 = a^2 + 2ab + b^2,$$

$$\sin \frac{\pi}{3} = \frac{1}{2} \sqrt{3},$$

$$\frac{d}{dx} \tan x = 1 + \tan^2 x.$$

Wenn eine symbolische Rechnung durchführbar ist, liefert sie die exakte Lösung des mathematischen Problems. Allerdings ist nicht jede mathematische Aufgabenstellung geschlossen lösbar, selbst wenn sie wohldefiniert ist und die Existenz einer Lösung gesichert ist. Exemplarisch erkennt man dies an algebraischen Gleichungen. Lineare Gleichungen (Gleichungen erster Ordnung) der Form

$$ax + b = 0, \quad a, b \in \mathbb{C} \text{ gegeben}, \ x \in \mathbb{C} \text{ gesucht},$$

sind für $a \neq 0$ eindeutig lösbar durch

$$x = -\frac{b}{a}.$$

Für quadratische Gleichungen (Gleichungen zweiter Ordnung) der Bauart

$$x^2 + px + q = 0, \quad p, q \in \mathbb{C} \text{ gegeben}, \ x \in \mathbb{C} \text{ gesucht},$$

liefert die Lösungsformel

$$x_{1/2} = -\frac{p}{2} \pm \sqrt{\frac{p^2}{4} - q}$$

zwei Werte, welche im Fall $p^2 = 4q$ zusammenfallen.

Auch für kubische oder quartische Gleichungen mit nicht verschwindendem Höchstkoeffizienten sind Lösungsformeln bekannt, die sogenannten Cardanischen Formeln, welche für beliebige Polynomkoeffizienten alle (nicht immer paarweise verschiedenen) Lösungen darstellen. Die Situation für Gleichungen fünfter oder höherer Ordnung ist fundamental anders: Man kennt nicht nur keine Lösungsformeln, sondern es gibt sogar einen mathematischen Beweis, dass eine solche Lösungsformel für beliebige Polynomkoeffizienten nicht existiert.[1,2] Eine unschöne Konsequenz der allgemeinen Unlösbarkeit von Gleichungen fünften Grades ist übrigens, dass es keine Methode geben kann, die für eine beliebige quadratische Matrix der Dimension $n \geq 5$ in endlich vielen Schritten alle Eigenwerte berechnet (da dadurch auch die Nullstellen des charakteristischen Polynoms der Matrix bestimmt wären).

Leider sind symbolische Lösungsformeln, die nur endlich viele durchführbare Rechenoperationen beinhalten, die Ausnahme. Für nichtlineare Probleme sind sie selten verfügbar. Selbst wenn eine symbolische Lösung existiert, kann ihre Anwendung problematisch sein. So ist die Berechnung der Determinante einer Matrix hoher Dimension mit den aus der Linearen Algebra bekannte Methoden viel zu aufwendig, um in angemessener Zeit zum Ergebnis zu kommen. Weiter kann das Ergebnis einer symbolischen Berechnung so unübersichtlich sein, dass es praktisch wertlos ist. Beispielsweise liefern die Cardanischen Formeln zur Lösung kubischer Gleichungen für das Polynom $x^3 - 4x^2 - 6x + 11$ die Nullstelle

$$\frac{\sqrt[3]{188 + 12i\sqrt{17223}}}{6} + \frac{68}{3\sqrt[3]{188 + 12i\sqrt{17223}}} + \frac{4}{3}.$$

Die Lage dieser Zahl in der komplexen Ebene lässt sich nur mit aufwendigen Betrachtungen bestimmen. Schon der Nachweis, dass es sich um eine reelle Zahl handelt, ist schwierig.[3]

Salopp gesprochen besteht das numerische Rechnen aus der Rechnung mit Näherungswerten. In der Regel verwendet man dezimale Näherungen in Form von Gleitpunktzahlen:

$$\frac{1}{7} \approx 0.143; \quad \sqrt{2} \approx 1.414; \quad \int_0^1 e^{-x^2} dx \approx 0.747.$$

Bei der Lösung praktischer Probleme besitzt das numerische Rechnen die folgenden Vorteile gegenüber dem symbolischen Rechnen:

---

[1] Siehe [4, Kap8] für einen historischen Abriss.

[2] Das bedeutet nicht, dass man zu keinem Polynom fünften oder höheren Grades Lösungen angeben könnte. So sind die Gleichungen $x^5 = 0$ oder $x^{117} - x^{63} = 0$ leicht geschlossen lösbar.

[3] Tipp: Zeigen Sie für Betrag und Argument von

$$z_1 = \frac{\sqrt[3]{188 + 12i\sqrt{17223}}}{6}, \quad z_2 = \frac{68}{3\sqrt[3]{188 + 12i\sqrt{17223}}}$$

die Eigenschaften $|z_1| = |z_2|$ und $\arg z_1 = -\arg z_2$.

- Eine numerische Rechnung ist oft noch durchführbar, wenn die symbolische Rechnung versagt.
  Beispiel: Nullstellen von Polynomen vom Grad $n \geq 5$ lassen sich näherungsweise mit dem Newton-Verfahren bestimmen.
- Das Ergebnis einer numerischen Berechnung kann übersichtlicher als ein exaktes Ergebnis sein.
  Beispiel: Eine Nullstelle von $x^3 - 4x^2 - 6x + 11$ ist (genauer: liegt in der Nähe von) 4.774153. Die Lage dieser Nullstelle auf der reellen Achse ist sofort ersichtlich.

Andererseits muss man beim numerischen Rechnen gewisse Nachteile in Kauf nehmen:

- Eine numerische Rechnung liefert in der Regel kein exaktes Ergebnis.
- Nicht exakte Zwischenergebnisse können zu Folgefehlern führen.
  Beispiel: $\sqrt{2} \approx 1.414$, $1.414^2 = 1.999396 \approx 1.999 \neq 2$.
  Durch Fehlerfortpflanzung kann man am Ende einer längeren numerischen Rechnung ein grob falsches Ergebnis erhalten, auch wenn in den einzelnen Teilschritten immer bestmöglich gerundet wurde.

Bei jeder numerischen Lösung eines gestellten Problems ist darauf zu achten, dass das Ergebnis möglichst wenig durch die Rechnung verfälscht wird.

1.2 Gleitpunktzahlen

Auf heutigen Computern werden numerische Berechnungen normalerweise mit Gleitpunktzahlen der Bauart

$$\pm m \cdot b^e \qquad (1.1)$$

mit der Mantisse m, der festen Basis b und dem Exponenten e durchgeführt. Dabei ist die Basis b des b-adischen Zahlensystems eine natürliche Zahl größer als 1, der Exponent e eine ganze Zahl und die Mantisse m eine rationale Zahl mit endlicher b-adischer Darstellung. Beispiele solcher Zahlen sind

$$3.1416 \cdot 10^0, \qquad 1.0001101 \cdot 2^{-1011}.$$

Menschen bevorzugen die Basis $b = 10$, wohingegen Computer Binärzahlen mit $b = 2$ verwenden.

Um Eindeutigkeit zu erreichen, fordert man in (1.1) zusätzlich, dass die Mantisse im Intervall $[1, b)$ liegt, sofern die dargestellte Zahl nicht Null ist. Durch eine Anpassung des Exponenten, bei der im Gegenzug der Dezimalpunkt gleitet, existiert für jede Gleitpunktzahl $z \neq 0$ eine eindeutig bestimmte normalisierte Darstellung

$$z = \pm m_1.m_2 m_3 \ldots m_\ell \cdot b^e$$

Abb. 1.2 Normalisiertes Gleitpunktsystem $S_{norm}(2, 3, -2, 3)$

mit $m_1, m_2, \ldots, m_\ell \in \{0, 1, \ldots, b - 1\}$, $m_1 \neq 0$, $e \in \mathbb{Z}$. Die Menge aller normalisierten Gleitpunktzahlen zur Basis b mit fester Mantissenlänge $\ell \geq 1$ und Exponentenbereich $e_{min} \leq e \leq e_{max}$, vereinigt mit der Zahl Null, bildet das Gleitpunktsystem $S_{norm}(b, \ell, e_{min}, e_{max}) \subseteq \mathbb{Q}$.

Beispiel 1.1 Das normalisierte dezimale Gleitpunktsystem $S := S_{norm}(10, 4, -9, 9)$ mit vier dezimalen Mantissenstellen und einer Dezimalstelle für den Exponenten umfasst die folgenden Zahlen:

$$0,$$
$$\pm 1.000 \cdot 10^{-9}, \pm 1.001 \cdot 10^{-9}, \pm 1.002 \cdot 10^{-9}, \ldots, \pm 9.999 \cdot 10^{-9},$$
$$\pm 1.000 \cdot 10^{-8}, \pm 1.001 \cdot 10^{-8}, \pm 1.002 \cdot 10^{-8}, \ldots, \pm 9.999 \cdot 10^{-8},$$
$$\vdots$$
$$\pm 1.000 \cdot 10^{9}, \pm 1.001 \cdot 10^{9}, \pm 1.002 \cdot 10^{9}, \ldots, \pm 9.999 \cdot 10^{9}.$$

Die kleinste darstellbare positive normalisierte Gleitpunktzahl heißt mininorm, die größte heißt maxreal. In S gilt:

$$mininorm = 1.000 \cdot 10^{-9}, \quad maxreal = 9.999 \cdot 10^{9}.$$

Die Gleitpunktzahlen in S sind nicht gleichabständig verteilt. Der Abstand der Nachbarzahlen $9.998 \cdot 10^{9}$ und $9.999 \cdot 10^{9}$ beträgt 10^6, der Abstand der Nachbarzahlen $1.000 \cdot 10^{-9}$ und $1.001 \cdot 10^{-9}$ nur 10^{-12}. Normalisierte Gleitpunktzahlen besitzen aber die wertvolle Eigenschaft, dass der relative Fehler zweier benachbarter Gleitpunktzahlen zueinander ungefähr konstant ist. Ein kleiner Nachteil entsteht durch die Lücke zur Null: Der Abstand zwischen mininorm und der nächstgrößeren Gleitpunktzahl ist im Normalfall $\ell > 1$ kleiner als der Abstand zwischen mininorm und der Zahl Null. Diese Lücke kann durch die Verwendung nicht normalisierter Gleitpunktzahlen geschlossen werden, siehe Kap. 8 (Abb. 1.2). $\triangle$

1.3   Gleitpunktarithmetik

Ein normalisiertes Gleitpunktsystem enthält nur endlich viele und ausschließlich rationale Zahlen. Tritt in einer Gleitpunktrechnung eine nicht exakt darstellbare Zahl wie $\sqrt{2}$ oder π auf, wird diese gerundet und die Rechnung mit der gerundeten Größe fortgeführt.

Auch bei jeder arithmetischen Operation zwischen Gleitpunktzahlen können Rundungsfehler auftreten, denn ein nichttriviales normalisiertes Gleitpunktsystem ist bezüglich der arithmetischen Grundoperationen Addition und Multiplikation nicht abgeschlossen. Addiert oder multipliziert man zwei Gleitpunktzahlen miteinander, muss das Ergebnis nicht im selben Gleitpunktsystem darstellbar sein. Daher gilt in Gleitpunktrechnung das Assoziativgesetz bezüglich Addition und Multiplikation im Allgemeinen nicht. Ebenso kann das Distributivgesetz verletzt werden.

Rundungsfehler treten häufig, aber sehr ungleichmäßig auf. Einer systematischen Fehleranalyse sind sie nur schwer zugänglich. Einzelne Rundungsfehler sind zwar klein, aber mehrere Rundungsfehler können sich Verlauf einer längeren Rechnung durch Fehlerfortpflanzung so sehr verstärken, dass das Ergebnis gravierend verfälscht wird.

Besonders anfällig für Fehlerverstärkung ist die Subtraktion ungefähr gleich großer Zahlen. Diese wird als Auslöschung bezeichnet, weil sich die führenden Stellen in den Mantissen der beteiligten Gleitpunktzahlen gegenseitig auslöschen. Bei der Exponentenanpassung zur Normalisierung der Gleitpunktdifferenz wird die Mantisse von hinten mit Nullen ausgefüllt. Im gleichen Maß geht relative Genauigkeit verloren. Die Subtraktion annähernd gleich großer gerundeter Zahlen sollte daher vermieden werden.

Eine genaue Beschreibung und Analyse von Gleitpunktarithmetik nehmen wir in Kap. 8 vor. Hier illustrieren wir die beschriebenen Defizite der Gleitpunktarithmetik nur in einem Beispiel. Mit $\square$ bezeichnen wir die kaufmännische Rundung einer Zahl zur nächstgelegenen Gleitpunktzahl in $\mathcal{S}$ und mit $\boxdot$ die Ausführung der arithmetischen Grundoperation $\circ \in \{+, -, \cdot, /\}$ in $\mathcal{S}$, wobei jedes Ergebnis wieder kaufmännisch zur nächstgelegenen Gleitpunktzahl gerundet wird.

Beispiel 1.2

1. Verletzung des Assoziativgesetzes der Addition in $\mathcal{S}$.

   a) Es seien $x = 7.501 \cdot 10^9$, $y = -7.499 \cdot 10^9$, $z = -7.500 \cdot 10^9$. Dann gilt

   $$(x \boxplus y) \boxplus z = 2.000 \cdot 10^6 \boxplus z = -7.498 \cdot 10^9,$$

   aber $x \boxplus (y \boxplus z)$ ist nicht berechenbar, da bei der Berechnung von $y \boxplus z$ Überlauf auftritt: Das Ergebnis ist betragsmäßig größer als die größte in $\mathcal{S}$ darstellbare Zahl.
   Möchte man den Abbruch der Berechnung vermeiden, könnte man $y \boxplus z$ zur nächstgelegenen Gleitpunktzahl − maxreal runden. Dann erhält man das fragwürdige Ergebnis

   $$x \boxplus (y \boxplus z) = 7.501 \cdot 10^9 \boxplus (-9.999 \cdot 10^9) = -2.498 \cdot 10^9.$$

   b) Es seien $x = 7.501 \cdot 10^4$, $y = -7.499 \cdot 10^4$, $z = 1.234 \cdot 10^0$. Dann gilt

   $$(x \boxplus y) \boxplus z = 2.000 \cdot 10^1 \boxplus 1.234 \cdot 10^0 = 2.123 \cdot 10^1,$$

aber wegen

$$y \boxplus z = -7.499 \cdot 10^4 \boxplus 1.234 \cdot 10^0 = \square(-7.4988\ldots \cdot 10^4) = -7.499 \cdot 10^4 = y$$

ist

$$x \boxplus (y \boxplus z) = x \boxplus y = 2.000 \cdot 10^1.$$

Die beiden Ergebnisse unterscheiden sich um ca. 6 % voneinander, obwohl jeweils nur zwei Gleitpunktadditionen ausgeführt wurden.

2. Fehlerverstärkung durch Auslöschung.
   Die positive Nullstelle von $x^2 + 20x - \frac{1}{2}$ lautet

$$x = -10 + \sqrt{100 + \frac{1}{2}} = 0.024968\ldots \approx 2.497 \cdot 10^{-2}.$$

Wertet man die Formel in $\mathcal{S}$ aus, gilt

$$x = -10 \boxplus \square(\sqrt{100.5}) = -10 \boxplus \square(10.024\ldots) = -10 \boxplus 10.02 = 0.02 = 2.000 \cdot 10^{-2}.$$

Der relative Fehler im Ergebnis beträgt ungefähr 20 %, obwohl nur an einer einzigen Stelle gerundet wurde. Man beachte, dass der Rundungsfehler nicht bei der Subtraktion auftritt, seine Wirkung durch die Subtraktion aber fatal verstärkt wird.   △

1.4   Algorithmen

Unter einem endlichen Algorithmus versteht man eine genau definierte Folge von ausführbaren Einzelschritten zur Lösung eines Problems oder einer Klasse von Problemen. In der Mathematik bestehen die einzelnen Schritte in der Regel aus Berechnungen. Im täglichen Leben kann sich ein Algorithmus auch aus für den Ausführenden verständlichen und ausführbaren Handlungsanweisungen zusammensetzen. Kochrezepte, Bedienungsanleitungen und Spielregeln sind Beispiele für solche Algorithmen.

In der ersten Hälfte des 20. Jahrhunderts wurden verschiedene Ansätze entwickelt, um den Begriff des Algorithmus auf eine mathematisch strenge Grundlage zu stellen. Die folgende formale Definition eines Algorithmus benutzt die 1936 von dem englischen Mathematiker Alan Turing entwickelte Turing-Maschine:

Definition 1.3 Eine Berechnungsvorschrift zur Lösung eines Problems heißt genau dann Algorithmus, wenn eine zu dieser Berechnungsvorschrift äquivalente Turing-Maschine existiert, die für jede Eingabe, die eine Lösung besitzt, stoppt.

Die Definition eines Algorithmus wird damit auf die Definition der Turing-Maschine verlagert. Zum Verständnis ist dies nicht besonders hilfreich, da eine Beschreibung der Turing-Maschine Begriffe aus der Informatik benötigt, die wir an dieser Stelle weder als bekannt voraussetzen noch erläutern können. Wir erwähnen daher lediglich, dass die Turing-Maschine von Turing so formalisiert wurde, dass die obige Definition den Begriff des Algorithmus in geeigneter Weise festlegt.

Aus Definition 1.3 lassen sich die folgenden charakteristischen Merkmale ableiten, welche die Eigenschaften von Algorithmen für unsere Zwecke hinreichend genau beschreiben:

1. Das Verfahren muss in einem endlichen Text eindeutig formulierbar sein.
2. Jeder Schritt des Verfahrens muss durchführbar sein.
3. Das Verfahren darf nur endlich viele Schritte mit jeweils endlicher Ausführungszeit benötigen.
4. Das Verfahren darf nur endlich viel Speicherplatz benötigen.

Häufig wird in der Fachliteratur zusätzlich gefordert, dass ein Algorithmus nicht nur ein spezielles Problem lösen soll, sondern für eine nicht zu kleine Klasse von Problemen Lösungen liefern soll.

Die Eigenschaften 3. und 4. sind für die Implementierung von Algorithmen auf Computern wichtig. Wenn ein mathematischer Algorithmus unendlich viele Schritte enthält, muss man ihn für die praktische Durchführung mit einem geeigneten Abbruchkriterium versehen, das nach spätestens endlich vielen Schritten erfüllt ist.

Ein Algorithmus heißt determiniert, wenn er bei jeder Ausführung mit gleichen Startwerten gleiche Ergebnisse liefert. Ein Algorithmus heißt deterministisch, wenn zu jedem Ausführungszeitpunkt der nächste Handlungsschritt eindeutig definiert ist.

Beispiel 1.4 Der Gauß-Jordan-Algorithmus zur Lösung eines linearen Gleichungssystems

$$Ax = b \tag{1.2}$$

mit quadratischer invertierbarer Koeffizientenmatrix A liefert nach endlich vielen arithmetischen Grundoperationen (Additionen, Subtraktionen, Multiplikationen, Divisionen) und Zeilenvertauschungen zu gegebener rechter Seite b die eindeutige Lösung x von (1.2). Der Algorithmus ist für jede invertierbare Matrix A durchführbar und er ist determiniert. Er muss aber nicht deterministisch sein, wenn die Zeilenvertauschungen beliebig vorgenommen werden dürfen: „Falls im k-ten Schritt $a_{kk} = 0$ gilt, vertausche die k-te Zeile der Matrix mit einer beliebigen i-ten Zeile, für die $i > k$ und $a_{ik} \neq 0$ gilt.“

Für das LGS

$$\begin{pmatrix} 0 & 1 & 1 \\ 1 & 1 & 0 \\ 1 & 0 & 1 \end{pmatrix} \begin{pmatrix} x_1 \\ x_2 \\ x_3 \end{pmatrix} = \begin{pmatrix} 5 \\ 3 \\ 4 \end{pmatrix}$$

erlaubt dieser Algorithmus die folgenden Lösungswege, die nicht nur unterschiedliche, sondern sogar verschieden viele Schritte beinhalten.

Variante 1: Tausch von erster und zweiter Zeile in Schritt 1:

$$(A \mid b) \rightsquigarrow \begin{pmatrix} 1 & 1 & 0 & 3 \\ 0 & 1 & 1 & 5 \\ 1 & 0 & 1 & 4 \end{pmatrix} \rightsquigarrow \begin{pmatrix} 1 & 1 & 0 & 3 \\ 0 & 1 & 1 & 5 \\ 0 & -1 & 1 & 1 \end{pmatrix} \rightsquigarrow \begin{pmatrix} 1 & 1 & 0 & 3 \\ 0 & 1 & 1 & 5 \\ 0 & 0 & 2 & 6 \end{pmatrix} \rightsquigarrow \begin{pmatrix} 1 & 1 & 0 & 3 \\ 0 & 1 & 0 & 2 \\ 0 & 0 & 1 & 3 \end{pmatrix} \rightsquigarrow \begin{pmatrix} 1 & 0 & 0 & 1 \\ 0 & 1 & 0 & 2 \\ 0 & 0 & 1 & 3 \end{pmatrix}$$

Variante 2: Tausch von erster und dritter Zeile in Schritt 1:

$$(A \mid b) \rightsquigarrow \begin{pmatrix} 1 & 0 & 1 & 4 \\ 1 & 1 & 0 & 3 \\ 0 & 1 & 1 & 5 \end{pmatrix} \rightsquigarrow \begin{pmatrix} 1 & 0 & 1 & 4 \\ 0 & 1 & -1 & -1 \\ 0 & 1 & 1 & 5 \end{pmatrix} \rightsquigarrow \begin{pmatrix} 1 & 0 & 1 & 4 \\ 0 & 1 & -1 & -1 \\ 0 & 0 & 2 & 6 \end{pmatrix} \rightsquigarrow \begin{pmatrix} 1 & 0 & 0 & 1 \\ 0 & 1 & 0 & 2 \\ 0 & 0 & 1 & 3 \end{pmatrix} \quad \triangle$$

Nach Definition 1.3 sind eindeutige Beschreibung und Ausführbarkeit zwei wesentliche Merkmale eines Algorithmus. In der Praxis wäre es aber zu umständlich, jeden einzelnen, trivialen Teilschritt einer Berechnung detailliert zu beschreiben. Häufig werden Algorithmen in Schritten formuliert, die selbst Algorithmen darstellen und für deren Ausführung Expertenwissen vorausgesetzt wird. Im obigen Gauß-Jordan-Algorithmus wurde beispielsweise der Prozess der aus mehreren Einzelschritten bestehenden Vertauschung zweier Zeilen einer Matrix als bekannt angenommen.

Manchmal werden Lösungsmethoden auch so unscharf formuliert, dass sie im strengen Sinn der obigen Definition keinen Algorithmus mehr darstellen. Zum Beispiel erfordert der Iterationsschritt

$$J_g(x^{(k)}) \cdot (x^{(k+1)} - x^{(k)}) = -g(x^{(k)})$$

im mehrdimensionalen Newton-Verfahren zur näherungsweisen Berechnung einer Nullstelle der Funktion $g: D \subseteq \mathbb{R}^n \to \mathbb{R}^n$ (siehe Abschn. 2.6) die Berechnung der Funktionswerte von g und der Jacobi-Matrix J_g an der Stelle $x^{(k)}$ sowie die Lösung eines linearen Gleichungssystems. Bei einem praktischen Problem sind diese Teilschritte eventuell nur näherungsweise lösbar. Darauf wird bei der Formulierung des Newton-Verfahrens aber normalerweise nicht eingegangen.

Zur Lösung eines gegebenen mathematischen Problems können unterschiedliche Algorithmen zur Verfügung stehen. Die Eignung eines speziellen Algorithmus hängt dann unter anderem davon ab,

- wie genau die gesuchte Lösung berechnet wird,
- wie viel Aufwand die Berechnung erfordert,
- ob Fehlerschranken für die berechnete Näherungslösung verfügbar sind,
- ob der Algorithmus für allgemeine oder nur für spezielle Eingangsdaten durchführbar ist.

1.5 Kondition und Stabilität

Jede Näherungsrechnung ist potenziell fehlerbehaftet. Will man die Eignung eines numerischen Algorithmus für ein gestelltes mathematisches Problem anhand der Genauigkeit der berechneten Näherungslösung beurteilen, muss man dabei die Kondition des Problems und die Stabilität des Algorithmus auseinander halten. Ausführlich diskutieren wir dieser Begriffe in Kap. 8. An dieser Stelle sollen sie nur anschaulich thematisiert werden.

Die Kondition eines Problems erfasst, wie sich Änderungen von Eingangsdaten auf die exakte Lösung des Problems auswirken.

Beispiel 1.5 Kondition eines Problems.

1. Gegeben sei das lineare Gleichungssystem $Ax = b$ mit der Koeffizientenmatrix

$$A = \begin{pmatrix} 4 & 1 \\ 1 & 4 \end{pmatrix}.$$

Für $b = \begin{pmatrix} 5 \\ 5 \end{pmatrix}$ besitzt das LGS die Lösung $x = \begin{pmatrix} 1 \\ 1 \end{pmatrix}$. Ändert man b zu $\tilde{b} = \begin{pmatrix} 6 \\ 5 \end{pmatrix}$ ab, ist die Lösung von $A\tilde{x} = \tilde{b}$ durch $\tilde{x} = \begin{pmatrix} \frac{19}{15} \\ \frac{14}{15} \end{pmatrix}$ gegeben. In der Euklid-Norm gilt $\|x - \tilde{x}\| < \|b - \tilde{b}\|$.

Durch Normabschätzung der inversen Matrix zeigt man leicht, dass diese Beziehung für beliebige Vektoren b, $\tilde{b}$ und die zugehörigen Lösungen x, $\tilde{x}$ gilt. Falls $\tilde{b}$ durch Messfehler aus b entstanden ist, ist der absolute Fehler der berechneten Lösung sogar kleiner als der Messfehler. Das Problem $Ax = b$ besitzt eine niedere Kondition. Es ist gut konditioniert.

2. Wir ersetzen A durch

$$B = \begin{pmatrix} \frac{13}{5} & \frac{12}{5} \\ \frac{12}{5} & \frac{13}{5} \end{pmatrix}$$

und betrachten die Gleichungssysteme $Bx = b$ und $B\tilde{x} = \tilde{b}$ mit b und $\tilde{b}$ wie oben. Es ist

$$x = \begin{pmatrix} 1 \\ 1 \end{pmatrix}, \quad \tilde{x} = \begin{pmatrix} \frac{18}{5} \\ -\frac{7}{5} \end{pmatrix}.$$

Hier wirkt sich der Messfehler stark auf die exakte Lösung des gestörten Problems aus. Im Vergleich zu $Ax = b$ besitzt das Problem $Bx = b$ eine hohe Kondition, es ist schlecht konditioniert. △

Während Kondition eine Eigenschaft des gestellten Problems ist, misst die Stabilität eines numerischen Algorithmus die Verfälschung der Näherungslösung durch Approximations- und Diskretisierungsfehler sowie durch Rundungsfehler bei der Durchführung des Algorithmus in Gleitpunktarithmetik.

Beispiel 1.6 Stabilität eines Algorithmus.

Zu $f(x) = \sqrt{x+1} - \sqrt{x}$ soll der Funktionswert an der Stelle $x = 1000$ im Gleitpunktsystem $S = S_{\text{norm}}(10, 4, -9, 9)$ berechnet werden. Es ist $f(1000) = 0.015807\ldots \approx 0.01581$ sowie

$$\square \sqrt{x+1} - \square \sqrt{x} = \square 31.638\ldots - \square 31.622\ldots = 3.164 \cdot 10^1 - 3.162 \cdot 10^1$$
$$= 2.000 \cdot 10^{-2} = 0.02.$$

Der Algorithmus

$$x_1 := \square \sqrt{x+1},$$
$$x_2 := \square \sqrt{x},$$
$$x := \square (x_1 - x_2)$$

liefert wegen der im dritten Schritt auftretenden Auslöschung ein sehr ungenaues Ergebnis. Für große Werte von x ist er instabil.

Zur Abhilfe formen wir die Berechnungsvorschrift von f unter Verwendung der dritten binomischen Formel um:

$$f(x) = \sqrt{x+1} - \sqrt{x} = \frac{1}{\sqrt{x+1} + \sqrt{x}}.$$

Dies führt auf den folgenden Algorithmus zur Berechnung von Funktionswerten von f:

$$x_1 := \square \sqrt{x+1},$$
$$x_2 := \square \sqrt{x},$$
$$x_3 := \square (x_1 + x_2),$$
$$x := \square (1/x_3).$$

Mit $x_1 = 3.164 \cdot 10^1$, $x_2 = 3.162 \cdot 10^1$ erhalten wir

$$x_3 = 6.326 \cdot 10^1, \quad x = \square (1/x_3) = \square 0.015807\ldots = 1.581 \cdot 10^{-2}.$$

Zum Preis einer zusätzlichen Division wurde die Auslöschung beseitigt. Dieser Algorithmus liefert die bestmögliche Approximation von $f(1000)$ in S. In Abschn. 8.4 werden wir zeigen, dass er gute Stabilitätseigenschaften besitzt.   △

Die Kondition eines Problems und die Stabilität eines Algorithmus zur Lösung dieses Problems sind zwar verschiedene Begriffe, aber sie stehen in enger Beziehung zueinander. Besteht ein insgesamt gut konditioniertes Problem aus aufeinander aufbauenden Teilproblemen, von denen das letzte schlecht konditioniert ist, dann werden die in den ersten Lösungsschritten anfallenden Rundungsfehler im letzten Teilschritt auch dann verstärkt, wenn dieser durch einen numerisch stabilen Algorithmus gelöst wird. Der Gesamtalgorithmus wird dadurch instabil. Die Instabilität des Algorithmus lässt sich in diesem Fall auf die schlechte Kondition eines Teilproblems zurückführen. Im obigen Beispiel 1.6 ist die schlechte Kondition des Subtraktionsschritts die Ursache der Instabilität des ersten Algorithmus.

1.6 Landau-Symbole

Landau-Symbole beschreiben das asymptotische Verhalten von Funktionen. Genauer vergleichen sie das gesuchte asymptotische Verhalten einer reellwertigen Funktion f mit dem bekannten asymptotischen Verhalten einer Referenzfunktion g mit positiven Funktionswerten. Ist $x_0 \in \mathbb{R}$ oder $x_0 = \infty$ und sind f und g in einer Umgebung von x_0 definiert, dann haben die Symbole $O(.)$ und $o(.)$ die folgenden Bedeutungen:

- $f(x) = O\big(g(x)\big)$ für $x \to x_0$ $\iff$ $\dfrac{f(x)}{g(x)}$ ist beschränkt für $x \to x_0$,

- $f(x) = o\big(g(x)\big)$ für $x \to x_0$ $\iff$ $\displaystyle\lim_{x \to x_0} \dfrac{f(x)}{g(x)} = 0$.

Ist x_0 aus dem Zusammenhang bekannt, schreibt man kurz $f(x) = O\big(g(x)\big)$ bzw. $f(x) = o\big(g(x)\big)$. Die gleichen Symbole werden sinngemäß auch für das Wachstum von Folgen für $n \to \infty$ verwendet.

Beispiel 1.7 Landau-Symbole.

1. $f(x) = O(1)$: f ist eine beschränkte Funktion (für $x \to \infty$ bzw. auf ganz $\mathbb{R}$).
   Beispiel: $\sin x = O(1)$.
2. $f(x) = O(x)$: f wächst höchstens linear (für $x \to \infty$).
   Beispiele: $\sqrt{1 + x^2} = O(x)$; $\ln x = O(x)$.
3. $f(x) = o(x)$: f wächst langsamer als jede lineare Funktion (für $x \to \infty$).
   Beispiele: $\sqrt{x} = o(x)$; $\ln x = o(x)$.
4. $\dfrac{1}{\sqrt{x}} = O\left(\dfrac{1}{x}\right)$ für $x \to 0$; $\dfrac{1}{\sqrt{x}} = o\left(\dfrac{1}{x}\right)$ für $x \to 0$.
5. $\displaystyle\sum_{j=1}^{n} j = \dfrac{1}{2}n(n+1) = O(n^2)$.
6. $\sqrt{n+1} - \sqrt{n} = \dfrac{1}{\sqrt{n+1} + \sqrt{n}} = O\left(\dfrac{1}{\sqrt{n}}\right).$ $\qquad\qquad \triangle$

In der Numerik werden Landau-Symbole verwendet, um den Aufwand eines Algorithmus abzuschätzen.

Beispiel 1.8 Aufwandsabschätzung mit Landau-Symbolen.

1. Die Berechnung des Skalarprodukts

$$x^T y = \sum_{i=1}^{n} x_i y_i$$

zweier Vektoren $x, y \in \mathbb{R}^n$ erfordert n Produkte und $n - 1$ Additionen. Zählt man jede Addition und jedes Produkt als gleich aufwendige Gleitpunktoperation, ergeben sich $2n - 1$ Operationen. Diese genaue Zahl ist aber weniger interessant als die Tatsache, dass der Gesamtaufwand linear mit der Dimension steigt. Verdoppelt man die Länge der Vektoren, verdoppelt sich ungefähr der Aufwand. Das Skalarprodukt besitzt die Komplexität $O(n)$.
2. Die Multiplikation zweier Matrizen $A, B \in \mathbb{R}^{n \times n}$ erfolgt durch die Berechnung von n^2 Elementen des Produkts. Jedes Element wird mit einem Skalarprodukt berechnet. Die gesamte Rechnung benötigt $n^2(2n - 1) = O(n^3)$ Gleitpunktoperationen. △

1.7   Vektor- und Matrixnormen

In normierten linearen Räumen wird Konvergenz mithilfe von Normen definiert. Dadurch sind Normen ein unverzichtbares Hilfsmittel bei der Konvergenzanalyse iterativer Verfahren. Wir erinnern an die bekannte Definition einer Norm in reellen Vektorräumen:

Definition 1.9 Sei V ein reeller Vektorraum. Eine Abbildung $\|.\| : V \to \mathbb{R}_0^+$ heißt Norm, falls sie die folgenden Eigenschaften erfüllt:

(i) $\|x\| \geq 0$ für alle $x \in V$ und $\|x\| = 0 \iff x = 0$ (Nullvektor). (Definitheit)
(ii) $\|\alpha x\| = |\alpha| \, \|x\|$ für alle $x \in V, \alpha \in \mathbb{R}$.   (Homogenität)
(iii) $\|x + y\| \leq \|x\| + \|y\|$ für alle $x, y \in V$.   (Dreiecks-Ungleichung)

Uns interessieren speziell die Vektorräume $\mathbb{R}^n$ und $\mathbb{R}^{n \times n}$. Eine Norm auf $\mathbb{R}^n$ heißt Vektornorm, eine Norm auf $\mathbb{R}^{n \times n}$ Matrixnorm. Analog lassen sich Matrixnormen in $\mathbb{R}^{m \times n}$ und $\mathbb{C}^{m \times n}$ definieren.

Beispiel 1.10

1. Es sei $V = \mathbb{R}^n$ und $p \geq 1$ eine reelle Zahl. Dann nennt man

$$\|x\|_p := \sqrt[p]{\sum_{i=1}^{n} |x_i|^p}$$

   die p-Norm von x. Wichtige Spezialfälle sind die 1-Norm

$$\|x\|_1 := \sum_{i=1}^{n} |x_i|$$

   sowie die Euklid-Norm (2-Norm)

$$\|x\|_2 := \sqrt{\sum_{i=1}^{n} x_i^2} .$$

2. Als Grenzwert der p-Norm für $p \to \infty$ ergibt sich die Maximumnorm (∞-Norm) im $\mathbb{R}^n$:

$$\|x\|_\infty := \max_{i=1}^{n} |x_i| .$$

3. Im Vektorraum $\mathbb{R}^{m \times n}$ bezeichnet

$$\|A\|_F := \sqrt{\sum_{i=1}^{m} \sum_{j=1}^{n} a_{ij}^2}$$

   die nach Ferdinand Georg Frobenius benannte Frobenius-Norm. Schreibt man die Zeilen oder Spalten einer Matrix $A \in \mathbb{R}^{m \times n}$ hintereinander in einen Vektor $x \in \mathbb{R}^{mn}$, dann gilt

$$\|A\|_f = \|x\|_2 .$$

Der Nachweis der Normeigenschaften ist jeweils Übungsaufgabe.   △

Für Fehlerabschätzungen benötigt man in der Numerik Matrixnormen mit zusätzlichen Eigenschaften.

Definition 1.11

1. Eine Matrixnorm $\|.\|$ heißt submultiplikativ, wenn

$$\|A \cdot B\| \le \|A\| \cdot \|B\|$$

   für alle $A, B \in \mathbb{R}^{n \times n}$ gilt.
2. Eine Matrixnorm $\|.\|_M$ heißt mit einer Vektornorm $\|.\|_V$ verträglich, wenn

$$\|Ax\|_V \le \|A\|_M \cdot \|x\|_V$$

   für alle $A \in \mathbb{R}^{n \times n}$, $x \in \mathbb{R}^n$ gilt.
3. Sei $\|.\|_V$ eine Vektornorm. Dann heißt

$$\|A\|_V := \sup_{x \ne 0} \frac{\|Ax\|_V}{\|x\|_V} = \max_{\|x\|_V = 1} \|Ax\|_V \tag{1.3}$$

   die von $\|.\|_V$ induzierte Matrixnorm.

Bemerkung 1.12

1. Das Gleichheitszeichen in (1.3) begründet sich durch
   (i) die Homogenität der Norm,
   (ii) die Stetigkeit der Norm,
   (iii) die Kompaktheit der Einheitskugel im $\mathbb{R}^n$.
2. Wegen

$$\|A\|_V \ge \frac{\|Ax\|_V}{\|x\|_V} \quad \text{für alle } x \in \mathbb{R}^n$$

   ist jede induzierte Matrixnorm mit ihrer induzierenden Vektornorm verträglich.
3. Die Normeigenschaften der induzierten Matrixnorm sind leicht nachprüfbar. Weiter gilt:
   a) Eine induzierte Matrixnorm ist submultiplikativ, denn aus der Verträglichkeit mit der induzierenden Vektornorm folgt

$$\|A \cdot B\|_V = \sup_{x \ne 0} \frac{\|ABx\|_V}{\|x\|_V} = \sup_{x \ne 0} \frac{\|A(Bx)\|_V}{\|x\|_V} \le \sup_{x \ne 0} \frac{\|A\|_V \|Bx\|_V}{\|x\|_V} = \|A\|_V \cdot \|B\|_V.$$

   b) In einer induzierten Matrixnorm besitzt die Einheitsmatrix I die Norm 1:

$$\|I\|_V = \max_{\|x\|_V = 1} \|Ix\|_V = \max_{\|x\|_V = 1} \|x\|_V = 1.$$

   Aus dieser Eigenschaft folgt, dass die Frobenius-Norm von keiner Vektornorm induziert wird. Für $I \in \mathbb{R}^{n \times n}$, $n > 1$, gilt nämlich

$$\|I\|_F = \sqrt{n} > 1.$$

4. Anschaulich misst die induzierte Norm einer Matrix $A \in \mathbb{R}^{n \times n}$ den größtmöglichen Streckfaktor, der bei der Multiplikation eines Einheitsvektors mit A auftritt. Jede induzierte Matrixnorm von A ist mindestens so groß wie der Spektralradius (Betrag des betragsgrößten Eigenwerts) der Matrix, denn für einen Eigenvektor x zum Eigenwert λ von A gilt die Ungleichungskette

$$\|A\|_V \geq \frac{\|Ax\|_V}{\|x\|_V} = \frac{|\lambda|\, \|x\|_V}{\|x\|_V} = |\lambda|\,.$$

5. Im $\mathbb{R}^n$ sind alle Normen äquivalent. Für je zwei Normen $\|.\|_I$, $\|.\|_{I\!I}$ gibt es c_1, $c_2 > 0$, sodass

$$c_1 \|x\|_I \leq \|x\|_{I\!I} \leq c_2 \|x\|_I \quad \text{für alle } x \in \mathbb{R}^n$$

gilt. Eine Nullfolge bezüglich einer speziellen Norm ist auch eine Nullfolge bezüglich jeder anderen Norm, sodass die Konvergenz einer Vektorfolge nicht von der Wahl der Norm abhängt. Der gleiche Sachverhalt gilt in jedem endlichdimensionalen Raum, also auch im $\mathbb{R}^{n \times n}$.

6. Die Güte numerischer Abschätzungen wird im Allgemeinen von der Wahl der Norm beeinflusst. Die induzierte Matrixnorm ist die kleinste Matrixnorm, die mit der zugrunde liegenden Vektornorm verträglich ist. Für diese Vektornorm liefert sie die bestmöglichen Fehlerschranken. Sie wird daher auch natürliche Norm oder lub-Norm (von least upper bound) genannt.   ◊

Für die wichtigsten induzierten Matrixnormen sind die folgenden Darstellungs- bzw. Berechnungsformeln bekannt:

Satz 1.13 *Sei $A \in \mathbb{R}^{n \times n}$. Dann gilt für die induzierten p-Normen von A:*

a) $\|A\|_1 = \max\limits_{j=1}^{n} \sum\limits_{i=1}^{n} |a_{ij}|$ *(Spaltensummennorm),*

b) $\|A\|_2 = \left(\varrho(A^T A) \right)^{\frac{1}{2}}$ *(Spektralnorm),*

c) $\|A\|_\infty = \max\limits_{i=1}^{n} \sum\limits_{j=1}^{n} |a_{ij}|$ *(Zeilensummennorm).*

Dabei bezeichnet $\varrho(A^T A)$ den Spektralradius von $A^T A$.

Beweis

von c): Sei $v \in \mathbb{R}^n$ mit $\|v\|_\infty = 1$. Dann gilt

$$\|Av\|_\infty = \max_{i=1}^{n} \left| \sum_{j=1}^{n} a_{ij} v_j \right| \leq \max_{i=1}^{n} \sum_{j=1}^{n} |a_{ij}|\, |v_j| \leq \max_{i=1}^{n} \sum_{j=1}^{n} |a_{ij}|\,. \quad (1.4)$$

Sei nun k ein Index, für den die Zeilensumme der Beträge von A maximal wird. Für $v = (v_j)$ mit

$$v_j = \begin{cases} +1, & \text{falls } a_{kj} \geq 0 \\ -1, & \text{falls } a_{kj} < 0 \end{cases}$$

gilt in (1.4) jeweils Gleichheit. Hieraus folgt die Behauptung.

von a): Ähnlich (Übungsaufgabe).

von b): Die Matrix $A^T A$ ist symmetrisch und besitzt daher nach dem Spektralsatz eine Orthonormalbasis aus Eigenvektoren. Stellt man einen beliebigen Vektor $x \neq 0$ als Linearkombination dieser Eigenvektoren dar, lässt sich die Behauptung leicht zeigen (Übungsaufgabe).   □

Iterationsverfahren für nichtlineare Gleichungen

2

Die lineare Gleichung $ax = b$ besitzt für jede beliebige rechte Seite $b \in \mathbb{R}$ und jeden von Null verschiedenen reellen Koeffizienten $a \neq 0$ eine eindeutige Lösung, nämlich $x = \frac{b}{a}$. Im Fall $a = 0$, $b \neq 0$ ist die Gleichung unlösbar, im Sonderfall $a = b = 0$ ist jede reelle Zahl x Lösung. Dasselbe Lösungsverhalten zeigen lineare Gleichungssysteme beliebiger Dimension: Ein lineares Gleichungssystem mit n Unbekannten besitzt entweder keine, genau eine oder unendlich viele Lösungen, welche einen linearen Unterraum des $\mathbb{R}^n$ aufspannen. Außerdem existiert mit dem Gauß-Algorithmus ein Lösungsverfahren, mit dem sich die Lösungen (auch im Fall unendlich vieler Lösungen) in endlich vielen Schritten berechnen lassen.

Für nichtlineare Gleichungen sind die Verhältnisse grundsätzlich anders. Zwar können auch nichtlineare Gleichungen unlösbar oder eindeutig lösbar sein oder unendlich viele Lösungen besitzen, aber ebenso sind für beliebiges $m \in \mathbb{N}$ genau m paarweise verschiedene Lösungen möglich. Im Fall mehrerer Lösungen sind diese im Allgemeinen keiner besonderen Struktur unterworfen. Sie können auf der reellen Achse beliebig verteilt sein.

Beispiel 2.1

1. Die Gl. $\sin x = 1 + \frac{1}{x}$ besitzt unendlich viele Lösungen, siehe Abb. 2.1.
2. Die Gl. $\sin x = \frac{1}{5}(x - 2)$ besitzt genau drei Lösungen, siehe ebenfalls Abb. 2.1.
3. Die Gl. $\sin x = 2x$ besitzt genau eine Lösung, nämlich $x = 0$.
4. Die Gl. $\sin x = 2$ besitzt keine Lösung. $\triangle$

Die Lösungen sind in Abb. 2.1 jeweils als Schnittpunkte zweier Funktionsgraphen visualisiert.

M. Neher, *Numerische Mathematik*,
https://doi.org/10.1007/978-3-662-68815-1_2

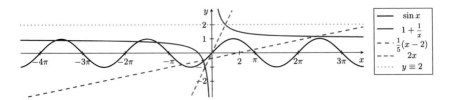

Abb. 2.1 Schnittpunkte der Sinusfunktion mit den Funktionen aus Beispiel 2.1

Im Gegensatz zu linearen Gleichungssystemen gibt es für nichtlineare Gleichungen kein allgemeines Lösungsverfahren. Lediglich für Spezialfälle wie dem der quadratischen Gleichung einer Unbekannten sind Lösungsformeln verfügbar. Häufig ist bei einer nichtlinearen Gleichung unbekannt, ob sie lösbar ist, wie viele Lösungen sie im Fall der Lösbarkeit besitzt und wie die Lösungen lauten. Dies trifft umso mehr auf nichtlineare Gleichungssysteme zu. In solchen Fällen versucht man, durch numerische Verfahren Näherungslösungen zu bestimmen. Meist geschieht dies durch Verbesserung einer Startnäherung in einem iterativen Prozess, welcher nach endlich vielen Schritten abgebrochen wird.

Zur Motivation der iterativen Lösung von Gleichungen betrachten wir eine Extremwertaufgabe. Gesucht sei das Maximum der Funktion

$$f(x) = \frac{3}{4}x^2 + \ln(\cos x), \quad x \in I = \left[\frac{\pi}{4}, \frac{\pi}{3}\right].$$

Als stetige Funktion nimmt f auf dem kompakten Intervall I Maximum und Minimum an. Dafür kommen die Randwerte

$$f\left(\frac{\pi}{4}\right) = \frac{3\pi^2}{64} + \frac{1}{2}\ln\frac{1}{2}, \quad f\left(\frac{\pi}{3}\right) = \frac{\pi^2}{12} + \ln\frac{1}{2}$$

sowie eventuelle lokale Extrema im Innern von I in Frage. Die zugehörigen Extremstellen sind Nullstellen von f', ðLösungen der Gleichung

$$\frac{3}{2}x - \tan x = 0, \quad x \in \left(\frac{\pi}{4}, \frac{\pi}{3}\right). \tag{2.1}$$

Gl. (2.1) ist nicht nach x auflösbar. Man kann sich aber auf verschiedene Weise klar machen, dass f' in I genau eine Nullstelle besitzt.

Sofern man Computerberechnungen vertraut, kann man die Nullstelle aus einem Plot von f' ablesen (Abb. 2.2). Alternativ kann man den Schnittpunkt der Graphen von $g_1(x) = \frac{3}{2}x$ und $g_2(x) = \tan x$ aus einem Plot ablesen (Abb. 2.3).

Die Existenz von genau einer Nullstelle von f' in I lässt sich in diesem Beispiel durch elementare Überlegungen begründen. f' ist stetig. Es ist $f'(\frac{\pi}{4}) > 0$, $f'(\frac{\pi}{3}) < 0$. Aus dem Zwischenwertsatz folgt, dass f' im Innern von I mindestens eine Nullstelle besitzt. Wegen

$$f''(x) = \frac{1}{2} - \tan^2 x \le -\frac{1}{2} < 0 \text{ in } I$$

Abb. 2.2 Nullstelle von
$\frac{3}{2}x - \tan x,\; x \in (\frac{\pi}{4}, \frac{\pi}{3})$

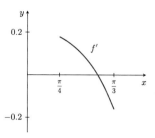

Abb. 2.3 Schnitt von $\frac{3}{2}x$ mit
$\tan x,\; x \in (\frac{\pi}{4}, \frac{\pi}{3})$

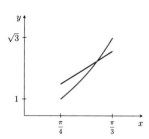

ist f' streng monoton fallend. Also besitzt f' in I nur eine Nullstelle ξ und f nimmt an dieser Stelle das absolute Maximum auf I an.

Nachdem die Existenz von ξ bewiesen ist, soll nun eine möglichst gute Näherung für ξ gefunden werden. Dazu bringen wir die Gl. (2.1) in eine iterationsfähige Gestalt, indem wir sie so umformen, dass auf der linken Seite nur x steht:

$$x = \frac{2}{3}\tan x, \quad x \in \left(\frac{\pi}{4}, \frac{\pi}{3}\right). \tag{2.2}$$

Nun betrachten wir das Iterationsverfahren

$$\begin{cases} x_0 \in I, \\ x_{k+1} = \dfrac{2}{3}\tan x_k, \quad k = 0, 1, \ldots, \end{cases}$$

wobei wir vereinbaren, dass die Iteration abgebrochen wird, wenn x_{k+1} nicht mehr in I liegt. Wählt man als Startwert den Mittelpunkt $x_0 = \dfrac{7\pi}{24}$ von I, dann erhält man die auf vier Nachkommastellen gerundeten Iterierten

$$x_0 = 0.9163,$$
$$x_1 = 0.8688,$$
$$x_2 = 0.7883,$$
$$x_3 = 0.6705.$$

x_3 liegt nicht mehr in I, sodass die Iteration hier abbricht, ohne dass eine gute Näherung für ξ gefunden wurde.

Andererseits kann man Gl. (2.1) auch folgendermaßen in eine iterationsfähige Gestalt überführen:

$$x = \arctan\left(\frac{3}{2}x\right), \quad x \in \left(\frac{\pi}{4}, \frac{\pi}{3}\right). \tag{2.3}$$

Das Iterationsverfahren

$$\begin{cases} x_0 \in I, \\ x_{k+1} = \arctan\left(\frac{3}{2}x_k\right), \quad k = 0, 1, \dots \end{cases}$$

liefert für $x_0 = \frac{7\pi}{24}$ die wiederum auf vier Nachkommastellen gerundeten Iterierten

$$x_0 = 0.9163, \quad x_1 = 0.9418, \quad x_2 = 0.9548, \quad x_3 = 0.9613,$$
$$x_4 = 0.9644, \quad x_5 = 0.9660, \quad x_6 = 0.9667, \quad x_7 = 0.9671,$$
$$x_8 = 0.9672, \quad x_9 = 0.9673, \quad x_{10} = 0.9674 = x_{11} = x_{12} = \dots .$$

Anscheinend konvergieren diese Iterierten gegen $\xi \approx 0.9674$. Näherungen für ξ mit höherer Genauigkeit lassen sich analog durch Rechnung mit mehr Dezimalstellen aus hinreichend vielen Iterationsschritten gewinnen.

Dieses Beispiel wirft unter anderem die folgenden Fragen zur numerischen Lösung einer transzendenten Gleichung in einem Intervall I auf:

1. Wie kann man erkennen, ob die Gleichung in I lösbar ist?
2. Wie soll man eine lösbare Gleichung in eine iterationsfähige Gestalt überführen, sodass das Iterationsverfahren für jeden Startwert aus I konvergiert?
3. Was kann man über die Konvergenzgeschwindigkeit des Verfahrens aussagen? Nach wie vielen Schritten soll man die Iteration abbrechen?
4. Wie lässt sich das Iterationsverfahren auf höherdimensionale Probleme verallgemeinern?

Eine systematische Herleitung und Untersuchung von Iterationsverfahren wird diese Fragen zunächst für eindimensionale Probleme beantworten. Anschließend diskutieren wir den mehrdimensionalen Fall.

2.1   Fixpunktiteration

Nichtlineare Gleichungen der Bauart

$$f(x) = g(x), \quad x \in D \subseteq \mathbb{R},$$

oder der Gestalt

$$g(x) = 0, \quad x \in D \subseteq \mathbb{R},$$

oder von der Form

$$x = f(x), \quad x \in D \subseteq \mathbb{R}, \tag{2.4}$$

mit reellwertigen Funktionen f und g lassen sich beliebig ineinander überführen, sodass diese drei Formulierungen als äquivalent angesehen werden können. Im Folgenden untersuchen wir die Konvergenzeigenschaften des zu (2.4) gehörenden Iterationsverfahrens

$$\begin{cases} x_0 \in D, \\ x_{k+1} = f(x_k), \quad k = 0, 1, \ldots. \end{cases} \tag{2.5}$$

Dazu benötigen wir die Begriffe Selbstabbildung und Fixpunkt. Die Funktion f bildet die Menge D in sich ab, wenn f für alle $x \in D$ definiert ist und wenn $f(x) \in D$ für alle $x \in D$ gilt. f heißt dann Selbstabbildung auf D. Ein Punkt $x \in D$, für den $f(x) = x$ gilt, heißt Fixpunkt von f.

Satz 2.2 *Es sei* $I = [a, b] \subseteq \mathbb{R}$ *ein kompaktes Intervall und* $f : I \to \mathbb{R}$ *sei eine stetige Selbstabbildung von* I *in sich. Dann besitzt* f *in* I *einen Fixpunkt.*

Beweis Die Funktion

$$h(x) = x - f(x), \quad x \in I,$$

ist stetig. Aufgrund der Selbstabbildungseigenschaft gelten

$$h(a) = a - f(a) \le 0, \quad h(b) = b - f(b) \ge 0.$$

Nach dem Zwischenwertsatz besitzt h in I eine Nullstelle ξ, die nach Definition von h einem Fixpunkt von f entspricht (Abb. 2.4). $\qquad\square$

Bemerkung 2.3

1. Das Beispiel der Sinusfunktion im Intervall $(0, 1]$ zeigt, dass Satz 2.2 im Allgemeinen nicht gilt, wenn I nicht abgeschlossen ist.

Abb. 2.4 Selbstabbildung

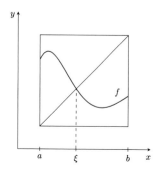

2. Für eine stetige Selbstabbildung f auf einem kompakten Intervall I gilt:
   a) Das Iterationsverfahren (2.5) ist für beliebiges $x_0 \in I$ durchführbar, d.h. die
      Iteration bricht nicht ab.
   b) Falls $\lim\limits_{k\to\infty} x_k = \xi$ gilt, ist ξ ein Fixpunkt von f. Aufgrund der Stetigkeit von
      f folgt nämlich

$$\xi = \lim_{k\to\infty} x_{k+1} = \lim_{k\to\infty} f(x_k) = f(\lim_{k\to\infty} x_k) = f(\xi).$$

3. Eine Funktion f kann in einem Intervall I auch einen Fixpunkt besitzen, wenn
   sie I nicht auf sich abbildet (Abb. 2.5).
4. Unter den Voraussetzungen von Satz 2.2 kann f in I mehrere Fixpunkte besitzen.
   (Abb. 2.6). $\diamond$

Eindeutigkeit eines Fixpunkts und Konvergenz der Iteration (2.5) erreicht man durch
eine weitere Voraussetzung an f.

Definition 2.4 $I = [a, b]$ sei ein kompaktes Intervall. Eine Funktion $f \colon I \to \mathbb{R}$
heißt Kontraktion oder kontrahierende Abbildung auf I, wenn es eine Konstante
$L < 1$ gibt, sodass

Abb. 2.5 Nicht-
Selbstabbildung mit
Fixpunkt

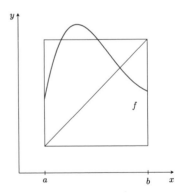

Abb. 2.6 Mehrere Fixpunkte

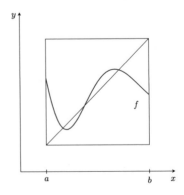

$$|f(x) - f(y)| \leq L\,|x - y| \quad \text{für alle } x, y \in I$$

gilt.

Bemerkung 2.5

1. Eine kontrahierende Abbildung ist Lipschitz-stetig, also insbesondere stetig.
2. Ist die Kontraktion f in I stetig differenzierbar, existiert zu $x, y \in I$ nach dem Mittelwertsatz ein η zwischen x und y, für welches die Ungleichungskette

$$\left|f'(\eta)\right| = \frac{|f(x) - f(y)|}{|x - y|} \leq \frac{L\,|x - y|}{|x - y|} = L$$

erfüllt ist. Aufgrund von Stetigkeitsüberlegungen kann man hieraus folgern, dass die kleinstmögliche Kontraktionskonstante zu f gegeben ist durch

$$L_{\min} := \max_{\eta \in I} \left|f'(\eta)\right|.$$

3. Eine auf I kontrahierende Abbildung muss I nicht in sich abbilden. Z.B. die Funktion

$$f(x) = \frac{3}{4}x + 1, \quad x \in [1, 2],$$

ist wegen

$$|f(x) - f(y)| = \frac{3}{4}\,|x - y|$$

kontrahierend mit Kontraktionskonstante $\frac{3}{4}$, besitzt aber den Wertebereich

$$W_f = \left[\frac{7}{4}, \frac{5}{2}\right] \not\subseteq I.$$

$\Diamond$

Für kontrahierende Selbstabbildungen gilt der Banach'sche Fixpunktsatz, den wir hier speziell für reellwertige Funktionen auf kompakten Intervallen formulieren.

Satz 2.6 (Banach'scher Fixpunktsatz im $\mathbb{R}^1$) *Es sei $I = [a, b] \subseteq \mathbb{R}$ ein kompaktes Intervall und $f : I \to \mathbb{R}$ sei eine kontrahierende Selbstabbildung auf I mit Kontraktionskonstante $L < 1$. Dann gilt:*

1. f besitzt in I genau einen Fixpunkt ξ.
2. Das Iterationsverfahren

$$(IV) \quad \begin{cases} x_0 \in I, \\ x_{k+1} = f(x_k), \quad k = 0, 1, \dots \end{cases}$$

konvergiert für jeden Startwert $x_0 \in I$ gegen ξ.
3. Für $k \in \mathbb{N}$ gilt die a priori-Abschätzung

$$|x_k - \xi| \leq \frac{L^k}{1 - L} |x_1 - x_0|.$$

4. Für $k \in \mathbb{N}$ gilt die a posteriori-Abschätzung

$$|x_k - \xi| \leq \frac{L}{1 - L} |x_k - x_{k-1}|.$$

Beweis

von 1.: Nach Satz 2.2 besitzt f mindestens einen Fixpunkt. Wir nehmen nun an, dass f in I zwei verschiedene Fixpunkte $\xi_1 \neq \xi_2$ besitzt. Dann folgt

$$|\xi_1 - \xi_2| = |f(\xi_1) - f(\xi_2)| \leq L |\xi_1 - \xi_2| < |\xi_1 - \xi_2|.$$

Die letzte Ungleichung ist ungültig, sodass die Annahme der Existenz verschiedener Fixpunkte nicht zutreffen kann.
von 2.: Es gilt die Abschätzung

$$|x_k - \xi| = |f(x_{k-1}) - f(\xi)| \leq L |x_{k-1} - \xi|.$$

Vollständige Induktion ergibt

$$|x_k - \xi| \leq L^k |x_0 - \xi|. \tag{2.6}$$

Die rechte Seite dieser Ungleichung strebt für $k \to \infty$ gegen Null, woraus die Behauptung folgt.
von 3.: Aus

$$|x_0 - \xi| \leq |x_0 - x_1| + |x_1 - \xi| = |x_0 - x_1| + |f(x_0) - f(\xi)| \leq |x_0 - x_1| + L |x_0 - \xi|$$

erhalten wir

$$|x_0 - \xi| \leq \frac{1}{1 - L} |x_1 - x_0|.$$

Die a priori-Abschätzung folgt nun aus (2.6). Die a posteriori-Abschätzung ergibt sich unmittelbar aus der Anwendung der a priori-Abschätzung auf x_{k-1} anstelle von x_0.   □

Bemerkung 2.7

1. Der Banach'sche Fixpunktsatz gilt allgemeiner für kontrahierende Selbstabbildungen auf abgeschlossenen reellen Intervallen. Diese müssen nicht notwendig beschränkt sein.

   Beim Fixpunktsatz 2.2 kann auf die Beschränktheit des Intervalls I nicht verzichtet werden, wie das Beispiel der fixpunktfreien Selbstabbildung $f(x) = x + 1$ auf den abgeschlossenen Intervallen $I_1 = \mathbb{R}$ und $I_2 = [0, \infty)$ zeigt.

2. Die a priori-Abschätzung wird verwendet, um den Rechenaufwand abzuschätzen, der für eine gewünschte Genauigkeit der Fixpunktnäherung nötig ist.

   Für eine vorgegebene Fehlerschranke $\varepsilon > 0$ ist

$$\frac{L^k}{1 - L} |x_1 - x_0| \leq \varepsilon$$

genau dann erfüllt, wenn

$$L^k \leq \frac{(1 - L)\varepsilon}{|x_1 - x_0|}$$

bzw.

$$k \ln L \leq \ln(1 - L) + \ln \varepsilon - \ln |x_1 - x_0|$$

gelten. Auflösung nach k liefert wegen $\ln L < 0$ die hinreichende Bedingung

$$k \geq \frac{\ln(1 - L) + \ln \varepsilon - \ln |x_1 - x_0|}{\ln L}.$$

Spätestens für

$$k = \left\lfloor \frac{\ln(1 - L) + \ln \varepsilon - \ln |x_1 - x_0|}{\ln L} \right\rfloor + 1$$

(wobei $\lfloor x \rfloor$ die größte ganze Zahl kleiner oder gleich x bezeichnet) gilt

$$|x_k - \xi| \leq \varepsilon.$$

3. In der Regel liefert die a posteriori-Abschätzung genauere Fehlerschranken als die a priori-Abschätzung, aber sie erfordert die Berechnung der Iterierten.   ◇

Beispiel 2.8 Die Funktion

$$f(x) = \ln(3x), \quad x \in I = [1.25, 3],$$

besitzt einen Fixpunkt, der mit der Fixpunktiteration (IV) bestimmt werden soll (Abb. 2.7). Die bestmögliche Kontraktionskonstante ist

$$L = \max_{x \in I} |f'(x)| = \max_{x \in I} \frac{1}{x} = 0.8.$$

Abb. 2.7 Fixpunkt von
$\ln(3x)$

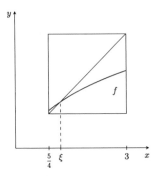

Wir suchen eine Iterierte x_k, für die bei Wahl von $x_0 = 2$

$$|x_k - \xi| \leq 10^{-2}$$

garantiert ist. Die a priori-Abschätzung mit $x_1 = \ln 6$ liefert

$$k \geq \frac{\ln(0.2) + \ln(0.01) - \ln|\ln 6 - 2|}{\ln 0.8} \approx 20.82,$$

sodass die vorgegebene Fehlerschranke spätestens ab $k = 21$ unterschritten wird.
Nach der Berechnung von

$$x_{10} = 1.51750\ldots, \quad x_{11} = 1.51567\ldots,$$

zeigt die a posteriori-Abschätzung für $k = 11$,

$$|x_{11} - \xi| \leq \frac{0.8}{0.2}|x_{11} - x_{10}| \approx 0.00732 < 10^{-2},$$

dass bereits x_{11} eine hinreichend genaue Näherung darstellt. $\triangle$

2.2   Lokale Fixpunktsätze

Die im Banach'schen Fixpunktsatz geforderte Kontraktionsbedingung ist auf großen
Intervallen restriktiv. Daher interessiert man sich für Konvergenzaussagen unter
schwächeren Voraussetzungen an f.

Falls bei einem praktischen Problem eine Näherung der gesuchten Nullstelle
bekannt ist, treten globale Konvergenzaussagen in den Hintergrund. Entscheidend
ist dann nur, dass die Iteration in der Nähe einer vorhandenen Nullstelle gegen diese
konvergiert. Wir zeigen nun, dass für eine stetig differenzierbare Funktion die lokale
Konvergenz der Fixpunktiteration bereits gewährleistet ist, wenn die Kontraktionsbedingung an der Nullstelle selbst erfüllt ist. Anschließend nutzen wir dies aus, um eine
gegebene Funktion f so abzuändern, dass für die modifizierte Funktion Kontraktion
im Fixpunkt vorliegt.

Definition 2.9 Ein Fixpunkt ξ von f heißt anziehend, wenn es eine Umgebung U um ξ gibt, sodass die Fixpunktiteration (IV) für alle $x_0 \in U$ gegen ξ konvergiert.

Ein Fixpunkt ξ von f heißt abstoßend, wenn es eine Umgebung U um ξ gibt, sodass die Fixpunktiteration (IV) für alle $x_0 \in U \setminus \{\xi\}$ aus U ausbricht (ðdass für alle $x_0 \in U \setminus \{\xi\}$ ein Index $k \in \mathbb{N}$ existiert, sodass $x_k \notin U$ gilt).

Es gibt Fixpunkte, die weder anziehend noch abstoßend sind. Der nächste Satz liefert ein Kriterium, mit dem man überprüfen kann, ob ein Fixpunkt anziehend oder abstoßend ist.

Satz 2.10 *Die Funktion $f : I = [a, b] \to \mathbb{R}$ sei in I stetig differenzierbar und besitze einen Fixpunkt $\xi \in (a, b)$. Dann ist ξ*

a) anziehender Fixpunkt, falls $\left| f'(\xi) \right| < 1$ gilt,
b) abstoßender Fixpunkt, falls $\left| f'(\xi) \right| > 1$ gilt.

Im Fall $\left| f'(\xi) \right| = 1$ ist keine allgemein gültige Aussage möglich.

Beweis

von a): Sei $\left| f'(\xi) \right| = 1 - 2\delta$, $\delta > 0$. Dann gibt es eine abgeschlossene Umgebung $U = [\xi - \varepsilon, \xi + \varepsilon]$ um ξ, in der $\left| f'(x) \right| \leq 1 - \delta =: L$ für alle $x \in U$ gilt. Weiter gibt es nach dem Mittelwertsatz zu jedem $x \in U$ ein $\eta \in U$, sodass die Abschätzung

$$|f(x) - f(\xi)| = \left| f'(\eta) \right| |x - \xi| \leq L |x - \xi| \leq L\varepsilon < \varepsilon$$

erfüllt ist. Somit ist der Wertebereich von f auf U eine Teilmenge von U und f ist eine kontrahierende Selbstabbildung auf U. Die Behauptung folgt nun aus dem Fixpunktsatz 2.6.

von b): Als Übungsaufgabe.

Der Fall $\left| f'(\xi) \right| = 1$: Jedes $x \in \mathbb{R}$ ist Fixpunkt der Funktion $f : x \mapsto x$. Wählt man $I = [-1, 1]$, $\xi = 0$ und $U = [-\varepsilon, \varepsilon]$ mit $0 < \varepsilon < 1$, dann konvergiert die Fixpunktiteration für kein $x_0 \in U \setminus \{0\}$ gegen den Fixpunkt ξ, sie bricht aber auch für kein $x_0 \in U \setminus \{0\}$ aus U aus (Abb. 2.8). $\square$

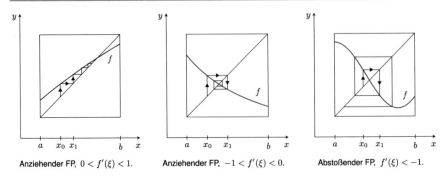

Anziehender FP, $0 < f'(\xi) < 1$.   Anziehender FP, $-1 < f'(\xi) < 0$.   Abstoßender FP, $f'(\xi) < -1$.

Abb. 2.8 Konvergenz und Divergenz der Fixpunktiteration für verschiedene Werte von $f'(\xi)$

2.3   Relaxation

In diesem Abschnitt führen wir ein Maß für die Konvergenzgeschwindigkeit eines Iterationsverfahrens ein. Danach diskutieren wir, unter welchen Voraussetzungen sich die Verfahrensfunktion in der Fixpunktiteration (IV) umdefinieren lässt, um in der Nähe eines Fixpunkts von f ein konvergentes Iterationsverfahren mit möglichst schneller Konvergenz zu erhalten.

Definition 2.11 Eine gegen ξ konvergierende Folge $\{x_k\}_{k=0}^{\infty}$ heißt

a) (mindestens) linear konvergent, wenn eine Konstante $0 \leq C < 1$ sowie ein Index $k_0 \in \mathbb{N}$ existieren, sodass

$$|x_{k+1} - \xi| \leq C\,|x_k - \xi| \quad \text{für } k \geq k_0 \tag{2.7}$$

gilt,
b) konvergent von (mindestens) der Ordnung $p > 1$, wenn ein $C \geq 0$ existiert, sodass

$$|x_{k+1} - \xi| \leq C\,|x_k - \xi|^p \quad \text{für } k = 0, 1, \ldots$$

gilt.

Die Konvergenzordnung eines Iterationsverfahrens ist die minimale Konvergenzordnung der von ihm erzeugten Folgen.

Bemerkung 2.12

1. Die Konvergenz ist umso schneller, je größer p ist. Für linear konvergente Verfahren sind kleine Werte von C günstig. $C = \frac{1}{2}$ bedeutet bei linearer Konvergenz, dass sich der Fehler in jedem Iterationsschritt mindestens halbiert.

2. Unter den Voraussetzungen des Banach'schen Fixpunksatzes (Satz 2.6) konvergiert das Iterationsverfahren (IV) mindestens linear.   ◇

In der hinreichend kleinen Umgebung U eines Fixpunkts ξ der stetig differenzierbaren Funktion f gilt nach dem Mittelwertsatz für die Iterierten von (IV) und ein η aus U:

$$\frac{|x_{k+1} - \xi|}{|x_k - \xi|} = \frac{|f(x_k) - f(\xi)|}{|x_k - \xi|} = |f'(\eta)| \approx |f'(\xi)|.$$

Einerseits stellt $|f'(\xi)|$ eine Unterschranke für C in (2.7) dar, andererseits ist ξ im Fall $|f'(\xi)| < 1$ nach Satz 2.10 anziehender Fixpunkt. Daher hängen Konvergenz und Konvergenzgeschwindigkeit von (IV) in der Umgebung eines Fixpunkts ξ im Wesentlichen von $|f'(\xi)|$ ab. Die Idee der Relaxation besteht darin, f so abzuändern, dass (IV) sogar im Fall eines abstoßenden Fixpunkts gegen ξ konvergiert und die Ableitung der modifizierten Verfahrensfunktion im Fixpunkt ξ verschwindet.

Ausgangspunkt unserer Überlegungen ist (IV) mit einer stetig differenzierbaren Funktion f, die in I einen Fixpunkt ξ besitzen möge. Für eine Zahl $\lambda \in \mathbb{R}$ betrachten wir nun anstelle von (IV) die *relaxierte Iteration*

$$x_{k+1} = \lambda f(x_k) + (1 - \lambda)x_k =: h(x_k). \tag{2.8}$$

Der Ansatz

$$h'(\xi) = \lambda f'(\xi) + 1 - \lambda \overset{!}{=} 0$$

liefert im Fall $f'(\xi) \neq 1$ den optimalen Parameterwert

$$\lambda = \frac{1}{1 - f'(\xi)},$$

welcher eingesetzt in (2.8) das Iterationsverfahren

$$\begin{cases} x_0 \in I, \\ x_{k+1} = x_k + \dfrac{f(x_k) - x_k}{1 - f'(\xi)}, & k = 0, 1, \ldots, \end{cases} \tag{2.9}$$

ergibt. Wegen $h'(\xi) = 0$ konvergiert dieses Verfahren zumindest lokal, d. h. in einer hinreichend kleinen Umgebung von ξ. Im nächsten Abschnitt wird gezeigt, dass die Konvergenz sogar quadratisch ist.

Setzt man noch

$$g(x) = f(x) - x,$$

dann lautet (2.9)

$$\begin{cases} x_0 \in I, \\ x_{k+1} = x_k - \dfrac{g(x_k)}{g'(\xi)}, & k = 0, 1, \ldots. \end{cases} \tag{2.10}$$

Aus $f'(\xi) \neq 1$ folgt $g'(\xi) \neq 0$, sodass die Iteration (2.10) durchführbar ist. Wegen

$$f(\xi) = \xi \iff g(\xi) = 0$$

beschreibt (2.10) ein lokal konvergentes Verfahren zur Bestimmung einer Nullstelle von g.

Im Fall $f'(\xi) = 1$ versagt die Relaxation. Für jedes $\lambda \in \mathbb{R}$ gilt dann $h'(\xi) = 1$. Die Iterationsverfahren (2.9) und (2.10) sind nicht definiert und die Konvergenz der gewöhnlichen Fixpunktiteration ist für h ebenso ungeklärt wie für f. Falls die Fixpunktiteration unter diesen Umständen überhaupt konvergiert, ist die Konvergenz im Allgemeinen sehr langsam.

2.4   Das Newton-Verfahren

Die Iteration (2.10) ist praktisch nicht durchführbar, da man ξ kennen müsste, um $g'(\xi)$ zu berechnen. Falls g stetig differenzierbar ist, gilt aber für x_k hinreichend nahe bei ξ

$$g'(\xi) \approx g'(x_k).$$

Diese Beobachtung führt auf das Newton-Verfahren.

Definition 2.13 Für eine im Intervall I differenzierbare Funktion g heißt das Iterationsverfahren

$$\text{(NV)} \quad \begin{cases} x_0 \in I, \\ x_{k+1} = x_k - \dfrac{g(x_k)}{g'(x_k)}, & k = 0, 1, \dots. \end{cases} \tag{2.11}$$

Newton-Verfahren.

Satz 2.14 *Es sei I ein offenes Intervall. Die Funktion $g: I \to \mathbb{R}$ sei in I zweimal stetig differenzierbar und besitze eine Nullstelle $\xi \in I$. Weiter gelte $g'(\xi) \neq 0$. Dann konvergiert das Newton-Verfahren lokal mindestens quadratisch gegen ξ.*

Beweis Die lokale Konvergenz des Newton-Verfahrens folgt durch Anwendung des lokalen Fixpunktsatzes 2.10 auf

$$f(x) = x - \frac{g(x)}{g'(x)}.$$

Es ist $f(\xi) = \xi$ und $f'(\xi) = 0$, d. h. ξ ist anziehender Fixpunkt von f. Noch zu beweisen ist die Konvergenzordnung des Newton-Verfahrens.

Zunächst sei δ_1 so gewählt, dass (NV) für alle $x_0 \in W = [\xi - \delta_1, \xi + \delta_1] \subseteq I$ gegen ξ konvergiert. Nach Voraussetzung ist g' stetig in W und es ist $g'(\xi) \neq 0$.

Also gibt es ein δ mit $0 < \delta \leq \delta_1$, sodass $g'(x) \neq 0$ für alle $x \in U = [\xi - \delta, \xi + \delta]$ gilt. In U definieren wir die Konstanten

$$M_1 := \max_{x \in U} |g''(x)|, \quad M_2 := \min_{x \in U} |g'(x)|$$

und schätzen damit

$$|x_{k+1} - \xi| = \left| x_k - \frac{g(x_k)}{g'(x_k)} - \xi \right| = \left| \frac{g'(x_k)(x_k - \xi) - g(x_k)}{g'(x_k)} \right|$$

geeignet ab.

Wegen $g(\xi) = 0$ gilt die Taylor-Entwicklung

$$0 = g(\xi) = g(x_k) + g'(x_k)(\xi - x_k) + \frac{1}{2} g''(\eta)(\xi - x_k)^2$$

für ein η zwischen ξ und x_k, woraus

$$g'(x_k)(x_k - \xi) - g(x_k) = \frac{1}{2} g''(\eta)(x_k - \xi)^2$$

folgt. Somit erhalten wir

$$|x_{k+1} - \xi| = \left| \frac{\frac{1}{2} g''(\eta)}{g'(x_k)} \right| |x_k - \xi|^2 \leq \frac{\frac{1}{2} M_1}{M_2} |x_k - \xi|^2.$$

Nach Definition 2.11 liegt mindestens quadratische Konvergenz vor. $\qquad\square$

Bemerkung 2.15

1. Geometrische Interpretation des Newton-Verfahrens: Im $(k + 1)$-ten Iterationsschritt bestimmt man eine Nullstelle der Tangente an g im Punkt $(x_k, g(x_k))$ (lineare Gleichung, für $g'(x_k) \neq 0$ eindeutig lösbar) (Abb. 2.9).
2. Quadratische Konvergenz bedeutet anschaulich, dass sich die Zahl gültiger Dezimalstellen in jedem Iterationsschritt ungefähr verdoppelt. Dies gilt aber nur in der Nähe von ξ.
   Dazu ein Zahlenbeispiel: Berechnung einer Nullstelle von

$$g(x) = x^2 - 2$$

   mit dem Newton-Verfahren.
   Der Startwert $x_0 = 2$ liefert die folgenden Iterierten (gültige Dezimalstellen sind jeweils unterstrichen):

$$x_1 = \underline{1}.50$$
$$x_2 = \underline{1.41}67$$
$$x_3 = \underline{1.41421}57$$
$$x_4 = \underline{1.4142135623747}$$

Abb. 2.9 Newton-Verfahren

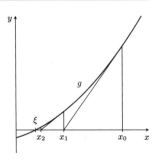

3. Beispiel für sehr langsame Konvergenz am Anfang des Newton-Verfahrens: Bestimmung der Nullstelle $\xi = 1$ von

$$g(x) = x^n - 1, \quad n \in \mathbb{N}.$$

Das Newton-Verfahren lautet

$$x_{k+1} = x_k - \frac{x_k^n - 1}{nx^{n-1}} = \left(1 - \frac{1}{n}\right)x_k + \frac{1}{nx^{n-1}}.$$

Für $x_k > 0$ gilt

$$x_{k+1} > \left(1 - \frac{1}{n}\right)x_k.$$

Mit vollständiger Induktion zeigt man leicht, dass für $n > 2$ und $x_0 = n$ nach $n - 2$ Schritten immer noch $x_{n-2} > 2$ gilt. Speziell für $n = 10$ lauten die ersten Iterierten

$$x_1 = 9, \quad x_2 = 8.1, \quad x_3 = 7.29, \quad \ldots, \quad x_{10} = 3.487, \quad \ldots, \quad x_{20} = 1.226.$$

Ab hier setzt quadratische Konvergenz ein. Es ist

$$x_{21} = \underline{1}.12$$
$$x_{22} = \underline{1.0}44$$
$$x_{23} = \underline{1.00}73$$
$$x_{24} = \underline{1.000}2375$$
$$x_{25} = \underline{1.0000000}25$$
$$x_{26} = \underline{1.00000000000}028$$

2.5 Verwandte Iterationsverfahren

2.5.1 Vereinfachtes Newton-Verfahren

In der Nähe einer Nullstelle ξ ändert sich g' nicht mehr stark, falls g stetig differenzierbar ist. Statt die Ableitung in jedem Iterationsschritt neu zu berechnen, verwendet man beim vereinfachten Newton-Verfahren einen festen Wert. Varianten des vereinfachten Newton-Verfahrens berechnen die Ableitung jeweils nach n Schritten neu oder immer dann, wenn die Differenz von x_k und x_{k+1} einen heuristisch gewählten Wert überschreitet. Im einfachsten Fall verwendet man anstelle von $g'(x_k)$ stets $g'(x_0)$ (Abb. 2.10):

$$x_{k+1} = x_k - \frac{g(x_k)}{g'(x_0)}, \quad k = 0, 1, \ldots.$$

Das vereinfachte Newton-Verfahren ist zwar nur linear konvergent, aber falls $g'(x_0)$ tatsächlich eine gute Näherung von $g'(x_k)$ darstellt, ist die zugehörige Kontraktionskonstante sehr klein.

2.5.2 Sekantenverfahren

Beim Sekantenverfahren ersetzt man die Ableitung $g'(x_k)$ durch Sekantensteigungen. Dies ist vor allem dann nützlich, wenn die Ableitung nicht oder nur schwer berechnet werden kann. Beim Sekantenverfahren startet man mit zwei Startnäherungen x_0 und x_1. Die Sekantensteigungen erhält man aus den Differenzenquotienten nachfolgender Iterationsschritte (Abb. 2.11):

$$\begin{cases} x_0, x_1 \in I \\ x_{k+1} = x_k - \dfrac{g(x_k)}{\dfrac{g(x_k) - g(x_{k-1})}{x_k - x_{k-1}}}, \quad k = 1, 2, \ldots. \end{cases}$$

Abb. 2.10 Vereinfachtes
Newton-Verfahren

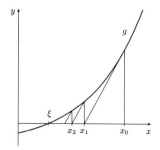

Abb. 2.11 Sekantenverfahren

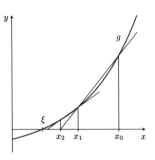

Aus

$$x_k - \frac{g(x_k)}{\frac{g(x_k) - g(x_{k-1})}{x_k - x_{k-1}}} = x_k - \frac{g(x_k)(x_k - x_{k-1})}{g(x_k) - g(x_{k-1})} = \frac{x_{k-1}g(x_k) - x_kg(x_{k-1})}{g(x_k) - g(x_{k-1})}$$

ergibt sich die Iterationsvorschrift

$$\begin{cases} x_0, x_1 \in I \\ x_{k+1} = \dfrac{x_{k-1}g(x_k) - x_kg(x_{k-1})}{g(x_k) - g(x_{k-1})}, \quad k = 1, 2, \ldots, \end{cases} \tag{2.12}$$

bei der auf der rechten Seite nun die kompakte Darstellung der Nullstelle der Geraden durch die Punkte $\big(x_{k-1}, g(x_{k-1})\big)$ und $\big(x_k, g(x_k)\big)$ steht.

Das Sekantenverfahren besitzt die gebrochene Konvergenzordnung $(1+\sqrt{5})/2 \approx$ 1.618. Speichert man die Funktionswerte $g(x_{k-1})$ und $g(x_k)$ in Hilfsvariablen, benötigt das Sekantenverfahren pro Iterationsschritt nur eine Funktionsauswertung. Üblicherweise kostet die Berechnung eines Funktionswerts erheblich mehr Rechenzeit als die weiteren arithmetischen Grundoperationen in jedem Iterationsschritt. Daher sind zwei Schritte des Sekantenverfahrens ungefähr so aufwendig wie ein Schritt des Newton-Verfahrens. Bezogen auf den Rechenaufwand konvergiert das Sekantenverfahren sogar schneller als das Newton-Verfahren.

2.5.3 Bisektionsverfahren und regula falsi

Beim Bisektionsverfahren ist die Nullstelle einer stetigen Funktion g im Intervall $I_0 = [a_0, b_0]$ gesucht. Dabei wird vorausgesetzt, dass $g(a_0)g(b_0) < 0$ gilt, wodurch die Existenz einer Nullstelle in I_0 nach dem Zwischenwertsatz gesichert ist. Ohne Beschränkung der Allgemeinheit sei $g(a) < 0$ und $g(b) > 0$ (sonst betrachtet man $-g$). Durch fortgesetzte Intervallhalbierung wird eine Nullstelle von g in eine Intervallschachtelung eingeschlossen (Algorithmus 2.1).

Algorithmus 2.1: Bisektionsverfahren

Gegeben: g stetig; $[a_0, b_0]$ mit $g(a_0) < 0$, $g(b_0) > 0$;
Abbruchbedingung.

Für $k = 0, 1, \ldots$:

$$m_{k+1} := \frac{1}{2}(a_k + b_k)$$

Falls

- $g(m_{k+1}) = 0$: m_{k+1} ist Nullstelle von g
- $g(m_{k+1}) > 0$: $a_{k+1} := a_k$, $b_{k+1} := m_{k+1}$
- $g(m_{k+1}) < 0$: $a_{k+1} := m_{k+1}$, $b_{k+1} := b_k$

Wie das Sekantenverfahren kommt das Bisektionsverfahren mit einem Funktionswert pro Iterationsschritt aus. Es ist nur linear konvergent, liefert jedoch im Gegensatz zum Newton-Verfahren oder zum Sekantenverfahren ein Intervall, welches garantiert eine Nullstelle von g enthält (Abb. 2.12).

Bei einer Variante des Bisektionsverfahrens, der regula falsi, wird m_{k+1} nicht durch Halbierung, sondern durch lineare Interpolation der Randwerte von g auf I_k bestimmt, d. h. als Nullstelle

$$m_{k+1} = \frac{a_k \, g(b_k) - b_k \, g(a_k)}{g(b_k) - g(a_k)}$$

der Verbindungsstrecke der Punkte $\big(a_k, g(a_k)\big)$ und $\big(b_k, g(b_k)\big)$, vgl. (2.12).

Auch mit der regula falsi wird in jedem Schritt ein Einschließungsintervall für eine gesuchte Nullstelle berechnet. Allerdings beobachtet man häufig, dass bei der regula falsi immer dieselbe Intervallgrenze überschrieben wird. Diese einseitige Konvergenz tritt z.B. bei monoton wachsenden konvexen Funktionen auf, bei denen die linke Intervallgrenze $a_k = m_k$ linear gegen die eindeutige Nullstelle von g konvergiert, die rechte Intervallgrenze b_k jedoch stets den Wert b_0 behält. Die Länge des Einschließungsintervalls strebt in diesem Fall nicht gegen Null (Abb. 2.13).

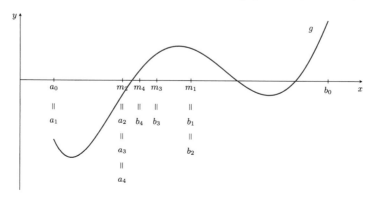

Abb. 2.12 Bisektionsverfahren

Abb. 2.13 regula falsi

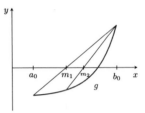

Beispiel 2.16 Vergleich der Iterationsverfahren zur Berechnung einer Nullstelle der Funktion

$$g(x) = x^3 - 3x + 1, \quad x \in [0, 1].$$

1. Das Newton-Verfahren

$$x_{k+1} = x_k - \frac{g(x_k)}{g'(x_k)} = x_k - \frac{x_k^3 - 3x_k + 1}{3x_k^2 - 3}$$

liefert für $x_0 = 0$ die Iterierten

$$x_1 = \frac{1}{3}, \quad x_2 = \frac{25}{72} \approx 0.347222, \quad x_3 \approx 0.347296.$$

2. Mit dem vereinfachten Newton-Verfahren

$$x_{k+1} = x_k - \frac{g(x_k)}{g'(x_0)} = x_k - \frac{x_k^3 - 3x_k + 1}{3x_0^2 - 3}$$

berechnet man für $x_0 = 0$ die Näherungen

$$x_1 = \frac{1}{3}, \quad x_2 = \frac{28}{81} \approx 0.345679, \quad x_3 \approx 0.347102, \quad \ldots, \quad x_6 \approx 0.347296.$$

3. Das Sekantenverfahren

$$x_{k+1} = \frac{x_{k-1} g(x_k) - x_k g(x_{k-1})}{g(x_k) - g(x_{k-1})}$$

führt für $x_0 = 0$, $x_1 = 1$ auf die Approximationen

$$x_2 = \frac{1}{2}, \quad x_2 = \frac{1}{5}, \quad x_3 = \frac{31}{87} \approx 0.356322, \quad \ldots, \quad x_6 \approx 0.347296.$$

4. Das Bisektionsverfahren konvergiert in diesem Beispiel am langsamsten. Für $a_0 = 0$, $b_0 = 1$ erhält man

$$m_1 = \frac{1}{2}, \quad m_2 = \frac{1}{4}, \quad m_3 = \frac{3}{8} \approx 0.375, \quad \ldots, \quad m_{19} \approx 0.347296$$

und das Einschließungsintervall $[a_{19}, b_{19}] = [0.347296, 0.347297]$.

5. Die regula falsi liefert für $a_0 = 0$, $b_0 = 1$ die Werte

$$m_1 = \frac{1}{2}, \quad m_2 = \frac{4}{11}, \quad m_3 = \frac{121}{347} \approx 0.348703, \quad \ldots, \quad m_7 \approx 0.347296$$

sowie das Einschließungsintervall $[a_7, b_7] = [0, 0.347297]$. $\triangle$

2.6 Iterationsverfahren im $\mathbb{R}^n$

Die eingeführten Normen ermöglichen es, den Banach'schen Fixpunktsatz auf Abbildungen $f : \mathbb{R}^n \to \mathbb{R}^n$ zu übertragen und für das Newton-Verfahren im $\mathbb{R}^n$ die quadratische Konvergenz wie im Eindimensionalen zu zeigen. In den zugehörigen Beweisen ist lediglich jeder reelle Betrag durch eine Vektornorm zu ersetzen.

Falls in diesem Kapitel bei einem Vektor rechts unten ein Index auftritt, so bezeichnet er eine Komponente des Vektors, z. B.

$$x = \begin{pmatrix} x_1 \\ x_2 \end{pmatrix} \in \mathbb{R}^2.$$

Einen Iterationsindex bringen wir rechts oben an und versehen ihn mit Klammern: $x^{(k)}$ bezeichnet die k-te Iterierte eines Iterationsverfahrens.

Definition 2.17 Es sei $\|.\|$ eine beliebige Vektornorm. Eine Abbildung $f : D \subseteq \mathbb{R}^n \to \mathbb{R}^n$ heißt Kontraktion oder kontrahierende Abbildung in D, wenn es eine Konstante $L < 1$ gibt, sodass

$$\|f(x) - f(y)\| \le L \|x - y\| \quad \text{für alle} \ x, y \in D$$

gilt.

Für kontrahierende Selbstabbildungen im $\mathbb{R}^n$ gilt analog zu Satz 2.6:

Satz 2.18 (Banach'scher Fixpunktsatz im $\mathbb{R}^n$) *Die Menge $D \subseteq \mathbb{R}^n$ sei nichtleer und abgeschlossen. Die Funktion $f : D \to D$ sei eine kontrahierende Selbstabbildung auf D mit Kontraktionskonstante $L < 1$. Dann gilt:*

1. f besitzt in D genau einen Fixpunkt ξ.
2. Das Iterationsverfahren

$$(IV) \quad \begin{cases} x^{(0)} \in D, \\ x^{(k+1)} = f(x^{(k)}), \quad k = 0, 1, \ldots \end{cases}$$

konvergiert für jeden Startwert $x^{(0)} \in D$ gegen ξ.

3. *Für $k \in \mathbb{N}$ gilt die* a priori-Abschätzung

$$\left\| x^{(k)} - \xi \right\| \leq \frac{L^k}{1 - L} \left\| x^{(1)} - x^{(0)} \right\|.$$

4. *Für $k \in \mathbb{N}$ gilt die* a posteriori-Abschätzung

$$\left\| x^{(k)} - \xi \right\| \leq \frac{L}{1 - L} \left\| x^{(k)} - x^{(k-1)} \right\|.$$

Beweis Wie von Satz 2.6.

Bevor wir weitere Sätze über reellwertige Funktionen auf Funktionen $f : \mathbb{R}^n \to \mathbb{R}^n$ übertragen, zeigen wir, wie man für differenzierbare Funktionen Kontraktion nachweisen kann. Gegeben sei eine nichtleere, offene und konvexe Menge $U \subseteq \mathbb{R}^n$. Weiter sei

$$f : U \subseteq \mathbb{R}^n \to \mathbb{R}^n, \quad f = \begin{pmatrix} f_1 \\ \vdots \\ f_n \end{pmatrix},$$

differenzierbar und es sei

$$\sup_{x \in U} \left\| J_f(x) \right\|_\infty < \infty,$$

wobei J_f die Jacobi-Matrix von f bezeichnet. Dann definieren wir für $i = 1, 2, \ldots, n$ die reellwertigen, differenzierbaren Funktionen

$$\varphi_i(t) := f_i(ty + (1 - t)x) = f_i\big(x + t(y - x)\big), \quad t \in [0, 1].$$

Zunächst ist

$$\varphi_i(0) = f_i(x), \quad \varphi_i(1) = f_i(y).$$

Nach dem Mittelwertsatz existiert ein $\eta_i \in (0, 1)$ mit

$$\left| f_i(y) - f_i(x) \right| = \left| \varphi_i(1) - \varphi_i(0) \right| = \left| \varphi_i'(\eta_i) \right| = \left| \big(\operatorname{grad} f_i\big(x + \eta_i(y - x)\big) \big) \cdot \big(y - x \big) \right|$$

$$= \left| \sum_{j=1}^n \frac{\partial f_i}{\partial x_j}\big(x + \eta_i(y - x)\big) \cdot (y_j - x_j) \right| \leq \sum_{j=1}^n \sup_{z \in U} \left| \frac{\partial f_i}{\partial x_j}(z) \right| \cdot \left| y_j - x_j \right|$$

$$\leq \max_{j=1}^n \left| y_j - x_j \right| \cdot \sum_{j=1}^n \sup_{z \in U} \left| \frac{\partial f_i}{\partial x_j}(z) \right| \leq \| y - x \|_\infty \cdot \max_{i=1}^n \sum_{j=1}^n \sup_{z \in U} \left| \frac{\partial f_i}{\partial x_j}(z) \right|$$

$$= \left\| J_{\max} \right\|_\infty \cdot \| y - x \|_\infty$$

mit

$$\left(J_{\max}\right)_{ij} = \sup_{z \in U} \left| \frac{\partial f_i}{\partial x_j}(z) \right|.$$

Durch Maximumbildung über alle i folgt die Abschätzung

$$\|f(y) - f(x)\|_\infty \leq \|J_{\max}\|_\infty \cdot \|y - x\|_\infty.$$

Im Fall $\|J_{\max}\|_\infty < 1$ ist f kontrahierend und aus Satz 2.18 erhalten wir

Korollar 2.19 *Die Funktion* $f : U \rightarrow \mathbb{R}^n$ *sei auf der offenen Menge* $U \subseteq \mathbb{R}^n$ *differenzierbar. Die Menge* $D \subseteq U$ *sei nichtleer, abgeschlossen und konvex. Die Einschränkung von* f *auf* D *sei eine (differenzierbare) Selbstabbildung und es gelte* $\|J_{\max}\|_\infty < 1$ *für*

$$\left(J_{\max}\right)_{ij} = \sup_{z \in D} \left| \frac{\partial f_i}{\partial x_j}(z) \right|.$$

Dann ist f *auf* D *kontrahierend (in der Maximumnorm) und die Fixpunktiteration*

$$\begin{cases} x^{(0)} \in D, \\ x^{(k+1)} = f(x^{(k)}), \quad k = 0, 1, \dots \end{cases}$$

konvergiert für jeden Startwert $x^{(0)} \in D$ *gegen den eindeutig bestimmten Fixpunkt* ξ *von* f.

Beispiel 2.20 Gesucht ist ein Schnittpunkt ξ der Abb. 2.14 veranschaulichten Kurven

$$K_1 : x^2 - 8x + y^2 - y + 1 = 0, \quad K_2 : (x + y)^2 + 8y - 2 = 0.$$

Dieser soll im Intervall $I = [-1, 1] \times [-1, 1]$ durch Fixpunktiteration berechnet werden. Dazu formen wir die Gleichungen zuerst geeignet um:

$$x^2 - 8x + y^2 - y + 1 = 0 \iff x = \frac{1}{8}\left(x^2 + y^2 - y + 1\right),$$

$$(x + y)^2 + 8y - 2 = 0 \iff y = \frac{1}{8}\left(2 - (x + y)^2\right).$$

Abb. 2.14 Fixpunktiteration
im $\mathbb{R}^2$

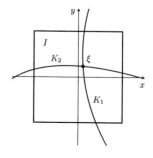

Um die Notation einfach zu halten, bezeichnen wir im Folgenden die Vektorkomponenten mit x und y statt x_1 und x_2. Indizes an x und y bezeichnen wie in Kap. 2.1 Iterierte.

Die Funktionen

$$f_1(x, y) = \frac{1}{8}(x^2 + y^2 - y + 1),$$

$$f_2(x, y) = \frac{1}{8}(2 - (x + y)^2),$$

erfüllen für $x, y \in [-1, 1]$ die Abschätzungen

$$0 = \frac{1}{8}(0 + 0 - 1 + 1) \leq f_1(x, y) \leq \frac{1}{8}(1 + 1 + 1 + 1) = \frac{1}{2},$$

$$-\frac{1}{4} = \frac{1}{8}(2 - 4) \leq f_2(x, y) \leq \frac{1}{8}(2 - 0) = \frac{1}{4},$$

sodass $f = \big(f_1(x, y), f_2(x, y)\big)$ das Intervall I in sich abbildet. Für die Maximumnorm der Jacobi-Matrix

$$J_f(x, y) = \frac{1}{8} \begin{pmatrix} 2x & 2y - 1 \\ -2(x + y) & -2(x + y) \end{pmatrix}$$

gilt auf I

$$\|J_f(x, y)\|_\infty \leq \frac{1}{8} \left\| \begin{pmatrix} 2 + 3 \\ 4 + 4 \end{pmatrix} \right\|_\infty = 1.$$

Auf I ist die Kontraktion von f damit nicht nachgewiesen, aber aus der obigen Selbstabbildungseigenschaft folgt, dass man Kontraktion von f nur auf dem Intervall

$$f(I) \subseteq \left[0, \frac{1}{2}\right] \times \left[-\frac{1}{4}, \frac{1}{4}\right] =: J$$

benötigt. Auf J ist f kontrahierend mit Kontraktionskonstante

$$L = \frac{1}{8} \left\| \begin{pmatrix} 1 + \frac{3}{2} \\ \frac{3}{2} + \frac{3}{2} \end{pmatrix} \right\|_\infty = \frac{3}{8}.$$

Die Fixpunktiteration

$$\begin{cases} \begin{pmatrix} x_0 \\ y_0 \end{pmatrix} \in I, \\[2ex] \begin{pmatrix} x_{k+1} \\ y_{k+1} \end{pmatrix} = \begin{pmatrix} f_1(x_k, y_k) \\ f_2(x_k, y_k) \end{pmatrix}, \quad k = 0, 1, \dots \end{cases}$$

konvergiert daher für jeden Startwert $(x_0, y_0) \in I$ gegen den in I eindeutigen Schnittpunkt ξ von K_1 und K_2. Für $(x_0, y_0) = (0, 0)$ erhält man bei Rechnung mit sechs Nachkommastellen die Iterierten

$$(x_1, y_1) = (0.125000, 0.250000),$$
$$(x_2, y_2) = (0.103516, 0.232422),$$
$$(x_3, y_3) = (0.104039, 0.235893),$$
$$(x_4, y_4) = (0.103822, 0.235556),$$
$$(x_5, y_5) = (0.103839, 0.235603),$$

die gegen

$$\xi = (0.103826\ldots, 0.235598\ldots)$$

konvergieren. $\triangle$

Wie für reellwertige Funktionen beweist man den folgenden lokalen Fixpunktsatz:

Satz 2.21 *Die Menge $D \subseteq \mathbb{R}^n$ sei offen. Die Funktion $f : D \to \mathbb{R}^n$ besitze einen Fixpunkt $\xi \in D$ und sei in einer Umgebung von ξ stetig differenzierbar. Außerdem gelte für die Jacobi-Matrix $J_f(\xi)$*

$$\left\| J_f(\xi) \right\|_\infty < 1.$$

Dann existiert eine abgeschlossene Kugel $\overline{B}_\varepsilon(\xi) := \{x \in \mathbb{R}^n \mid \|x - \xi\|_\infty \leq \varepsilon\}$, sodass f die Kugel $\overline{B}_\varepsilon$ in sich abbildet und auf $\overline{B}_\varepsilon$ kontrahierend ist. Die Fixpunktiteration

$$\begin{cases} x^{(0)} \in \overline{B}_\varepsilon, \\ x^{(k+1)} = f(x^{(k)}), \quad k = 0, 1, \ldots \end{cases}$$

konvergiert für jedes $x^{(0)} \in \overline{B}_\varepsilon$ gegen ξ.

Auch das Newton-Verfahren lässt sich fast wörtlich auf Funktionen $g : \mathbb{R}^n \to \mathbb{R}^n$ übertragen. Dazu muss nur die in (2.11) auftretende Division durch g' als Multiplikation mit der Inversen der Ableitung interpretiert werden.

Satz 2.22 *Die Menge $D \subseteq \mathbb{R}^n$ sei offen. Die Funktion $g : D \to \mathbb{R}^n$ sei in D zweimal stetig differenzierbar und besitze eine Nullstelle $\xi \in D$. Die Jacobi-Matrix J_g sei an der Stelle ξ invertierbar:*

$$\det\big(J_g(\xi)\big) \neq 0.$$

Dann konvergiert das Newton-Verfahren

$$(NV) \quad \begin{cases} x^{(0)} \in D, \\ x^{(k+1)} = x^{(k)} - \big(J_g(x^{(k)})\big)^{-1} g(x^{(k)}), \quad k = 0, 1, \ldots \end{cases}$$

lokal mindestens quadratisch gegen ξ.

Bemerkung 2.23 Bei der praktischen Durchführung des Newton-Verfahrens löst man in jedem Iterationsschritt das lineare Gleichungssystem

$$J_g(x^{(k)}) \cdot (x^{(k+1)} - x^{(k)}) = -g(x^{(k)}),$$

um sich die aufwendige Invertierung der Jacobi-Matrix zu ersparen.

Außerdem verwendet man im Mehrdimensionalen gern eine Variante des verein-fachten Newton-Verfahrens, bei der mehrere Iterationsschritte mit derselben Jacobi-Matrix durchgeführt werden. Die Lösung unterschiedlicher linearer Gleichungssys-teme mit derselben Matrix kann mit erheblich reduziertem Aufwand erfolgen, siehe Abschn. 3.4.2. △

Beispiel 2.24 Wir bestimmen den Schnittpunkt der Kurven

$$K_1 : x^2 - 8x + y^2 - y + 1 = 0, \quad K_2 : (x + y)^2 + 8y - 2 = 0.$$

mit dem Newton-Verfahren. Wie in Beispiel 2.20 bezeichnen wir die Vektorkompo-nenten mit x und y.

Für die Funktionen

$$g_1(x, y) = x^2 - 8x + y^2 - y + 1,$$
$$g_2(x, y) = (x + y)^2 + 8y - 2,$$

erhält man die Jacobi-Matrix

$$J_g(x, y) = \begin{pmatrix} 2x - 8 & 2y - 1 \\ 2(x + y) & 2(x + y) + 8 \end{pmatrix}.$$

An der Stelle $(x_0, y_0) = (0, 0)$ gilt

$$J_g(0, 0) = \begin{pmatrix} -8 & -1 \\ 0 & 8 \end{pmatrix}.$$

Im ersten Iterationsschritt ist das lineare Gleichungssystem

$$\begin{pmatrix} -8 & -1 \\ 0 & 8 \end{pmatrix} \cdot \left(\begin{pmatrix} x_1 \\ y_1 \end{pmatrix} - \begin{pmatrix} 0 \\ 0 \end{pmatrix} \right) = - \begin{pmatrix} g_1(0, 0) \\ g_2(0, 0) \end{pmatrix} = \begin{pmatrix} -1 \\ 2 \end{pmatrix}$$

Abb. 2.15 Schnitt der
Graphen von g_1 und g_2 mit
der (x, y)-Ebene

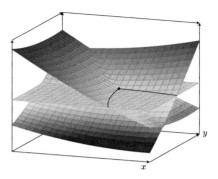

Abb. 2.16 Schnitt der
Tangentialebenen von g_1 und
g_2 mit der (x, y)-Ebene (für
$k = 0$)

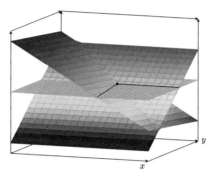

zu lösen. Dies ergibt

$$\begin{pmatrix} x_1 \\ y_1 \end{pmatrix} = \begin{pmatrix} \frac{3}{32} \\ \frac{1}{4} \end{pmatrix} \approx \begin{pmatrix} 0.09375 \\ 0.25 \end{pmatrix}.$$

Im zweiten Iterationsschritt erhält man

$$\begin{pmatrix} x_2 \\ y_2 \end{pmatrix} \approx \begin{pmatrix} 0.103796 \\ 0.235603 \end{pmatrix},$$

womit bereits nach zwei Iterationsschritten eine gute Näherung für die gesuchte
Nullstelle

$$\xi = (0.103826\ldots, 0.235598\ldots)$$

gefunden ist.

Die Graphen von g_1 und g_2 sowie ihr Schnitt mit der (x, y)-Ebene sind in Abb. 2.15
veranschaulicht. Im k-ten Schritt des Newton-Verfahrens werden die Funktionsgraphen durch ihre Tangentialebenen an der Stelle (x_k, y_k) ersetzt und von diesen
der gemeinsame Schnittpunkt mit der (x, y)-Ebene bestimmt (Abb. 2.16). Dieser
Schnittpunkt ist genau dann eindeutig, wenn die Normalenvektoren der Tangentialebenen linear unabhängig sind, was genau dann erfüllt ist, wenn die Jacobi-Matrix
an der Stelle (x_k, y_k) invertierbar ist.   △

2.7 Zusammenfassung und Ausblick

Die mathematische Literatur ist reich an alternativen Iterationsverfahren für nichtlineare Gleichungen [20]. Manche davon haben eine höhere Konvergenzordnung als das Newton-Verfahren, andere sind ableitungsfrei wie das Sekantenverfahren, viele sind Modifikationen des Newton-Verfahrens. Praktisch werden diese Verfahren seltener verwendet und wenn, dann meist für spezielle Funktionenklassen. Für eine allgemeine differenzierbare Funktion g ist das Newton-Verfahren die Methode der Wahl zur Nullstellenberechnung.

Fixpunktiteration wird an einer Stelle eingesetzt, an der man sie nicht unbedingt erwarten würde, nämlich bei der iterativen Lösung linearer Gleichungssysteme durch Splitting-Verfahren (Abschn. 4.1). Weitere Anwendungen betreffen die Konvergenzuntersuchung von Prädiktor-Korrektor-Verfahren und impliziten Runge-Kutta-Verfahren zur numerischen Lösung gewöhnlicher Differentialgleichungen.

Direkte Verfahren zur numerischen Lösung linearer Gleichungssysteme

3

Lineare Gleichungssysteme entstehen in Anwendungen, wenn zwischen gesuchten Größen ein linearer Zusammenhang besteht oder wenn ein nichtlineares Gleichungssystem wie beim Newton-Verfahren durch iterative Linearisierung gelöst wird. Mit Ausnahme von Abschn. 3.6 seien die im Folgenden betrachteten linearen Gleichungssysteme stets eindeutig lösbar.

Mit dem als bekannt vorausgesetzten Gauß'schen Eliminationsverfahren existiert eine direkte, d. h. endliche und in exakter Arithmetik fehlerfreie Lösungsmethode, sodass man deren numerische Analyse und die Entwicklung alternativer numerischer Verfahren als überflüssig ansehen könnte. Aus zwei Gründen ist dies nicht so:

1. Koeffizienten und rechte Seiten von linearen Gleichungssystemen sind in Anwendungen selten exakt bekannt. Außerdem sind die Rechenoperationen im Gauß-Algorithmus in Gleitpunktarithmetik im Allgemeinen nicht fehlerfrei durchführbar. Dadurch kommt es zu Eingangsfehlern und im Verlauf der Rechnung zu Fehlerfortpflanzungen, die untersucht und nach Möglichkeit durch Modifikationen im Gauß-Algorithmus gedämpft werden sollen.
2. Gleichungssysteme aus Anwendungen können mehrere Millionen Unbekannte haben. In diesem Fall ist der Gauß-Algorithmus viel zu aufwendig, um in angemessener Rechenzeit durchgeführt zu werden. Stattdessen verwendet man iterative Verfahren, welche zwar nur Näherungslösungen liefern, sich aber im praktischen Einsatz als zuverlässige und schnelle Alternative bewährt haben.

In den Abschn. 3.1 bis 3.4 analysieren wir den Gauß-Algorithmus und führen Fehlerabschätzungen für lineare Gleichungssysteme durch. Danach stellen wir in Abschn. 3.5 die QR-Zerlegung einer Matrix als zweites direktes Verfahren vor. Dabei gehen wir in Abschn. 3.6 auch auf die Anwendung der QR-Zerlegung bei der Lösung über- und unterbestimmter linearer Gleichungssysteme ein. Iterative

Verfahren werden im nächsten Kapitel behandelt. Ausführliche Darstellungen der Numerik linearer Gleichungssysteme finden sich unter anderem in [12] oder [17].

Zunächst präzisieren wir die Aufgabenstellung und die verwendete Notation. Gegeben sei das lineare Gleichungssystem

$$Ax = b \tag{3.1}$$

mit invertierbarer Koeffizientenmatrix $A = (a_{ij}) \in \mathbb{R}^{n \times n}$ und rechter Seite $b \in \mathbb{R}^n$. Gesucht ist der eindeutige Lösungsvektor $x \in \mathbb{R}^n$ von (3.1).

Ist A invertierbar, überführt der Gauß-Algorithmus die Matrix $A_1 := A$ in $n - 1$ Schritten in eine rechte obere Dreiecksmatrix $U = A_n = (a_{ij}^{(n)})$, für die

$$a_{ij}^{(n)} = 0 \quad \text{für } i > j$$

gilt. Im k-ten Schritt des Gauß-Algorithmus, $k = 1, 2, \ldots, n - 1$, werden dabei die in der k-ten Spalte unterhalb der Diagonale stehenden Elemente $a_{ik}^{(k)}$, $i = k + 1, k + 2, \ldots, n$ eliminiert. Dieser Vorgang wird in den nächsten beiden Abschnitten durch eine Beschreibung mit Matrizenmultiplikationen formalisiert. Dabei erläutern wir auch, wie das lineare Gleichungssystem (3.1) mithilfe von U und zwei weiteren im Eliminationsprozess entstehenden Matrizen L und P gelöst wird.

Zur Unterscheidung von Vektorfolgen, Mengen von Vektoren und Vektorkomponenten vereinbaren wir die folgende Notation: Ein Index rechts unten an einem Vektor bezeichnet eine Komponente des Vektors. Ein Iterationsindex steht wie im letzten Kapitel rechts oben und ist mit Klammern versehen. Ein Index rechts oben ohne Klammern bezeichnet die Zugehörigkeit eines Vektors zu einer Menge nummerierter Vektoren. Nach dieser Konvention bezeichnet $x^{(k)}$ die k-te Iterierte eines Iterationsverfahrens im $\mathbb{R}^n$, wohingegen der i-te Einheitsvektor e^i im $\mathbb{R}^n$ ohne Klammern notiert wird. Matrizen werden rechts unten ohne Klammern indiziert.

3.1   Gauß-Elimination ohne Zeilentausch: LU-Zerlegung

In diesem Abschnitt setzen wir voraus, dass der Gauß-Algorithmus für die invertierbare Matrix A ohne Zeilenvertauschungen durchführbar ist. Da auch bei invertierbaren Matrizen Zeilenvertauschungen im Gauß-Algorithmus notwendig sein können, stellt dies eine Einschränkung dar, die uns die Analyse vorerst erleichtert. Der allgemeine Fall mit Zeilenvertauschungen ist nur aufgeschoben. Er wird in Abschn. 3.2 behandelt.

3.1.1   Eliminationsmatrizen

Der k-te Schritt des Gauß-Algorithmus kann als Multiplikation von A mit einer Eliminationsmatrix L_k von links dargestellt werden:

$$A_{k+1} = L_k A_k$$

mit

$$
L_k := \begin{pmatrix}
1 & & & & & & \\
 & \ddots & & & & & \\
 & & 1 & & & & \\
 & & -l_{k+1,k} & 1 & & & \\
 & & -l_{k+2,k} & & \ddots & & \\
 & & \vdots & & & \ddots & \\
 & & -l_{nk} & & & & 1
\end{pmatrix}, \quad l_{ik} = \frac{a_{ik}^{(k)}}{a_{kk}^{(k)}}, \quad i = k+1, k+2, \ldots, n. \quad (3.2)
$$

Setzt man

$$
l^k := (0, \ldots, 0, l_{k+1,k}, \ldots, l_{nk})^T,
$$

dann gilt

$$
(e^i)^T l^k = 0 \quad \text{für} \quad i = 1, 2, \ldots, k
$$

sowie

$$
L_k = I - l^k (e^k)^T,
$$

wobei e^i den i-ten Einheitsvektor und I die Einheitsmatrix bezeichnen. Matrizen mit der Gestalt von L_k werden auch Frobenius-Matrizen genannt.

Die behauptete Wirkung von L_k folgt aus der Definition der Matrizenmultiplikation: Bei der Multiplikation einer Matrix A mit L_k von links wird für $i = k+1, k+2, \ldots, n$ je das $-l_{i,k}$-fache der k-ten Zeile von A zur i-ten Zeile von A addiert.

Beispiel 3.1 Gegeben sei

$$
A_1 = A = \begin{pmatrix}
2 & 1 & 1 & 0 \\
4 & 3 & 3 & 1 \\
8 & 7 & 9 & 5 \\
6 & 7 & 9 & 8
\end{pmatrix}.
$$

Die Eliminationsmatrix im ersten Schritt des Gauß-Algorithmus lautet

$$
L_1 = \begin{pmatrix}
1 & & & \\
-2 & 1 & & \\
-4 & & 1 & \\
-3 & & & 1
\end{pmatrix}.
$$

Durch die Multiplikation mit L_1 werden die Matrixelemente a_{21}, a_{31} und a_{41} eliminiert:

$$
A_2 = L_1 A_1 = L_1 A = \begin{pmatrix}
2 & 1 & 1 & 0 \\
 & 1 & 1 & 1 \\
 & 3 & 5 & 5 \\
 & 4 & 6 & 8
\end{pmatrix}.
$$

Analog verlaufen die nächsten beiden Schritte des Gauß-Algorithmus:

$$
L_2 = \begin{pmatrix} 1 & & & \\ & 1 & & \\ & -3 & 1 & \\ & -4 & & 1 \end{pmatrix}, \quad A_3 = L_2 A_2 = L_2 L_1 A = \begin{pmatrix} 2 & 1 & 1 & 0 \\ & 1 & 1 & 1 \\ & & 2 & 2 \\ & & 2 & 4 \end{pmatrix},
$$

$$
L_3 = \begin{pmatrix} 1 & & & \\ & 1 & & \\ & & 1 & \\ & & -1 & 1 \end{pmatrix}, \quad A_4 = L_3 A_3 = L_3 L_2 L_1 A = \begin{pmatrix} 2 & 1 & 1 & 0 \\ & 1 & 1 & 1 \\ & & 2 & 2 \\ & & & 2 \end{pmatrix} = U.
$$

$\triangle$

3.1.2 LU-Zerlegung

Die Eliminationsmatrizen sind invertierbar, da die Determinante jeder Eliminationsmatrix den Wert 1 besitzt. Nach Durchführung aller Eliminationsschritte im Gauß-Algorithmus erhält man die Zerlegung

$$
A = L\,U \tag{3.3}
$$

mit der rechten oberen Dreiecksmatrix U und der Matrix

$$
L = (L_{n-1} \cdots L_2 L_1)^{-1} = L_1^{-1} L_2^{-1} \cdots L_{n-1}^{-1},
$$

deren Struktur wir nun bestimmen.

Satz 3.2 *1. Die Inverse von L_k ist*

$$
L_k^{-1} = I + l^k\,(e^k)^T.
$$

2. Die Matrix L in der LU-Zerlegung (3.3) von A ist eine linke untere Dreiecksmatrix mit Einsen in der Diagonale. Mit den Elementen l_{ik} aus (3.2) gilt

$$
L_1^{-1} L_2^{-1} \cdots L_r^{-1} = \begin{pmatrix} 1 & & & & & \\ l_{21} & 1 & & & & \\ l_{31} & l_{32} & 1 & & & \\ \vdots & \vdots & \ddots & \ddots & & \\ l_{r+1,1} & l_{r+1,2} & \cdots & l_{r+1,r} & 1 & \\ \vdots & \vdots & & \vdots & & \ddots \\ l_{n1} & l_{n2} & \cdots & l_{nr} & & & 1 \end{pmatrix}.
$$

Beweis

von 1.: $\left(I - l^k (e^k)^T\right)\left(I + l^k (e^k)^T\right) = I - l^k \underbrace{(e^k)^T l^k}_{=0} (e^k)^T = I.$

von 2.: Mit vollständiger Induktion nach r. $\qquad\square$

Als nächstes zeigen wir, dass die Matrizen L und U in der LU-Zerlegung eindeutig bestimmt sind. Zur Vorbereitung dient ein Lemma über die Struktur von Inversen und Produkten von Dreiecksmatrizen:

Lemma 3.3

1. *Die Inverse einer unteren/oberen Dreiecksmatrix (mit Einsen in der Diagonale) ist eine untere/obere Dreiecksmatrix (mit Einsen in der Diagonale).*
2. *Das Produkt zweier unterer/oberer Dreiecksmatrizen (mit Einsen in der Diagonale) ist eine untere/obere Dreiecksmatrix (mit Einsen in der Diagonale).*

Beweis

von 1.: Die Behauptung folgt aus der Berechnung der Inversen mit dem Gauß-Jordan-Verfahren.

von 2.: Die Behauptung folgt aus der Definition der Matrizenmultiplikation. $\qquad\square$

Die Eindeutigkeitsaussage lässt sich nun leicht beweisen.

Satz 3.4 *L und U sind in der LU-Zerlegung* (3.3) *der Matrix A eindeutig bestimmt.*

Beweis Wir nehmen an, die LU-Zerlegung (3.3) von A sei nicht eindeutig, d. h. es gebe zwei linke untere Dreiecksmatrizen mit Einsen in der Diagonale, L und $\widehat{L}$, sowie zwei rechte obere Dreiecksmatrizen U und $\widehat{U}$, sodass

$$A = L U = \widehat{L}\,\widehat{U}$$

gilt. Dann folgt

$$\widehat{L}^{-1} L = \widehat{U}\, U^{-1}. \qquad (3.4)$$

Nach Lemma 3.3 ist $\widehat{L}^{-1} L$ eine untere Dreiecksmatrix mit Einsen in der Diagonale, $\widehat{U}\, U^{-1}$ aber eine obere Dreiecksmatrix. Gleichheit ist in (3.4) nur im Fall

$$\widehat{L}^{-1} L = I = \widehat{U}\, U^{-1}$$

möglich, woraus $L = \widehat{L}$ und $U = \widehat{U}$ folgt. $\qquad\square$

Die LU-Zerlegung von A kann auf dem Speicherplatz von A berechnet werden, wenn man Null-Elemente, die bei der Durchführung des Gauß-Algorithmus erzeugt werden, mit den Elementen von L überschreibt.

Beispiel 3.5 Gegeben sei

$$A_1 = A = \begin{pmatrix} 2 & 1 & 1 & 0 \\ 4 & 3 & 3 & 1 \\ 8 & 7 & 9 & 5 \\ 6 & 7 & 9 & 8 \end{pmatrix}.$$

Der erste Schritt des Gauß-Algorithmus liefert nach Auffüllen der ersten Spalte von A mit den entsprechenden Elementen von L (in reduzierter Schriftgröße)

$$A_2 = \begin{pmatrix} 2 & 1 & 1 & 0 \\ 2 & 1 & 1 & 1 \\ 4 & 3 & 5 & 5 \\ 3 & 4 & 6 & 8 \end{pmatrix}.$$

Analog folgen

$$A_3 = \begin{pmatrix} 2 & 1 & 1 & 0 \\ 2 & 1 & 1 & 1 \\ 4 & 3 & 2 & 2 \\ 3 & 4 & 2 & 4 \end{pmatrix}, \quad A_4 = \begin{pmatrix} 2 & 1 & 1 & 0 \\ 2 & 1 & 1 & 1 \\ 4 & 3 & 2 & 2 \\ 3 & 4 & 1 & 2 \end{pmatrix}.$$

Die Matrix L ist noch um Ihre Diagonalelemente zu ergänzen. Somit erhält man

$$L = \begin{pmatrix} 1 & & & \\ 2 & 1 & & \\ 4 & 3 & 1 & \\ 3 & 4 & 1 & 1 \end{pmatrix}, \quad U = \begin{pmatrix} 2 & 1 & 1 & 0 \\ & 1 & 1 & 1 \\ & & 2 & 2 \\ & & & 2 \end{pmatrix}, \quad A = LU.$$

$\triangle$

Wir kommen nun zur praktischen Lösung des linearen Gleichungssystems

$$Ax = b. \tag{3.5}$$

Wendet man die Operationen des Gauß-Algorithmus auch auf die rechte Seite b an, wird (3.5) in das äquivalente System

$$Ux = c$$

überführt, welches durch Rückwärtseinsetzen gelöst wird. Alternativ lässt man b unverändert, berechnet stattdessen die LU-Zerlegung von A und löst

$$LUx = b$$

in zwei Schritten:

1. Löse $Ly = b$ nach y auf.
2. Löse $Ux = y$ nach x auf.

Da L und U Dreiecksmatrizen sind, sind diese Systeme durch Vorwärts- bzw. Rückwärtseinsetzen schnell lösbar.

Vorteilhaft ist dieses Vorgehen in Anwendungen, in denen das lineare Gleichungssystem $Ax = b$ mit derselben Koeffizientenmatrix A für verschiedene rechte Seite b gelöst werden soll. Die LU-Zerlegung, die den Hauptaufwand zur Lösung des Gleichungssystems darstellt, muss dafür nur einmal berechnet werden. Eine solche Anwendung haben wir mit dem vereinfachten Newton-Verfahren kennengelernt.

Beispiel 3.6 Gegeben sei das lineare Gleichungssystem

$$Ax = \begin{pmatrix} 0 \\ 1 \\ 3 \\ 2 \end{pmatrix}$$

mit der Matrix A aus Beispiel 3.5. Das lineare Gleichungssystem $Ly = b$,

$$\begin{pmatrix} 1 & & & \\ 2 & 1 & & \\ 4 & 3 & 1 & \\ 3 & 4 & 1 & 1 \end{pmatrix} \begin{pmatrix} y_1 \\ y_2 \\ y_3 \\ y_4 \end{pmatrix} = \begin{pmatrix} 0 \\ 1 \\ 3 \\ 2 \end{pmatrix},$$

führt durch Vorwärtseinsetzen auf

$$y_1 = 0, \quad y_2 = 1 + 2y_1 = 1, \quad y_3 = 3 - 4y_1 - 3y_2 = 0, \quad y_4 = 2 - 3y_1 - 4y_2 - y_2 = -2,$$

wonach $Ux = y$,

$$\begin{pmatrix} 2 & 1 & 1 & 0 \\ & 1 & 1 & 1 \\ & & 2 & 2 \\ & & & 2 \end{pmatrix} \begin{pmatrix} x_1 \\ x_2 \\ x_3 \\ x_4 \end{pmatrix} = \begin{pmatrix} 0 \\ 1 \\ 0 \\ -2 \end{pmatrix},$$

durch Rückwärtseinsetzen die Lösung

$$x_4 = -1, \quad x_3 = (0 - 2x_4)/2 = 1, \quad x_2 = 1 - x_4 - x_3 = 1, \quad x_1 = (0 - x_3 - x_2)/2 = -1$$

liefert. Man rechnet leicht nach, dass

$$Ax = \begin{pmatrix} 2 & 1 & 1 & 0 \\ 4 & 3 & 3 & 1 \\ 8 & 7 & 9 & 5 \\ 6 & 7 & 9 & 8 \end{pmatrix} \begin{pmatrix} -1 \\ 1 \\ 1 \\ -1 \end{pmatrix} = \begin{pmatrix} 0 \\ 1 \\ 3 \\ 2 \end{pmatrix}$$

gilt.   △

3.1.3   Existenz der LU-Zerlegung

Wir haben gesehen, dass die Existenz der LU-Zerlegung äquivalent zur Durchführbarkeit des Gauß-Algorithmus ohne Zeilenvertauschungen ist. Zeilenvertauschungen sind nicht für jede invertierbare Matrix vermeidbar, sodass Invertierbarkeit nicht hinreichend für die Existenz der LU-Zerlegung ist. Es gibt aber eine wichtige Matrizenklasse, die eine LU-Zerlegung besitzt.

Definition 3.7 Die Matrix $A = (a_{ij}) \in \mathbb{R}^{n \times n}$ heißt strikt diagonaldominant, wenn

$$|a_{ii}| > \sum_{\substack{j=1 \\ j \neq i}}^{n} |a_{ij}| \quad \text{für } i = 1, 2, \ldots, n$$

gilt.

Satz 3.8 *Für eine strikt diagonaldominante Matrix ist der Gauß-Algorithmus ohne Zeilenvertauschungen durchführbar.*

Beweis Die Matrix $A_1 = A = (a_{ij}) \in \mathbb{R}^{n \times n}$ sei strikt diagonaldominant. Wir zeigen mit vollständiger Induktion, dass diese Eigenschaft bei der Durchführung des Gauß-Algorithmus erhalten bleibt. Da die Diagonalelemente einer strikt diagonaldominanten Matrix nicht Null sein können, folgt daraus, dass der Gauß-Algorithmus ohne Zeilenvertauschungen durchführbar ist.

Der Induktionsanfang ist durch die gestellte Voraussetzung an A automatisch erfüllt. Im Induktionsschluss zeigen wir: ist A_k strikt diagonaldominant, dann gilt dies auch für A_{k+1}.

Für die ersten k Zeilen von A_{k+1} ist nichts zu zeigen, da sie mit den ersten k Zeilen von A_k übereinstimmen. Für $i \geq k + 1$ gilt die Abschätzung

$$\sum_{\substack{j=1 \\ j \neq i}}^{n} \left| a_{ij}^{(k+1)} \right| = \sum_{\substack{j=k+1 \\ j \neq i}}^{n} \left| a_{ij}^{(k)} - l_{ik}\, a_{kj}^{(k)} \right| \leq \sum_{\substack{j=k+1 \\ j \neq i}}^{n} \left| a_{ij}^{(k)} \right| + |l_{ik}| \sum_{\substack{j=k+1 \\ j \neq i}}^{n} \left| a_{kj}^{(k)} \right|$$

$$= \sum_{\substack{j=k \\ j \neq i}}^{n} \left| a_{ij}^{(k)} \right| - \left| a_{ik}^{(k)} \right| + |l_{ik}| \left(\sum_{j=k+1}^{n} \left| a_{kj}^{(k)} \right| - \left| a_{ki}^{(k)} \right| \right).$$

Hierauf dürfen wir die Induktionsannahme anwenden:

$$\sum_{\substack{j=1 \\ j \neq i}}^{n} \left| a_{ij}^{(k+1)} \right| \leq \left| a_{ii}^{(k)} \right| - \left| a_{ik}^{(k)} \right| + |l_{ik}| \left(\left| a_{kk}^{(k)} \right| - \left| a_{ki}^{(k)} \right| \right) = \left| a_{ii}^{(k)} \right| - |l_{ik}| \left| a_{ki}^{(k)} \right|.$$

Die umgekehrte Dreiecksungleichung liefert die behauptete Eigenschaft der Diagonaldominanz für die i-te Zeile von A_{k+1}:

$$\sum_{\substack{j=1 \\ j \neq i}}^{n} \left| a_{ij}^{(k+1)} \right| \leq \left| a_{ii}^{(k)} - l_{ik} a_{ki}^{(k)} \right| = \left| a_{ii}^{(k+1)} \right|.$$

$\square$

3.1.4 Cholesky-Zerlegung

Für symmetrische positiv definite Matrizen existiert eine symmetrische Variante der LU-Zerlegung, die nach dem französischen Mathematiker Cholesky benannt ist. Sie benötigt ungefähr den halben Rechenaufwand der LU-Zerlegung.

Definition 3.9 Eine symmetrische Matrix $A \in \mathbb{R}^{n \times n}$ heißt positiv definit (kurz: spd),
wenn

$$x^T A x > 0 \quad \text{für alle } x \neq 0$$

gilt.

Bemerkung 3.10 Ist A symmetrisch und positiv definit, dann ist auch die Bilinearform

$$< \cdot, \cdot > : \ (x, y) \to x^T A y$$

symmetrisch und positiv definit und somit ein Skalarprodukt im $\mathbb{R}^n$. Durch

$$\|x\|_A := \sqrt{< x, x >} = \sqrt{x^T A x}$$

wird eine Vektornorm definiert, die sogenannte Energienorm von A. $\Diamond$

Positiv definite Matrizen lassen sich durch die folgende Eigenschaft charakterisieren:

Satz 3.11 *Eine symmetrische Matrix $A \in \mathbb{R}^{n \times n}$ ist genau dann positiv definit, wenn alle Eigenwerte von A positiv sind.*

Beweis Positivität der Eigenwerte ist notwendig: Ist x ein normierter Eigenvektor zum Eigenwert λ der symmetrischen positiv definiten Matrix A, dann gilt

$$0 < x^T A x = \lambda \|x\|_2 = \lambda.$$

Positivität der Eigenwerte ist hinreichend: Eine symmetrische Matrix A besitzt eine Orthonormalbasis $\{b^1, \ldots, b^n\}$ aus Eigenvektoren, sodass sich jeder Vektor $x \in \mathbb{R}^n$ als Linearkombination der b^i darstellen lässt:

$$x = \sum_{i=1}^{n} \alpha_i b^i.$$

Sind alle Eigenwerte λ_j von A positiv, folgt für $x \neq 0$:

$$x^T A x = \left(\sum_{i=1}^{n} \alpha_i b^i\right)^T A \sum_{j=1}^{n} \alpha_i b^j = \sum_{i,j=1}^{n} \alpha_i \alpha_j \lambda_j \delta_{ij} = \sum_{j=1}^{n} \lambda_j \alpha_j^2 > 0.$$

$\square$

Die Cholesky-Zerlegung verwendet den Ansatz

$$A = LL^T \tag{3.6}$$

mit einer unteren Dreiecksmatrix L mit positiven Diagonalelementen. Die Elemente von L werden zeilen- oder spaltenweise aus (3.6) berechnet. Zunächst liefert Multiplikation der ersten Zeile von L mit der ersten Spalte von L^T die Beziehung

$$l_{11}^2 = a_{11} \iff l_{11} = \sqrt{a_{11}}.$$

Multiplikation der zweiten Zeile von L mit den ersten beiden Spalten von L^T ergibt

$$l_{21} l_{11} = a_{21} \iff l_{21} = \frac{a_{21}}{l_{11}},$$

$$l_{21}^2 + l_{22}^2 = a_{22} \iff l_{22} = \sqrt{a_{22} - l_{21}^2}.$$

Analog setzt man die Rechnung fort.

Algorithmus 3.1: Cholesky-Zerlegung

Gegeben: $A \in \mathbb{R}^{n \times n}$ spd.

Für $i = 1, 2, \ldots, n$:

$$l_{ii} := \sqrt{a_{ii} - \sum_{j=1}^{i-1} l_{ij}^2}$$

Für $j = 1, 2, \ldots, i-1$:

$$l_{ij} := \left(a_{ij} - \sum_{k=1}^{j} l_{ik} l_{jk} \right) / l_{ii}$$

Satz 3.12 *Jede symmetrische, positiv definite Matrix $A \in \mathbb{R}^{n \times n}$ besitzt genau eine Cholesky-Zerlegung.*

Der Beweis dieses Satzes kann mit vollständiger Induktion geführt werden, siehe z. B. [17, Satz 3.11].

3.2 Gauß-Elimination mit Zeilentausch: PALU-Zerlegung

Im Folgenden setzen wir weiterhin voraus, dass A invertierbar und das lineare Gleichungssystem $Ax = b$ somit eindeutig lösbar ist. Eventuell erforderliche Zeilenvertauschungen im Gauß-Algorithmus werden nun durch Multiplikation von A mit Permutationsmatrizen beschrieben. Dazu rekapitulieren wir einige aus der Linearen Algebra bekannte Eigenschaften von Permutationen.

Eine bijektive Abbildung einer n-elementigen Menge G auf sich selbst heißt Permutation. Eine Permutation π kann durch einen Vektor der Bilder repräsentiert werden. Ist $G = \{z_1, z_2, \ldots, z_n\}$, wird π durch $\left(\pi(z_1) \, \pi(z_2) \ldots \pi(z_n) \right)$ dargestellt. Eine Permutation, die nur zwei Elemente der Menge G vertauscht und alle anderen Elemente von G auf sich selbst abbildet, heißt Transposition. Jede Permutation π kann als Verkettung von Transpositionen τ_j, $j = 1, 2, \ldots, j_\pi$ geschrieben werden:

$$\pi = \tau_1 \circ \tau_2 \circ \cdots \circ \tau_{j_\pi}. \tag{3.7}$$

Die Darstellung (3.7) ist nicht eindeutig.

Weil jede Vertauschung der Elemente rückgängig gemacht werden kann, ist jede Permutation invertierbar. Transpositionen sind zu sich selbst invers. Wird π durch (3.7) dargestellt, ist die zu π inverse Permutation gegeben durch

$$\pi^{-1} = \tau_{j_\pi} \circ \cdots \circ \tau_2 \circ \tau_1.$$

Definition 3.13 Eine $n \times n$-Matrix P_π, die dadurch entsteht, dass die Zeilen der $n \times n$-Einheitsmatrix I gemäß einer Permutation π auf $\{1, 2, \ldots, n\}$ vertauscht werden, heißt die zu π gehörende Permutationsmatrix. Ist π eine Transposition von i und j, heißt $T_{ij} := P_\pi$ elementare Permutationsmatrix.

Aufgrund der Definition der Matrizenmultiplikation gilt: Ist P eine Permutationsmatrix zur Permutation π und A eine beliebige $n \times n$-Matrix, dann bewirkt die Multiplikation von A mit P von links (rechts), dass die Zeilen (Spalten) von A gemäß π vertauscht werden.

Beispiel 3.14 Es sei

$$\pi = (4\ 1\ 3\ 2), \quad A = \begin{pmatrix} —a^1— \\ —a^2— \\ —a^3— \\ —a^4— \end{pmatrix},$$

wobei a^i den i-ten Zeilenvektor von A bezeichnet. Dann gilt:

$$P_\pi = \begin{pmatrix} 0 & 1 & 0 & 0 \\ 0 & 0 & 0 & 1 \\ 0 & 0 & 1 & 0 \\ 1 & 0 & 0 & 0 \end{pmatrix}, \quad P_\pi A = \begin{pmatrix} —a^2— \\ —a^4— \\ —a^3— \\ —a^1— \end{pmatrix}.$$

$\triangle$

Die oben aufgeführten Eigenschaften von Permutationen übertragen sich auf Permutationsmatrizen:

Satz 3.15

1. *Jede Permutationsmatrix P kann als Produkt elementarer Permutationsmatrizen geschrieben werden.*
2. *Ist P eine Permutationsmatrix, dann gilt $P^{-1} = P^T$.*

Beweis

von 1.: Die Behauptung folgt aus der Definition einer Permutationsmatrix.
von 2.: Für jede elementare Permutationsmatrix T_{ij} gilt

$$T_{ij}^{-1} = T_{ij} = T_{ij}^T.$$

Ist $P = T_{i_1 j_1} T_{i_2 j_2} \cdots T_{i_m j_m}$, dann folgt

$$P^T P = T_{i_m j_m}^T \cdots \underbrace{T_{i_1 j_1}^T T_{i_1 j_1}}_{=I} \cdots T_{i_1 j_1} = I,$$

also ist $P^T = P^{-1}$. $\square$

Wir beschreiben nun den Gauß-Algorithmus mit Zeilenvertauschungen durch Matrizenprodukte. Dazu benötigen wir eine letzte Vorbereitung.

Lemma 3.16 *Ist $L_k = I - l^k (e^k)^T$ eine Eliminationsmatrix und T_{ij} eine elementare Permutationsmatrix, dann werden durch die Multiplikation*

$$T_{ij} L_k T_{ij}$$

im Fall $i, j > k$ lediglich die Elemente l_{ik} und l_{jk} in L_k vertauscht:

$$T_{ij} L_k T_{ij} = I - \widehat{l}^k (e^k)^T = \widehat{L}_k$$

mit

$$\widehat{l}_{ik} = l_{jk}, \quad \widehat{l}_{jk} = l_{ik}, \quad \widehat{l}_{\nu k} = l_{\nu k} \quad sonst.$$

Beweis Die Behauptung folgt aus der Definition der Matrizenmultiplikation. Sei

$$L_k = (\alpha_{ij}), \quad T_{ij} L_k = (\beta_{ij}), \quad T_{ij} L_k T_{ij} = (\gamma_{ij}).$$

Dann werden bei den Multiplikationen die folgenden von Null verschiedenen Matrixelemente getauscht (Abb. 3.1):

(i) $\beta_{ik} = \alpha_{jk}, \quad \beta_{jk} = \alpha_{ik}; \quad \beta_{ij} = \alpha_{jj} = 1, \quad \beta_{ji} = \alpha_{ii} = 1.$
(ii) $\gamma_{ii} = \beta_{ij} = 1, \quad \gamma_{jj} = \beta_{ji} = 1.$ $\square$

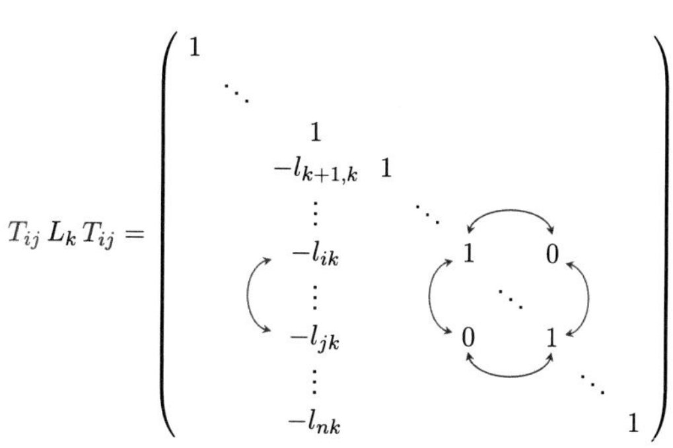

Abb. 3.1 Vertauschung von
Elementen in $T_{ij} L_k T_{ij}$

$$T_{ij} L_k T_{ij} = \begin{pmatrix} 1 & & & & & & & & \\ & \ddots & & & & & & & \\ & & 1 & & & & & & \\ & & -l_{k+1,k} & 1 & & & & & \\ & & \vdots & & \ddots & & & & \\ & & -l_{ik} & & & 1 & & 0 & \\ & & \vdots & & & & \ddots & & \\ & & -l_{jk} & & & 0 & & 1 & \\ & & \vdots & & & & & & \ddots \\ & & -l_{nk} & & & & & & 1 \end{pmatrix}$$

Als Hauptresultat dieses Abschnitts zeigen wir nun:

Satz 3.17 (Existenz der PALU-Zerlegung) *Die Matrix $A \in \mathbb{R}^{n \times n}$ sei invertierbar. Dann gibt es (mindestens) eine Permutationsmatrix P, sodass PA als Produkt einer linken unteren Dreiecksmatrix L mit Einsen in der Diagonale und einer rechten oberen Dreiecksmatrix U geschrieben werden kann:*

$$PA = LU. \tag{3.8}$$

Beweis Der Gauß-Algorithmus mit Zeilenvertauschungen kann mit Eliminationsmatrizen L_k und elementaren Permutationsmatrizen $T_k := T_{i_k j_k}$ beschrieben werden. Für jeden Zeilentausch wird eine elementare Permutationsmatrix eingefügt. Falls im k-ten Schritt keine Zeilen vertauscht werden, gilt $T_k = I$:

$$L_{n-1} T_{n-1} L_{n-2} T_{n-2} \cdots L_1 T_1 A = U.$$

Iterativ gilt mit $A_1 = A$:

$$A_{k+1} = L_k T_k A_k, \quad k = 1, 2, \ldots, n-1.$$

Die ersten Iterierten lauten:

$$A_2 = L_1 T_1 A_1 = L_1 T_1 A,$$

$$A_3 = L_2 T_2 A_2 = L_2 T_2 L_1 \underbrace{(T_2 T_2)}_{=I} T_1 A, = L_2 (T_2 L_1 T_2)(T_2 T_1) A,$$

$$A_4 = L_3 T_3 A_3 = L_3 T_3 L_2 (T_3 T_3)(T_2 L_1 T_2)(T_3 T_3)(T_2 T_1) A,$$

$$= \big(L_3 (T_3 L_2 T_3)(T_3 T_2 L_1 T_2 T_3) \big)(T_3 T_2 T_1) A, = (\widehat{L}_3 \widehat{L}_2 \widehat{L}_1)(T_3 T_2 T_1) A,$$

$$\vdots$$

$$\underbrace{A_n}_{=:U} = \underbrace{(\widehat{L}_{n-1} \widehat{L}_{n-2} \cdots \widehat{L}_1)}_{=:L^{-1}} \underbrace{(T_{n-1} T_{n-2} \cdots T_1)}_{=:P} A$$

mit

$$\widehat{L}_k := T_{n-1} (T_{n-2} \cdots (T_{k+1} L_k T_{k+1}) \cdots T_{n-2}) T_{n-1}.$$

Nach Lemma 3.16 besitzt $\widehat{L}_k$ die gleiche Struktur wie L_k. Das Produkt der Matrizen $\widehat{L}_k$ ist wegen Satz 3.2 eine untere Dreiecksmatrix mit Einsen in der Diagonale. $\quad\square$

Bemerkung 3.18 Im Allgemeinen ist die Permutationsmatrix P in (3.8) nicht eindeutig bestimmt. Zu jeder möglichen Wahl von P gibt es genau ein Paar (L, U) von Matrizen mit den angegebenen Eigenschaften, sodass (3.8) gilt. $\Diamond$

Beispiel 3.19 Beschreibung des Gauß-Algorithmus durch Anwendung von Eliminations- und Permutationsmatrizen.

$$A := \begin{pmatrix} 0 & 1 & -1 & 6 \\ 0 & 0 & 2 & 1 \\ 2 & 1 & -1 & 3 \\ 4 & 0 & 6 & 0 \end{pmatrix} \xrightarrow{T_{13}} \begin{pmatrix} 2 & 1 & -1 & 3 \\ 0 & 0 & 2 & 1 \\ 0 & 1 & -1 & 6 \\ 4 & 0 & 6 & 0 \end{pmatrix} \xrightarrow{L_1} \begin{pmatrix} 2 & 1 & -1 & 3 \\ 0 & 0 & 2 & 1 \\ 0 & 1 & -1 & 6 \\ 2 & -2 & 8 & -6 \end{pmatrix}$$

$$\xrightarrow{T_{23}} \begin{pmatrix} 2 & 1 & -1 & 3 \\ 0 & 1 & -1 & 6 \\ 0 & 0 & 2 & 1 \\ 2 & -2 & 8 & -6 \end{pmatrix} \xrightarrow{L_2} \begin{pmatrix} 2 & 1 & -1 & 3 \\ 0 & 1 & -1 & 6 \\ 0 & 0 & 2 & 1 \\ 2 & -2 & 6 & 6 \end{pmatrix} \xrightarrow{L_3} \begin{pmatrix} 2 & 1 & -1 & 3 \\ 0 & 1 & -1 & 6 \\ 0 & 0 & 2 & 1 \\ 2 & -2 & 3 & 3 \end{pmatrix}$$

Mit der Permutationsmatrix

$$P := T_{23}\, T_{13} = \begin{pmatrix} 1 & 0 & 0 & 0 \\ 0 & 0 & 1 & 0 \\ 0 & 1 & 0 & 0 \\ 0 & 0 & 0 & 1 \end{pmatrix} \begin{pmatrix} 0 & 0 & 1 & 0 \\ 0 & 1 & 0 & 0 \\ 1 & 0 & 0 & 0 \\ 0 & 0 & 0 & 1 \end{pmatrix} = \begin{pmatrix} 0 & 0 & 1 & 0 \\ 1 & 0 & 0 & 0 \\ 0 & 1 & 0 & 0 \\ 0 & 0 & 0 & 1 \end{pmatrix}$$

gilt

$$P\,A = \begin{pmatrix} 2 & 1 & -1 & 3 \\ 0 & 1 & -1 & 6 \\ 0 & 0 & 2 & 1 \\ 4 & 0 & 6 & 0 \end{pmatrix} = \begin{pmatrix} 1 & 0 & 0 & 0 \\ 0 & 1 & 0 & 0 \\ 0 & 0 & 1 & 0 \\ 2 & -2 & 3 & 1 \end{pmatrix} \begin{pmatrix} 2 & 1 & -1 & 3 \\ 0 & 1 & -1 & 6 \\ 0 & 0 & 2 & 1 \\ 0 & 0 & 0 & 3 \end{pmatrix} = L\,U.$$

$\triangle$

Auch eine PALU-Zerlegung kann für verschiedene rechte Seiten wiederverwendet werden. Es ist

$$Ax = b \iff P A x = P b \iff L U x = P b.$$

Das letzte Gleichungssystem wird wie bei der LU-Zerlegung mittels

$$Ly = Pb, \quad Ux = y$$

durch Vorwärts- bzw. Rückwärtseinsetzen gelöst.

3.3   Fehlerabschätzungen für lineare Gleichungssysteme

In Abschn. 1.5 hatten wir die Kondition eines mathematischen Problems bereits anhand von linearen Gleichungssystemen erläutert. Dies wollen wir nun vertiefen. Konkret diskutieren wir für $Ax = b$, wie sich kleine Störungen von b und A auf die Lösung x auswirken. Dazu sei $\tilde{A} = A + \Delta A$ die gestörte Koeffizientenmatrix, $\tilde{b} = b + \Delta b$ die gestörte rechte Seite und $\tilde{x} = x + \Delta x$ die exakte Lösung des gestörten linearen Gleichungssystems $\tilde{A}\tilde{x} = \tilde{b}$. Im Folgenden bezeichnet $\|.\|$ eine beliebige Vektornorm sowie die von ihr induzierte Matrixnorm.

Im ersten Schritt halten wir die Matrix A fest und lassen nur Störungen der rechten Seite b zu.

Satz 3.20 (Fehlerabschätzung für lineare Gleichungssysteme mit gestörter rechter Seite) *Die Matrix $A \in \mathbb{R}^{n \times n}$ sei invertierbar. b, Δb, x, Δx seien Vektoren mit*

$$Ax = b, \quad A(x + \Delta x) = b + \Delta b.$$

Dann gilt:

$$\frac{\|\Delta x\|}{\|x\|} \leq \|A\| \, \|A^{-1}\| \, \frac{\|\Delta b\|}{\|b\|},$$

d. h. der relative Fehler von b wird höchstens mit dem Faktor $\|A\| \, \|A^{-1}\|$ verstärkt.

Beweis Wegen $A\Delta x = \Delta b$ gilt $\Delta x = A^{-1}\Delta b$. Hieraus folgt eine Fehlerschranke für den absoluten Fehler Δx von x:

$$\|\Delta x\| \leq \|A^{-1}\| \, \|\Delta b\|.$$

Weiter folgt:

$$\frac{\|\Delta x\|}{\|x\|} \leq \|A^{-1}\| \, \frac{\|\Delta b\|}{\|b\|} \, \frac{\|b\|}{\|x\|} = \|A^{-1}\| \, \frac{\|\Delta b\| \, \|Ax\|}{\|b\| \, \|x\|} \leq \|A^{-1}\| \, \frac{\|\Delta b\| \, \|A\| \, \|x\|}{\|b\| \, \|x\|}$$

$$= \|A\| \, \|A^{-1}\| \, \frac{\|\Delta b\|}{\|b\|}.$$

$\square$

Der maximale Verstärkungsfaktor des relativen Fehlers der rechten Seite b bei der Lösung des linearen Gleichungssystems $Ax = b$ wird als Kondition der Matrix A bezeichnet. Die Abschätzung des relativen Fehlers der Lösung lässt sich im Allgemeinen nicht verbessern. Es gibt Beispiele, in denen der relative Fehler von b tatsächlich mit der Konditionszahl der Matrix multipliziert wird.

Definition 3.21 Ist $A \in \mathbb{R}^{n \times n}$ invertierbar, dann heißt

$$\kappa(A) := \text{cond } A := \|A\| \, \|A^{-1}\|$$

Konditionszahl (Kondition) von A.

Die Kondition einer Matrix hängt von der gewählten Norm ab. Für jede induzierte Matrixnorm gilt

$$1 = \|I\| = \|AA^{-1}\| \leq \|A\| \, \|A^{-1}\| = \kappa(A).$$

Die Matrix A heißt gut konditioniert für $\kappa(A) \approx 1$, schlecht konditioniert für $\kappa(A) \gg 1$. Falls die Matrix A die Kondition 10^k besitzt, liest man aus Satz 3.20 ab, dass die Genauigkeit des Lösungsvektors x um bis zu k Dezimalstellen geringer sein kann als die Genauigkeit der rechten Seite b. Eine Matrix mit Konditionszahl 100 gilt dabei noch als gut konditioniert, weil maximal zwei Dezimalstellen Genauigkeit verloren gehen. Eine Matrix mit Konditionszahl 10^9 ist schlecht konditioniert, weil bei der Lösung des zugehörigen linearen Gleichungssystems bis zu neun Dezimalstellen an Genauigkeit eingebüßt werden können.

Beispiel 3.22 Fehlerabschätzung für lineare Gleichungssysteme mit gestörter rechter Seite.

1. Gegeben sei $Ax = b$ mit

$$A = \begin{pmatrix} 4 & 1 \\ 1 & 4 \end{pmatrix}, \quad b = \begin{pmatrix} 5 \\ 5 \end{pmatrix}, \quad x = \begin{pmatrix} 1 \\ 1 \end{pmatrix}.$$

Es ist

$$A^{-1} = \frac{1}{15} \begin{pmatrix} 4 & -1 \\ -1 & 4 \end{pmatrix}, \quad \kappa_\infty(A) = \frac{5}{3}, \quad \|b\|_\infty = 5, \quad \|x\|_\infty = 1.$$

Gesucht ist nun eine Abschätzung von $\|\Delta x\|_\infty$ für das gestörte System

$$A(x + \Delta x) = b + \Delta b \quad \text{mit} \quad \Delta b = \begin{pmatrix} 1 \\ 0 \end{pmatrix}.$$

Wegen $\|x\|_\infty = 1$ folgt aus Satz 3.20

$$\|\Delta x\|_\infty = \frac{\|\Delta x\|_\infty}{\|x\|_\infty} \leq \kappa_\infty(A) \frac{\|\Delta b\|_\infty}{\|b\|_\infty} = \frac{5}{3} \cdot \frac{1}{5} = \frac{1}{3},$$

d. h. für die Komponenten $\tilde{x}_1, \tilde{x}_2$ der Lösung von $A\tilde{x} = b + \Delta b$ gilt

$$\tilde{x}_1, \, \tilde{x}_2 \in [1 - \frac{1}{3}, 1 + \frac{1}{3}] = [\frac{2}{3}, \frac{4}{3}].$$

Tatsächlich ist

$$\tilde{x} = \frac{1}{15}\begin{pmatrix} 19 \\ 14 \end{pmatrix} = x + \frac{1}{15}\begin{pmatrix} 4 \\ -1 \end{pmatrix}, \quad \|\Delta x\|_\infty = \frac{4}{15} < \frac{1}{3}.$$

2. Für

$$B = \frac{1}{5}\begin{pmatrix} 13 & 12 \\ 12 & 13 \end{pmatrix}$$

und b, Δb sowie x wie oben liefert die gleiche Rechnung wegen

$$B^{-1} = \frac{1}{5}\begin{pmatrix} 13 & -12 \\ -12 & 13 \end{pmatrix}, \quad \kappa_\infty(B) = 25, \quad \frac{\|\Delta x\|_\infty}{\|x\|_\infty} \le 5$$

die Einschließung

$$\tilde{x}_1, \ \tilde{x}_2 \in [-4, 6].$$

Tatsächlich ist

$$\tilde{x} = \frac{1}{5}\begin{pmatrix} 18 \\ -7 \end{pmatrix}, \quad \Delta x = \frac{1}{5}\begin{pmatrix} 13 \\ -12 \end{pmatrix}, \quad \|\Delta x\|_\infty = \frac{13}{5}.$$

Die Fehlerschranke nach Satz 3.20 wird zwar unterschritten, aber die relative Abweichung der Lösung des gestörten Systems ist 13-mal so groß wie die relative Störung der rechten Seite. $\triangle$

Der nächste Satz charakterisiert die Kondition einer Matrix.

Satz 3.23

1. Die Matrix $A \in \mathbb{R}^{n \times n}$ sei invertierbar und $\|.\|$ bezeichne eine beliebige Vektornorm. Dann gilt für die induzierte Konditionszahl von A:

$$\kappa(A) = \frac{\max_{\|x\|=1} \|Ax\|}{\min_{\|x\|=1} \|Ax\|}. \tag{3.9}$$

2. Ist $A \in \mathbb{R}^{n \times n}$ invertierbar und symmetrisch, dann gilt

$$\kappa_2(A) = \frac{|\lambda_{\max}|}{|\lambda_{\min}|},$$

wobei κ_2 die Kondition bezüglich $\|.\|_2$ und $\lambda_{\max}$ ($\lambda_{\min}$) den betragsgrößten (betragskleinsten) Eigenwert von A bezeichnen.

Beweis

von 1.: Die Behauptung folgt aus

$$\|A^{-1}\| = \sup_{x \neq 0} \frac{\|A^{-1}x\|}{\|x\|} = \sup_{x \neq 0} \frac{\|A^{-1}x\|}{\|AA^{-1}x\|}$$

$$= \sup_{y \neq 0} \frac{\|y\|}{\|Ay\|} = \max_{\|y\|=1} \frac{1}{\|Ay\|} = \frac{1}{\min\limits_{\|y\|=1} \|Ay\|}.$$

von 2.: Für eine symmetrische Matrix A ist

$$\varrho(A^T A) = \varrho(A^2) = \varrho(A)^2 = |\lambda_{\max}|^2.$$

Mit A ist auch A^{-1} symmetrisch. Ist $\lambda \neq 0$ ein Eigenwert von A, dann ist $1/\lambda$ ein Eigenwert von A^{-1}. Daher gilt:

$$\|A\|_2 = |\lambda_{\max}|, \quad \|A^{-1}\|_2 = \frac{1}{|\lambda_{\min}|}.$$

$\square$

Bemerkung 3.24

1. Eine symmetrische Matrix A ist gut konditioniert, wenn ihre Eigenwerte von der gleichen Größenordnung sind. Falls A Eigenwerte stark unterschiedlicher Größenordnung besitzt, ist die Matrix schlecht konditioniert.
2. Mithilfe von Gl. (3.9) ordnet man einer rechteckigen Matrix $A \in \mathbb{R}^{m \times n}$ mit $m > n$ und vollem Spaltenrang n eine Konditionszahl zu. Diese hängt dann von den beiden in $\mathbb{R}^m$ und $\mathbb{R}^n$ verwendeten Normen ab. Für die 2-Norm gilt:

$$\kappa_2^2(A) = \frac{\max_{\|x\|_2=1} \|Ax\|_2^2}{\min_{\|x\|_2=1} \|Ax\|_2^2} = \frac{\max_{\|x\|_2=1} x^T A^T A x}{\min_{\|x\|_2=1} x^T A^T A x} = \frac{\lambda_{\max}(A^T A)}{\lambda_{\min}(A^T A)} = \kappa_2(A^T A).$$
$$(3.10)$$

Die Eigenwerte von $A^T A$ sind reell und positiv, da $A^T A$ eine symmetrische positiv definite Matrix ist. $\diamond$

Im Folgenden entwickeln wir eine Fehlerabschätzung für den Fall, dass neben der rechten Seite b auch die Matrix A des linearen Gleichungssystems $Ax = b$ gestört ist. Anstelle von $Ax = b$ wird

$$(A + \Delta A)(x + \Delta x) = b + \Delta b \qquad (3.11)$$

betrachtet. Das nächste Lemma dient zur Vorbereitung.

Lemma 3.25 *Es bezeichne* $\|.\|$ *eine Vektornorm sowie die von ihr induzierte Matrixnorm. Weiter sei* $S \in \mathbb{R}^{n \times n}$. *Dann gilt:*

1. Für jeden Eigenwert λ *von* S *gilt*

$$|\lambda| \leq \|S\|.$$

2. Gilt $\|S\| < 1$, *dann ist* $I + S$ *invertierbar und es ist*

$$\left\|(I + S)^{-1}\right\| \leq \frac{1}{1 - \|S\|}.$$

Beweis

von 1.: Sei x ein Eigenvektor zum Eigenwert λ von S. Dann gilt:

$$|\lambda| = \frac{|\lambda| \, \|x\|}{\|x\|} = \frac{\|Sx\|}{\|x\|} \leq \sup_{x \neq 0} \frac{\|Sx\|}{\|x\|} = \|S\|.$$

von 2.: λ ist genau dann ein Eigenwert von S, wenn $\mu := 1 + \lambda$ ein Eigenwert von $I + S$ ist. Für jeden Eigenwert μ von $I + S$ gilt somit

$$|\mu| = |1 + \lambda| \geq 1 - |\lambda| \geq 1 - \|S\| > 0,$$

wobei die vorletzte Ungleichung aus 1. folgt. Somit ist 0 kein Eigenwert von $I + S$, d. h. $I + S$ ist invertierbar. Weiter folgt

$$1 = \|I\| = \left\|(I + S)(I + S)^{-1}\right\| = \left\|(I + S)^{-1} + S(I + S)^{-1}\right\|$$

$$\geq \left\|(I + S)^{-1}\right\| - \left\|S(I + S)^{-1}\right\| \geq \left\|(I + S)^{-1}\right\| - \|S\| \left\|(I + S)^{-1}\right\|$$

$$= (1 - \|S\|) \left\|(I + S)^{-1}\right\|. \qquad \square$$

Eine Fehlerabschätzung für das gestörte lineare Gleichungssystem (3.11) ist nur möglich, wenn sowohl A als auch $A + \Delta A$ invertierbare Matrizen sind. Für eine gegebene invertierbare Matrix A wird dies dadurch gewährleistet, dass nur hinreichend kleine Störungen zugelassen werden.

Lemma 3.26 *Die Matrix* $A \in \mathbb{R}^{n \times n}$ *sei invertierbar und* $\Delta A \in \mathbb{R}^{n \times n}$ *erfülle*

$$\|\Delta A\| < \frac{1}{\|A^{-1}\|}. \tag{3.12}$$

Dann ist $A + \Delta A$ invertierbar und es gilt

$$\left\| (A + \Delta A)^{-1} \right\| \leq \frac{\left\| A^{-1} \right\|}{1 - \left\| A^{-1} \right\| \left\| \Delta A \right\|}.$$

Beweis Es ist

$$(A + \Delta A)^{-1} = \left(A(I + A^{-1} \Delta A) \right)^{-1} = (I + A^{-1} \Delta A)^{-1} A^{-1}.$$

Aus (3.12) erhalten wir

$$\left\| A^{-1} \Delta A \right\| \leq \left\| A^{-1} \right\| \left\| \Delta A \right\| < 1.$$

Mit $S := A^{-1} \Delta A$ in Lemma 3.25 folgt

$$\left\| (A + \Delta A)^{-1} \right\| \leq \left\| A^{-1} \right\| \left\| (I + A^{-1} \Delta A)^{-1} \right\| \leq \frac{\left\| A^{-1} \right\|}{1 - \left\| A^{-1} \Delta A \right\|}$$

$$\leq \frac{\left\| A^{-1} \right\|}{1 - \left\| A^{-1} \right\| \left\| \Delta A \right\|}. \qquad \square$$

Nach diesen Vorbereitungen erhalten wir den folgenden Satz:

Satz 3.27 (Fehlerabschätzung für lineare Gleichungssysteme mit gestörten Eingangsdaten) *Die Matrix $A \in \mathbb{R}^{n \times n}$ sei invertierbar und $\Delta A \in \mathbb{R}^{n \times n}$ erfülle*

$$\left\| \Delta A \right\| < \frac{1}{\left\| A^{-1} \right\|}.$$

b, Δb, x, Δx seien Vektoren mit

$$Ax = b, \quad (A + \Delta A)(x + \Delta x) = b + \Delta b.$$

Dann gilt:

$$\frac{\left\| \Delta x \right\|}{\left\| x \right\|} \leq \frac{\kappa(A)}{1 - \kappa(A) \frac{\left\| \Delta A \right\|}{\left\| A \right\|}} \left(\frac{\left\| \Delta A \right\|}{\left\| A \right\|} + \frac{\left\| \Delta b \right\|}{\left\| b \right\|} \right).$$

Beweis Zunächst gilt

$$(A + \Delta A) \Delta x = \Delta b - \Delta A x,$$

woraus

$$\Delta x = (A + \Delta A)^{-1} (\Delta b - \Delta A x)$$

folgt. Aus Lemma 3.25 erhält man

$$\|\Delta x\| \leq \frac{\|A^{-1}\|}{1 - \|A^{-1}\| \, \|\Delta A\|} \left(\|\Delta b\| + \|\Delta A\| \, \|x\| \right).$$

Mit $\|A\| \, \|x\| \geq \|Ax\| = \|b\|$ ergibt sich die Behauptung:

$$\frac{\|\Delta x\|}{\|x\|} \leq \frac{\|A\| \, \|A^{-1}\|}{1 - \|A^{-1}\| \, \|\Delta A\|} \left(\frac{\|\Delta b\|}{\|A\| \, \|x\|} + \frac{\|\Delta A\|}{\|A\|} \right)$$

$$\leq \frac{\kappa(A)}{1 - \kappa(A)\frac{\|\Delta A\|}{\|A\|}} \left(\frac{\|\Delta b\|}{\|b\|} + \frac{\|\Delta A\|}{\|A\|} \right). \qquad \square$$

3.4   Praktische Durchführung des Gauß-Algorithmus

Im letzten Abschnitt wurde die Kondition eines linearen Gleichungssystems thematisiert. Nun wenden wir uns der Stabilität des Gauß-Algorithmus bei der Durchführung in Gleitpunktarithmetik zu. Zur Einführung stellen wir ein bekanntes Beispiel vor, welches auf Forsythe und Moler [11, Bsp. 10.1] zurückgeht und hier für die Rechnung in $\mathcal{S}$ geringfügig modifiziert wurde.

Beispiel 3.28 Das lineare Gleichungssystem $Ax = b$ mit

$$A = \begin{pmatrix} 0 & 1 \\ 1 & 1 \end{pmatrix}, \quad b = \begin{pmatrix} 1 \\ 2 \end{pmatrix}$$

besitzt die Lösung $x = \begin{pmatrix} 1 \\ 1 \end{pmatrix}$. Dazu betrachten wir das um

$$\Delta A = \begin{pmatrix} 10^{-6} & 0 \\ 0 & 0 \end{pmatrix}$$

gestörte System $(A + \Delta A)(x + \Delta x) = b$ mit

$$A + \Delta A = \begin{pmatrix} 10^{-6} & 1 \\ 1 & 1 \end{pmatrix}$$

und der Lösung

$$x + \Delta x = \begin{pmatrix} \frac{1000000}{999999} \\ \frac{999998}{999999} \end{pmatrix} \approx \begin{pmatrix} 1.0000010 \\ 0.9999990 \end{pmatrix}.$$

Es ist

$$\kappa_2(A) = \frac{3 + \sqrt{5}}{2}, \quad \|A\|_2 = \frac{1 + \sqrt{5}}{2}, \quad \|\Delta A\|_2 = 10^{-6}, \quad \|x\|_2 = \sqrt{2},$$

$$\|\Delta x\|_2 = \frac{\sqrt{2}}{999999}.$$

Die Fehlerabschätzung für das gestörte System lautet

$$\frac{\|\Delta x\|}{\|x\|} \leq \frac{\kappa(A)}{1 - \kappa(A)\frac{\|\Delta A\|}{\|A\|}} \frac{\|\Delta A\|}{\|A\|} = \frac{\frac{3 + \sqrt{5}}{2}}{1 - \frac{3 + \sqrt{5}}{2}\frac{2}{1 + \sqrt{5}} \cdot 10^{-6}} \frac{\|\Delta A\|}{\|A\|} \approx 2.618 \frac{\|\Delta A\|}{\|A\|}.$$

Der tatsächliche Fehler unterschreitet diese Schranke sogar:

$$\frac{\|\Delta x\|}{\|x\|} \frac{\|A\|}{\|\Delta A\|} \approx 1.618 < 2.618.$$

Wir berechnen nun Näherungslösungen des gestörten Systems, indem wir den Gauß-Algorithmus im Gleitpunktsystem $\mathcal{S} = S_{\text{norm}}(10, 4, -9, 9)$ $\mathcal{S}$ auf zwei Arten durchführen. Ohne Zeilenvertauschungen erhält man

$$\begin{pmatrix} 10^{-6} & 1 & | & 1 \\ 1 & 1 & | & 2 \end{pmatrix} \rightsquigarrow \begin{pmatrix} 10^{-6} & 1 & | & 1 \\ 0 & \square(-999999) & | & \square(-999998) \end{pmatrix}$$

$$= \begin{pmatrix} 10^{-6} & 1 & | & 1 \\ 0 & -1.000 \cdot 10^6 & | & -1.000 \cdot 10^6 \end{pmatrix}.$$

Rückwärtseinsetzen liefert

$$x + \Delta x = \begin{pmatrix} 0 \\ 1 \end{pmatrix}, \quad \text{d.h. } \Delta x = \begin{pmatrix} -1 \\ 0 \end{pmatrix}.$$

Der relative Fehler der Näherungslösung beträgt hier

$$\frac{\|\Delta x\|_2}{\|x\|_2} = \frac{1}{\sqrt{2}} \approx 1.144 \cdot 10^6 \frac{\|\Delta A\|_2}{\|A\|_2}$$

und übertrifft den relativen Fehler der Störung von A somit um 6 Größenordnungen. Der Gauß-Algorithmus ohne Zeilenvertauschungen ist offenbar instabil.

Mit Zeilenvertauschung folgt in $\mathcal{S}$:

$$\begin{pmatrix} 10^{-6} & 1 & | & 1 \\ 1 & 1 & | & 2 \end{pmatrix} \leadsto \begin{pmatrix} 1 & 1 & | & 2 \\ 10^{-6} & 1 & | & 1 \end{pmatrix} \leadsto \begin{pmatrix} 1 & 1 & & 2 \\ 0 & \square(0.999999) & | & \square(0.999998) \end{pmatrix}$$

$$= \begin{pmatrix} 1 & 1 & | & 2 \\ 0 & 1 & | & 1 \end{pmatrix}$$

$$\leadsto x + \Delta x = \begin{pmatrix} 1 \\ 1 \end{pmatrix} = x.$$

Wir erhalten die bestmögliche Gleitpunktnäherung der korrekten Lösung des gestörten Systems, die in diesem Fall mit der exakten Lösung des ungestörten Systems übereinstimmt. Der Zeilentausch wirkt hier stabilisierend. $\triangle$

3.4.1 Pivotisierung

Das letzte Beispiel hat gezeigt, dass sich ein Zeilentausch bei der Durchführung des Gauß-Algorithmus in Gleitpunktarithmetik auch dann auszahlen kann, wenn der Tausch in exakter Arithmetik überflüssig wäre. Um im k-ten Schritt des Gauß-Algorithmus eventuell Zeilen zu tauschen, sucht man in der k-ten Spalte von $A_k = (a_{ij}^{(k)})$ ein Element

$$a_{\mu k}^{(k)} \neq 0, \quad \mu \geq k.$$

Ein solches Element heißt Pivotelement. Falls A invertierbar ist, existiert in jedem Schritt des Gauß-Algorithmus mindestens ein Pivotelement.

Pivotelemente mit im Verhältnis zu den übrigen Matrixeinträgen kleinen Beträgen sind numerisch ungünstig, da dann wie im obigen Beispiel bei der Division durch das Pivotelement vorhandene Fehler in den übrigen Matrixelementen verstärkt werden können. Zur Verbesserung der numerischen Stabilität des Gauß-Algorithmus gibt es die folgenden Strategien:

1. Spaltenpivotsuche: Man bestimmt das betragsgrößte Element $a_{\mu k}^{(k)}$ mit

$$\left| a_{\mu k}^{(k)} \right| = \max_{i=k}^{n} \left| a_{ik}^{(k)} \right|.$$

2. Skalierte Spaltenpivotsuche: Die Zeilen von A_k werden so skaliert, dass

$$\sum_{j=k}^{n} \left| a_{ij}^{(k)} \right| = 1 \quad \text{für } i \geq k$$

gilt. Dann wendet man die Spaltenpivotsuche auf die skalierte Matrix an. Um keine zusätzlichen Rundungsfehler einzuschleppen, verwendet man die Skalierung nur zur Auswahl des Pivotelements. Der Gauß-Algorithmus wird dann mit der unskalierten Matrix fortgesetzt.

3. Vollständige Pivotsuche: Man bestimmt das Pivotelement $a_{\mu\nu}^{(k)}$ mit

$$\left| a_{\mu\nu}^{(k)} \right| = \max_{i,j=k}^{n} \left| a_{ij}^{(k)} \right|$$

und tauscht gegebenenfalls Zeilen und Spalten von A_k. Auch hier empfiehlt sich eine vorherige Skalierung der Zeilen von A_k. Diese Pivotstrategie benötigt allerdings $O(n^3)$ Vergleichsoperationen zur Auswahl der Pivotelemente und ist daher sehr aufwendig.

In der Praxis hat sich der Gauß-Algorithmus mit Spaltenpivotsuche als ausreichend stabil erwiesen, obwohl man Beispiele konstruieren kann, in denen der Fehler mit der Dimension des Problems exponentiell wächst. Für strikt diagonaldominante Matrizen werden bei skalierter Pivotsuche keine Zeilenvertauschungen vorgenommen. Man kann zeigen, dass der Gauß-Algorithmus für diese Matrizen auch ohne Zeilenvertauschungen stabil ist.

3.4.2 Aufwand des Gauß-Algorithmus

Wir bestimmen die Anzahl der Rechenoperationen, die zur Durchführung des Gauß-Algorithmus ohne Zeilenvertauschungen notwendig sind. Im k-ten Schritt des Gauß-Algorithmus, $k = 1, 2, \ldots, n-1$, werden die Elemente $(a_{ik}^{(k)})$, $i = k+1, k+2, \ldots, n$, die in der k-ten Spalte unterhalb der Diagonale von A_k liegen, eliminiert. Dies erfordert im k-ten Schritt die folgenden Operationen:

- $n - k$ Divisionen zur Berechnung von $l_{ik} := \dfrac{a_{ik}^{(k)}}{a_{kk}^{(k)}}$, $i = k+1, k+2, \ldots, n$.
- $(n-k)^2$ Multiplikationen zur Multiplikation jeder i-ten Zeile mit l_{ik}, $i = k+1, k+2, \ldots, n$.
- $(n-k)^2$ Additionen zur Subtraktion des zugehörigen Vielfachen der k-ten Zeile von jeder i-ten Zeile, $i = k+1, k+2, \ldots, n$.

Insgesamt sind

- $\displaystyle\sum_{k=1}^{n-1}(n-k) = \sum_{k=1}^{n-1} k = \frac{1}{2}n(n-1) = \frac{1}{2}n^2\left(1 + O\left(\frac{1}{n}\right)\right)$ Divisionen sowie
- $\displaystyle 2\sum_{k=1}^{n-1} k^2 = 2 \cdot \frac{1}{6}n(n-1)(2n-1) = \frac{2}{3}n^3\left(1 + O\left(\frac{1}{n}\right)\right)$ Multiplikationen und Additionen

zur Berechnung der LU-Zerlegung von A erforderlich.

Die Vorwärtssubstitution zur Lösung von $Ly = b$ und die Rückwärtssubstitution zur Lösung von $Ux = y$ beinhalten jeweils

$$\sum_{k=1}^{n-1} k = \frac{1}{2}n(n-1) = \frac{1}{2}n^2\left(1 + O\left(\frac{1}{n}\right)\right)$$

Multiplikationen und ebenso viele Additionen. Bei der Rückwärtssubstitution treten zusätzlich n Divisionen auf. Der dominierende Aufwand des Gauß-Algorithmus besteht aus den $\frac{2}{3}n^3$ Gleitpunktoperationen (englisch: flops = floating point operations), die bei der Berechnung der LU-Zerlegung von A anfallen.

Wegen des bezüglich der Dimension kubischen Rechenaufwands wird der Gauß-Algorithmus in der Praxis nur für lineare Gleichungssysteme mit bis zu einigen Hundert Unbekannten eingesetzt. Gleichungssysteme aus Anwendungen können jedoch mehrere Millionen Unbekannte haben. Für diese ist der Gauß-Algorithmus zu aufwändig. Stattdessen verwendet man die im nächsten Kapitel besprochenen iterativen Verfahren.

Ein für den Gauß-Algorithmus günstiger Sonderfall liegt vor, wenn mehrere rechte Seiten zur selben Koeffizientenmatrix gegeben sind. Dann muss die LU-Zerlegung nur einmal berechnet werden. Jedes weitere Gleichungssystem kann mit quadratischem Aufwand gelöst werden. Eine wichtige Anwendung betrifft das vereinfachte Newton-Verfahren, welches bei hochdimensionalen Problemen mit viel geringerer Rechenzeit durchgeführt werden kann als das reguläre Newton-Verfahren. Die geringere Konvergenzgeschwindigkeit des vereinfachten Newton-Verfahrens kann dadurch oft kompensiert werden.

3.5   Die QR-Zerlegung einer Matrix

Die in Beispiel 3.28 beobachteten Stabilitätsprobleme der LU-Zerlegung lassen sich auch als Konditionsverschlechterung interpretieren. Nach Satz 3.20 gilt bei gestörter rechter Seite für die Lösung des linearen Gleichungssystems $A(x + \Delta x) = b + \Delta b$ die Abschätzung

$$\frac{\|\Delta x\|}{\|x\|} \le \kappa(A)\frac{\|\Delta b\|}{\|b\|}. \tag{3.13}$$

Löst man $Ax = b$ mithilfe der LU-Zerlegung,

$$Ly = b, \quad Ux = y,$$

dann gilt bei Störung der rechten Seite analog

$$\frac{\|\Delta y\|}{\|y\|} \le \kappa(L)\frac{\|\Delta b\|}{\|b\|}, \quad \frac{\|\Delta x\|}{\|x\|} \le \kappa(U)\frac{\|\Delta y\|}{\|y\|} \le \kappa(L)\kappa(U)\frac{\|\Delta b\|}{\|b\|}.$$

In Gleitpunktarithmetik wirkt die Kondition von U fehlerverstärkend auf die bei der Lösung des ersten Dreieckssystems angefallenen Rundungsfehler. Außerdem verhindern die Defizite der Gleitpunktarithmetik im Allgemeinen, dass die durch die Kondition von L verursachte Fehlerverstärkung von $\frac{\|\Delta b\|}{\|b\|}$ zu $\frac{\|\Delta y\|}{\|y\|}$ im zweiten Teilschritt rückgängig gemacht wird.

Für jede induzierte Matrixnorm $\|.\|$ gilt die Abschätzung

$$\kappa(A) = \kappa(LU) = \|LU\| \, \|U^{-1}L^{-1}\| \le \|L\| \, \|U\| \, \|L^{-1}\| \, \|U^{-1}\| = \kappa(L)\,\kappa(U),$$

Die bei der Lösung eines linearen Gleichungssystems mit der LU-Zerlegung praktisch wirksame Fehlerverstärkung $\kappa(L)\kappa(U)$ kann einen erheblich größeren Wert besitzen als die Fehlerschranke in (3.13).

Beispiel 3.29 Es sei

$$A = \begin{pmatrix} 10^{-3} & 1 \\ 1 & -1 \end{pmatrix}, \qquad b = \begin{pmatrix} 10 \\ -4 \end{pmatrix}.$$

Im Folgenden vergleichen wir die mit LU-Zerlegung berechneten Lösungen in exakter Arithmetik und im Gleitpunktsystem $\mathcal{S} = \mathcal{S}_{\text{norm}}(10, 4, -9, 9)$ miteinander. Gerundete Größen werden mit einer Tilde gekennzeichnet.

Die LU-Zerlegung von A ist in $\mathcal{S}$ exakt darstellbar:

$$A = LU = \begin{pmatrix} 1 & 0 \\ 1000 & 1 \end{pmatrix} \cdot \begin{pmatrix} 10^{-3} & 1 \\ 0 & -1001 \end{pmatrix}.$$

Für die Konditionszahlen gilt

$$\kappa_2(A) \approx 2.615, \quad \kappa_2(L) \approx 1.000 \cdot 10^6, \quad \kappa_2(U) \approx 1.001 \cdot 10^6.$$

Auflösen von $Ly = b$ in exakter Arithmetik bzw. in $\mathcal{S}$ ergibt

$$y = \begin{pmatrix} 10 \\ -10004 \end{pmatrix} \approx \begin{pmatrix} 10 \\ -1.000 \cdot 10^4 \end{pmatrix} = \tilde{y}.$$

In exakter Arithmetik löst man nun

$$Ux = y \iff \left(\begin{array}{cc|c} 10^{-3} & 1 & 10 \\ 0 & -1001 & -10004 \end{array} \right) \iff x = \frac{1}{1001} \begin{pmatrix} 6000 \\ 10004 \end{pmatrix} \approx \begin{pmatrix} 6 \\ 10 \end{pmatrix},$$

wohingegen in $\mathcal{S}$ das gestörte System gelöst wird:

$$U\tilde{x} = \tilde{y} \iff \left(\begin{array}{cc|c} 10^{-3} & 1 & 10 \\ 0 & -1001 & -10^4 \end{array} \right) \iff \tilde{x} = \frac{1}{1001} \begin{pmatrix} 10000 \\ 10000 \end{pmatrix} \approx \begin{pmatrix} 10 \\ 10 \end{pmatrix}.$$

Der kleine relative Fehler von $\tilde{y}$ wird durch die Kondition von U gewaltig verstärkt.
$\triangle$

In diesem Abschnitt stellen wir eine Zerlegung

$$A = Q\,R$$

mit einer orthogonalen Matrix Q und einer rechten oberen Dreiecksmatrix R vor, bei der die soeben beschriebene Verschlechterung der Konditionszahl nicht auftritt. Es gilt dann

$$\kappa_2(Q) = 1, \quad \kappa_2(R) = \kappa_2(A).$$

Die QR-Zerlegung einer Matrix besitzt in der numerischen Mathematik zahlreiche Anwendungen. Berechnungsverfahren der QR-Zerlegung gehören zu den wichtigsten Algorithmen der numerischen linearen Algebra.

3.5.1   Orthogonale Matrizen

Orthogonale Matrizen treten als Darstellungsmatrizen von Spiegelungen und Drehungen im $\mathbb{R}^n$ auf. Neben dieser geometrischen Anwendung haben sie günstige Eigenschaften, die sie zu einem wertvollen numerischen Werkzeug machen.

Definition 3.30 Eine Matrix $Q \in \mathbb{R}^{n \times n}$ mit der Eigenschaft

$$Q^{-1} = Q^T$$

heißt orthogonal.

Wichtige Eigenschaften orthogonaler Matrizen fassen wir im folgenden Satz zusammen:

Satz 3.31 (Eigenschaften orthogonaler Matrizen)

1. *Eine orthogonale Matrix ist eine Isometrie bezüglich $\|.\|_2$, d. h. es gilt*

$$\|Qx\|_2 = \|x\|_2 \quad \text{für alle } x \in \mathbb{R}^n.$$

2. *Ist Q eine orthogonale Matrix, dann ist auch Q^T orthogonal.*
3. *Sind Q_1, Q_2 orthogonale Matrizen, dann ist auch $Q_1 Q_2$ orthogonal.*
4. *Ist $A \in \mathbb{R}^{n \times n}$ eine invertierbare Matrix und $Q \in \mathbb{R}^{n \times n}$ orthogonal, dann gilt*

$$\kappa_2(Q) = 1, \quad \kappa_2(QA) = \kappa_2(A).$$

Beweis

von 1.: Für alle $x \in \mathbb{R}^n$ gilt

$$\|Qx\|_2^2 = x^T Q^T Q x = x^T x = \|x\|_2^2.$$

von 2.: Es ist $(Q^T)^T Q^T = Q Q^T = Q Q^{-1} = I$.
von 3.: Es ist $(Q_1 Q_2)^T Q_1 Q_2 = Q_2^T Q_1^T Q_1 Q_2 = I$.
von 4.: Übungsaufgabe. □

Bemerkung 3.32 Die Isometrieeigenschaft gilt auch für eine Matrix $Q \in \mathbb{R}^{m \times n}$, $m > n$, mit orthonormalen Spaltenvektoren. Dann ist $Q^T Q$ die Einheitsmatrix im $\mathbb{R}^{n \times n}$ und für jedes $x \in \mathbb{R}^n$ folgt

$$\|Qx\|_2 = \|x\|_2.$$

Auf der linken Seite steht die 2- Norm im $\mathbb{R}^m$, rechts die 2-Norm im $\mathbb{R}^n$. ◇

Im restlichen Kapitel bezeichnen Normsymbole stets die 2-Norm im $\mathbb{R}^n$.

3.5.2 Gram-Schmidt-Orthogonalisierung

Die QR-Zerlegung einer invertierbaren quadratischen Matrix A kann durch Gram-Schmidt-Orthogonalisierung berechnet werden. Orthogonalisiert man die Spaltenvektoren $a^1, \ldots, a^n$ von A durch

$$q^1 := \frac{a^1}{\|a^1\|},$$

$$q^j := \frac{a^j - \sum_{i=1}^{j-1} (q^i, a^j) q^i}{\left\| a^j - \sum_{i=1}^{j-1} (q^i, a^j) q^i \right\|}, \quad j = 2, \ldots, n,$$

Wobei (q^i, a^j) das Skalarprodukt der Vekoren q^i und a^j bezeichnet, und fasst man die Vektoren q^j als Spaltenvektoren zu einer orthogonalen Matrix Q zusammen, dann gilt

$$A = Q R$$

mit der oberen Dreiecksmatrix $R = (r_{ij})$, wobei $r_{ij} = 0$ für $i > j$ und

$$\left. \begin{aligned} r_{ij} &= (q^i, a^j), \\ r_{jj} &= \left\| a^j - \sum_{i=1}^{j-1} (q^i, a^j) q^i \right\| \end{aligned} \right\} \quad j = 1, 2, \ldots, n, \quad i = 1, 2, \ldots, j - 1.$$

Bei der Gram-Schmidt-Orthogonalisierung werden die Elemente von R spaltenweise berechnet. Klassisch verwendet man im j-ten Schritt den j-ten Spaltenvektor a^j von A zur Berechnung der Skalarprodukte mit den orthogonalen Vektoren q^i. In Gleitpunktarithmetik kann dabei die Orthogonalität der Vektoren q^i schnell verloren gehen. Numerisch günstiger ist es, anstelle von a^j den jeweils aufdatierten Spaltenvektor $\tilde{q}^j$ zur Orthogonalisierung heranzuziehen (siehe Algorithmus 3.2). In exakter Arithmetik liefern beide Versionen identische Ergebnisse.

Algorithmus 3.2: Klassische / Modifizierte Gram-Schmidt-Orthogonalisierung

Gegeben: $A \in \mathbb{R}^{n \times n}$ mit Spaltenvektoren $a^1, \ldots, a^n$.

Für $j = 1, 2, \ldots, n$:

$\qquad \tilde{q}^j := a^j$ $\qquad\qquad\qquad\qquad$ Umspeichern

$\qquad$ Für $i = 1, 2, \ldots, j-1$:

$$r_{ij} := \begin{cases} (q^i, a^j) & \text{(klassisch)} \\ (q^i, \tilde{q}^j) & \text{(modifiziert)} \end{cases}$$

$\qquad\qquad \tilde{q}^j := \tilde{q}^j - r_{ij}\, q^i$

$\qquad \left. \begin{array}{l} r_{jj} := \|\tilde{q}^j\| \\[2mm] q^j := \dfrac{\tilde{q}^j}{r_{jj}} \end{array} \right\}$ $\qquad$ Normierung

---

Beispiel 3.33

1. Die QR-Zerlegung von

$$A = \frac{1}{3} \begin{pmatrix} 2 & 16 & 27 \\ 1 & 2 & -21 \\ -2 & 8 & 3 \end{pmatrix}$$

lautet

$$A = \frac{1}{6} \begin{pmatrix} 4 & 3\sqrt{2} & \sqrt{2} \\ 2 & 0 & -4\sqrt{2} \\ -4 & 3\sqrt{2} & -\sqrt{2} \end{pmatrix} \begin{pmatrix} 1 & 2 & 3 \\ 0 & 4\sqrt{2} & 5\sqrt{2} \\ 0 & 0 & 6\sqrt{2} \end{pmatrix}.$$

In exakter Arithmetik berechnet man diese wahlweise durch klassische oder modifizierte Gram-Schmidt-Orthogonalisierung:

$$j = 1: \quad \tilde{q}^1 := a^1 = \frac{1}{3} \begin{pmatrix} 2 \\ 1 \\ -2 \end{pmatrix}, \qquad r_{11} := \left\| \tilde{q}^1 \right\| = 1,$$

$$q^1 := \frac{\tilde{q}^1}{r_{11}} = \frac{1}{3} \begin{pmatrix} 2 \\ 1 \\ -2 \end{pmatrix}.$$

$$j = 2: \quad \tilde{q}^2 := a^2 = \frac{1}{3} \begin{pmatrix} 16 \\ 2 \\ 8 \end{pmatrix}, \qquad r_{12} := \begin{cases} (q^1, a^2) = 2, \\ (q^1, \tilde{q}^2) = 2. \end{cases}$$

$$\tilde{q}^2 := \tilde{q}^2 - r_{12} q^1 = \begin{pmatrix} 4 \\ 0 \\ 4 \end{pmatrix}, \qquad r_{22} := \left\| \tilde{q}^2 \right\| = 4\sqrt{2},$$

$$q^2 := \frac{\tilde{q}^2}{r_{22}}, = \frac{\sqrt{2}}{2} \begin{pmatrix} 1 \\ 0 \\ 1 \end{pmatrix}.$$

$$j = 3: \quad \tilde{q}^3 := a^3 = \begin{pmatrix} 9 \\ -7 \\ 1 \end{pmatrix}, \qquad r_{13} := \begin{cases} (q^1, a^3) = 3, \\ (q^1, \tilde{q}^3) = 3, \end{cases}$$

$$\tilde{q}^3 := \tilde{q}^3 - r_{13} q^1 = \begin{pmatrix} 7 \\ -8 \\ 3 \end{pmatrix}, \qquad r_{23} := \begin{cases} (q^2, a^3) = 5\sqrt{2}, \\ (q^2, \tilde{q}^3) = 5\sqrt{2}, \end{cases}$$

$$\tilde{q}^3 := \tilde{q}^3 - r_{23} q^2 = \begin{pmatrix} 2 \\ -8 \\ -2 \end{pmatrix}, \qquad r_{33} := \left\| \tilde{q}^3 \right\| = 6\sqrt{2},$$

$$q^3 := \frac{\tilde{q}^3}{r_{33}} = \frac{\sqrt{2}}{6} \begin{pmatrix} 1 \\ -4 \\ -1 \end{pmatrix}.$$

2. Ein instruktives Beispiel von Björck [5] zeigt das unterschiedliche Stabilitätsverhalten, wenn die Orthogonalisierung in Gleitpunktarithmetik durchgeführt wird. Es sei

$$A = \begin{pmatrix} 1 & 1 & 1 \\ \varepsilon & 0 & 0 \\ 0 & \varepsilon & 0 \\ 0 & 0 & \varepsilon \end{pmatrix} \quad \text{mit} \quad \varepsilon = 10^{-2}.$$

Dann liefern klassische bzw. modifizierte Gram-Schmidt-Orthogonalisierung im Gleitpunktsystem $\mathcal{S} = S_{\mathrm{norm}}(10, 4, -9, 9)$ die folgenden Ergebnisse:

$j = 1: \quad \tilde{q}^1 := a^1 = (1, \varepsilon, 0, 0)^T,$

$$r_{11} := \left\| \tilde{q}^1 \right\| = \square \sqrt{\square (1 + \varepsilon^2)} = \square \sqrt{\square\, 1.0001} = \square \sqrt{1} = 1,$$

$$q^1 := \frac{\tilde{q}^1}{r_{11}} = (1, \varepsilon, 0, 0)^T.$$

$j = 2: \quad \tilde{q}^2 := a^2 = (1, 0, \varepsilon, 0)^T,$

$$r_{12} := \begin{cases} (q^1, a^2) \\ (q^1, \tilde{q}^2) \end{cases} = 1,$$

$$\tilde{q}^2 := \tilde{q}^2 - r_{12}\, q^1 = (0, -\varepsilon, \varepsilon, 0)^T,$$

$$r_{22} := \left\| \tilde{q}^2 \right\| = \square \sqrt{\square (\varepsilon^2 + \varepsilon^2)} = \square \sqrt{2.000 \cdot 10^{-4}} = 1.414 \cdot 10^{-2},$$

$$q^2 := \frac{\tilde{q}^2}{r_{22}} = 7.072 \cdot 10^{-1} \, (0, -1, 1, 0)^T.$$

$j = 3: \quad \tilde{q}^3 := a^3 = (1, 0, 0, \varepsilon)^T,$

$$r_{13} := \begin{cases} (q^1, a^3) \\ (q^1, \tilde{q}^3) \end{cases} = 1,$$

$$\tilde{q}^3 := \tilde{q}^3 - r_{13}\, q^1 = (0, -\varepsilon, 0, \varepsilon)^T,$$

$$r_{23} := \begin{cases} (q^2, a^3) = 0, \\ (q^2, \tilde{q}^3) = 7.072 \cdot 10^{-1} \, \varepsilon = 7.072 \cdot 10^{-3}, \end{cases}$$

$$\tilde{q}^3 := \tilde{q}^3 - r_{23}\, q^2 = \begin{cases} \tilde{q}^3 = (0, -\varepsilon, 0, \varepsilon)^T, \\ \tilde{q}^3 - 7.072 \cdot 10^{-3}\, q^2 = \tilde{q}^3 - 5.001 \cdot 10^{-3}(0, -1, 1, 0)^T \\ \quad = \varepsilon\, (0, -4.999 \cdot 10^{-1}, -5.001 \cdot 10^{-1}, 1)^T, \end{cases}$$

$$r_{33} := \square \left\| \tilde{q}^3 \right\| = \begin{cases} 1.414 \cdot 10^{-2}, \\ 1.225\, \varepsilon = 1.225 \cdot 10^{-2}, \end{cases}$$

$$q^3 := \frac{\tilde{q}^3}{r_{33}} = \begin{cases} 10^{-1}(0, -7.072, 0, 7.072)^T, \\ 10^{-1}(0, -4.081, -4.082, 8.163)^T. \end{cases}$$

Nach Durchführung des klassischen Algorithmus beträgt der Winkel zwischen dem zweiten und dem dritten Spaltenvektor von Q nur ca. 60 Grad, beim modifizierten Verfahren sind es 89.96 Grad. $\triangle$

Ist $A = QR$ eine Produktdarstellung der invertierbaren Matrix $A \in \mathbb{R}^{n \times n}$ mit einer orthogonalen Matrix Q und einer oberen Dreiecksmatrix R, dann bilden die ersten j Spaltenvektoren von Q eine Orthonormalbasis der linearen Hülle der ersten j Spaltenvektoren von A. Daraus folgt induktiv, dass die Spaltenvektoren von Q bis auf das Vorzeichen mit den Vektoren q^j aus der Gram-Schmidt-Orthogonalisierung übereinstimmen. Die QR-Zerlegung von A ist nicht eindeutig, aber es gibt nur eine solche Zerlegung, bei der alle Diagonalelemente von R positiv sind.

3.5.3 Reduzierte QR-Zerlegung

Die QR-Zerlegung kann für Matrizen $A \in \mathbb{R}^{m \times n}$ mit $m > n$ und vollem Spaltenrang verallgemeinert werden. In diesem Fall berechnet man nach den obigen Formeln zunächst n Vektoren $q^1, \ldots, q^n$ im $\mathbb{R}^m$ und fasst diese zu einer Matrix $Q_1 \in \mathbb{R}^{m \times n}$ mit orthonormalen Spalten zusammen. Die dabei ebenfalls berechneten Elemente r_{ij} bilden eine rechte obere $n \times n$-Dreiecksmatrix R_1.

Die Spaltenvektoren $q^1, \ldots, q^n$ ergänzt man beliebig zu einer Orthonormalbasis des $\mathbb{R}^m$ und bildet damit eine orthogonale Matrix $Q \in \mathbb{R}^{m \times m}$. Die Matrix R_1 wird durch Nullzeilen zu einer Matrix $R \in \mathbb{R}^{m \times n}$ erweitert. Die vollständige QR-Zerlegung von A lautet dann

Für diese Zerlegung gilt nach den Regeln der Matrizenmultiplikation

$$A = Q\,R = Q_1 R_1 + Q_2\,0 = Q_1 R_1.$$

Das Produkt $Q_1 R_1$ heißt reduzierte QR-Zerlegung von A. Aus den obigen Überlegungen folgt:

Satz 3.34 *Es sei $A = (a_{ij}) \in \mathbb{R}^{m \times n}$ mit $m \geq n = \text{rg}(A)$. Dann gibt es eine orthogonale Matrix $Q \in \mathbb{R}^{m \times m}$ und eine rechte obere Dreiecksmatrix $R_1 \in \mathbb{R}^{n \times n}$, sodass*

$$A = Q\,R, \quad R = \begin{pmatrix} R_1 \\ 0 \end{pmatrix} \in \mathbb{R}^{m \times n}$$

gilt. Ist $Q = (Q_1|Q_2)$ mit $Q_1 \in \mathbb{R}^{m \times n}$, dann existiert für A genau eine reduzierte QR-Zerlegung

$$A = Q_1 R_1$$

mit positiven Diagonalelementen in R_1.

Beispiel 3.35 Aus Beispiel 3.33.1 folgt: Die reduzierte QR-Zerlegung von

$$A = \frac{1}{3} \begin{pmatrix} 2 & 16 \\ 1 & 2 \\ -2 & 8 \end{pmatrix}$$

lautet

$$A = \frac{1}{6} \begin{pmatrix} 4 & 3\sqrt{2} \\ 2 & 0 \\ -4 & 3\sqrt{2} \end{pmatrix} \begin{pmatrix} 1 & 2 \\ 0 & 4\sqrt{2} \end{pmatrix}.$$

$\triangle$

3.5.4 Householder-Matrizen

Auch die modifizierte Gram-Schmidt-Orthogonalisierung ist für schlecht konditionierte Matrizen nicht hinreichend numerisch stabil. Daher besprechen wir im Folgenden die Berechnung der QR-Zerlegung von A durch Householder-Transformationen. Dieser Algorithmus besitzt wesentlich bessere Stabilitätseigenschaften.

Zur Herleitung des Verfahrens betrachten wir die schrittweise Überführung einer Matrix $A \in \mathbb{R}^{n \times n}$ in eine rechte obere Dreiecksgestalt mithilfe von Matrixmultiplikationen:

$$A = \begin{pmatrix} * & * & * & * & * \\ * & * & * & * & * \\ * & * & * & * & * \\ * & * & * & * & * \\ * & * & * & * & * \end{pmatrix} \rightsquigarrow H_1 A = \begin{pmatrix} * & * & * & * & * \\ 0 & * & * & * & * \\ 0 & * & * & * & * \\ 0 & * & * & * & * \\ 0 & * & * & * & * \end{pmatrix}$$

$$\rightsquigarrow H_2 H_1 A = \begin{pmatrix} * & * & * & * & * \\ 0 & * & * & * & * \\ 0 & 0 & * & * & * \\ 0 & 0 & * & * & * \\ 0 & 0 & * & * & * \end{pmatrix}$$

$$\rightsquigarrow \ldots \rightsquigarrow H_{n-1} \cdots H_1 A = \begin{pmatrix} * & * & * & * & * \\ & \ddots & * & * & * \\ & & \ddots & * & * \\ & & & \ddots & * \\ & & & & * \end{pmatrix}.$$

Falls alle Matrizen H_j orthogonal sind, gilt dies auch für ihr Produkt, sodass durch $Q^T = H_{n-1} \cdots H_1$ eine QR-Zerlegung von A definiert wird.

Im ersten Schritt des Algorithmus ist nach diesem Ansatz eine orthogonale Matrix H_1 gesucht, die den ersten Spaltenvektor a^1 von A auf ein Vielfaches des ersten Einheitsvektors im $\mathbb{R}^n$ abbildet. Damit verbleiben für H_1 noch viele Freiheitsgrade, ohne dass erkennbar ist, nach welchen Kriterien man diese in Abhängigkeit von A festlegen soll. Daher wird H_1 so gewählt, dass möglichst viele Vektoren im $\mathbb{R}^n$ durch H_1 unverändert bleiben. Dies geht genau für einen $(n-1)$-dimensionalen

Unterraum des $\mathbb{R}^n$, in dem H_1 die Identität darstellt, wodurch H_1 zu einer Störung der Einheitsmatrix vom Rang 1 wird. Dies wiederum bedeutet, dass H_1 die Gestalt

$$H_1 = I + \alpha v w^T$$

für ein $\alpha \in \mathbb{R}$ und Vektoren $v, w \in \mathbb{R}^n$ besitzt. Der Parameter α erlaubt es, v und w oBdA als Einheitsvektoren zu wählen. Man zeigt leicht, dass die Orthogonalität von H_1 erfordert, dass v und w linear abhängig sind und dass die Wahl $v = w$ den Wert $\alpha = -2$ erzwingt.

Definition 3.36 Es sei $w \in \mathbb{R}^\ell$ ein beliebiger Vektor mit $\|w\|_2 = 1$. Dann heißt

$$H := I - 2ww^T \in \mathbb{R}^{\ell \times \ell}$$

Householder-Matrix. Die zugehörige lineare Abbildung heißt Householder-Transformation.

Householder-Matrizen haben viele günstige Eigenschaften:

Satz 3.37 *Für jede Householder-Matrix H gilt*

1. *H ist symmetrisch:* $H = H^T$.
2. *H ist zu sich selbst invers:* $H^{-1} = H$.
3. *H ist orthogonal:* $H^{-1} = H^T$.
4. *w wird auf $-w$ abgebildet:* $Hw = -w$.
5. *Ist z orthogonal zu w, dann gilt $Hz = z$.*

Beweis Die Eigenschaften lassen sich durch einfache Rechnungen nachweisen.

von 1.: $H^T = I^T - 2(ww^T)^T = I - 2(w^T)^T w^T = H$.
von 2.: $H^2 = (I - 2ww^T)(I - 2ww^T) = I - 4ww^T + 4w\underbrace{w^T w}_{=1}w^T = I$.

von 3.: Folgt aus 1. und 2.
von 4.: $Hw = (I - 2ww^T)w = w - 2w\underbrace{w^T w}_{=1} = -w$.

von 5.: Aus $w^T z = 0$ folgt $Hz = (I - 2ww^T)z = z - 2w(w^T z) = z$. $\square$

Eine Householder-Matrix $H = I - 2ww^T$ wird auch Spiegelungsmatrix genannt, weil die Berechnung von Hx die Spiegelung von x an der Hyperebene

$$E := \{z \in \mathbb{R}^\ell \mid w^T z = 0\}$$

mit Normalenvektor w bewirkt.

Für jeden Vektor $x \in \mathbb{R}^{\ell}$ gilt die Orthogonalzerlegung

$$x = z + \alpha w$$

für ein $z \in E$ und ein $\alpha \in \mathbb{R}$. Dann folgt

$$Hx = Hz + \alpha Hw = z - \alpha w.$$

Der Vektor x wird durch die Multiplikation mit H an E gespiegelt (Abb. 3.2).

Wir bestimmen nun eine Householder-Matrix H, welche einen gegebenen Vektor $x \neq 0$ auf ein Vielfaches des ersten Einheitsvektors e^1 abbildet. Durch eine orthogonale Transformation ändert sich die Länge von x nicht. Der Vektor x kann durch H nur auf $\|x\| e^1$ oder auf $-\|x\| e^1$ abgebildet werden ($\|.\| = \|.\|_2$). Ein Normalenvektor der zugehörigen Spiegelungsebene ist $x - Hx$. Dies führt auf die Householder-Transformationen zu

$$w^{1/2} = \frac{x \mp \|x\| e^1}{\|x \mp \|x\| e^1\|}.$$

Die zum gewählten Vektor w orthogonale Hyperebene ist Fixebene der zugehörigen Householder-Transformation. Um Auslöschung zu vermeiden, wählt man in der Praxis

$$w = \frac{x + \mathrm{sgn}_1 \|x\| e^1}{\left\| x + \mathrm{sgn}_1 \|x\| e^1 \right\|},$$

wobei $\mathrm{sgn}_1 \in \{-1, 1\}$ vom Vorzeichen der ersten Komponente von x bestimmt wird:

$$\mathrm{sgn}_1 = \begin{cases} 1, & \text{falls } x_1 \geq 0, \\ -1, & \text{falls } x_1 < 0. \end{cases}$$

Dieser Vektor w heißt der zu x gehörende Householder-Vektor (Abb. 3.3).

Abb. 3.2 Spiegelung an einer Ebene

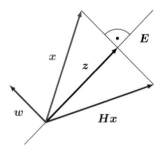

Abb. 3.3 Spiegelungsebenen

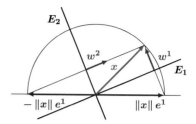

Beispiel 3.38 Berechnung von Householder-Matrizen in Gleitpunktarithmetik.

In diesem Beispiel wird der Einfluss des Vorzeichens im Householder-Vektor demonstriert. Dazu betrachten wir den Vektor

$$x = \begin{pmatrix} 1.0 \\ 0.1 \\ 0.1 \end{pmatrix},$$

zu dem wir Householder-Matrizen im Gleitpunktsystem $\mathcal{S} = S_{\text{norm}}(10, 4, -9, 9)$ berechnen.

Mit

$$\|x\|_2 = \sqrt{1.02} = 1.0099\cdots \approx 1.010$$

erhält man die beiden Householder-Vektoren

$$w^{(1)} = \frac{(1, 0.1, 0.1)^T + 1.01(1, 0, 0)^T}{\left\|(1, 0.1, 0.1)^T + 1.01(1, 0, 0)^T\right\|} \approx \frac{(2.01, 0.1, 0.1)^T}{2.015},$$

$$w^{(2)} = \frac{(1, 0.1, 0.1)^T - 1.01(1, 0, 0)^T}{\left\|(1, 0.1, 0.1)^T - 1.01(1, 0, 0)^T\right\|} \approx \frac{(-0.01, 0.1, 0.1)^T}{0.1418}$$

und daraus die beiden Householder-Matrizen

$$H_1 \approx \begin{pmatrix} -0.9902 & -0.09901 & -0.09901 \\ -0.09901 & 0.9951 & -0.004926 \\ -0.09901 & -0.004926 & 0.9951 \end{pmatrix},$$

$$H_2 \approx \begin{pmatrix} 0.9901 & -0.09946 & -0.09946 \\ 0.09946 & 0.005340 & -0.9946 \\ -0.09946 & -0.9946 & 0.005340 \end{pmatrix}.$$

Es ist

$$(H_1)^T H_1 \approx \begin{pmatrix} 1.000 & 2.574 \cdot 10^{-6} & 2.574 \cdot 10^{-6} \\ 2.574 \cdot 10^{-6} & 1.000 & -7.451 \cdot 10^{-7} \\ 2.574 \cdot 10^{-6} & -7.451 \cdot 10^{-7} & 1.000 \end{pmatrix} \approx I,$$

$$(H_2)^T H_2 \approx \begin{pmatrix} 1.000 & -0.1969 & -0.1979 \\ -0.1969 & 0.9991 & 9.892 \cdot 10^{-3} \\ -0.1979 & 9.892 \cdot 10^{-3} & 0.9991 \end{pmatrix}.$$

Während H_1 hinsichtlich der verwendeten Rechengenauigkeit als orthogonal angesehen werden kann, gilt dies für H_2 nicht. Das Produkt $(H_2)^T H_2$ weist eine große Abweichung von der Einheitsmatrix auf. Der Winkel zwischen den ersten beiden Spaltenvektoren von H_2 ist kleiner als 80 Grad.   △

3.5.5   QR-Zerlegung durch Householder-Transformationen

Die Berechnung der Matrix R in der QR-Zerlegung von $A \in \mathbb{R}^{m \times n}$ kann spaltenweise durch iterierte Householder-Transformationen erfolgen. Dabei wird $A_1 := A$ in

$$N := \begin{cases} n - 1, & \text{falls } m = n \\ n, & \text{falls } m > n \end{cases}$$

Schritten in die Matrix R überführt. I_ℓ bezeichne die $\ell \times \ell$-Einheitsmatrix. Dann berechnet man die QR-Zerlegung von A mit dem folgenden Algorithmus nach Householder:

Algorithmus 3.3: QR-Zerlegung nach Householder

Gegeben: $A \in \mathbb{R}^{m \times n}$, $m \geq n$; $\mathrm{rg}(A) = n$.

Für $k = 1, 2, \ldots, n$:

$$x^{(k)} := (a_{kk}^{(k)}, a_{k+1,k}^{(k)}, \ldots a_{mk}^{(k)})^T \in \mathbb{R}^{m-k+1}$$

$w^{(k)}$ sei der zu $x^{(k)}$ gehörende Householder-Vektor,

$H_k \in \mathbb{R}^{(m-k+1) \times (m-k+1)}$ die zugehörige Householder-Matrix.

$$\widehat{H}_k := \left(\begin{array}{c|c} I_{k-1} & 0 \\ \hline 0 & H_k \end{array} \right)$$

$$A_{k+1} := \widehat{H}_k A_k$$

Der Vektor $x^{(k)}$ enthält die in der k-ten Spalte von A_k stehenden Elemente ab dem Diagonalelement $a_{kk}^{(k)}$. An die zu diesem Vektor berechnete Householder-Matrix H_k wird links oben die Einheitsmatrix I_{k-1} angefügt. Durch Auffüllen mit Nullen entsteht die Transformationsmatrix $\widehat{H}_k$ mit m Zeilen und Spalten. Nach $k-1$ Schritten besitzt A die Gestalt

$$
A_k = \begin{pmatrix}
a_{11}^{(k)} & \cdots & \cdots & \cdots & a_{1n}^{(k)} \\
& \ddots & \cdots & \cdots & \vdots \\
& & a_{kk}^{(k)} & \cdots & \vdots \\
& & \vdots & \cdots & \vdots \\
& & a_{m1}^{(k)} & \cdots & a_{mn}^{(k)}
\end{pmatrix},
$$

nach N Schritten gilt

$$
\widehat{H}_N \cdots \widehat{H}_2 \, \widehat{H}_1 \, A_1 = A_N = R.
$$

Die Matrizen $\widehat{H}_k$ sind nach Satz 3.34 symmetrisch und orthogonal. Mit

$$
Q := \widehat{H}_1 \, \widehat{H}_2 \cdots \widehat{H}_N
$$

gilt schließlich

$$
A = Q \, R.
$$

Beispiel 3.39 QR-Zerlegung nach Householder von

$$
A = \frac{1}{3} \begin{pmatrix}
2 & 16 & 27 \\
1 & 2 & -21 \\
-2 & 8 & 3
\end{pmatrix}.
$$

Der erste Householder-Vektor bestimmt sich aus

$$
x^{(1)} = \frac{1}{3}(2, 1, -2)^T, \quad \left\| x^{(1)} \right\| = 1,
$$

zu

$$
w^{(1)} = \frac{x^{(1)} + 1 \cdot (1, 0, 0)^T}{\left\| x^{(1)} + 1 \cdot (1, 0, 0)^T \right\|} = \frac{1}{\sqrt{30}}(5, 1, -2)^T.
$$

Die erste Householder-Matrix lautet

$$
\widehat{H}_1 = H_1 = I - 2 w^{(1)} (w^{(1)})^T = \frac{1}{15} \begin{pmatrix}
-10 & -5 & 10 \\
-5 & 14 & 2 \\
10 & 2 & 11
\end{pmatrix}.
$$

Hieraus erhalten wir

$$
A_2 = \widehat{H}_1 A_1 = \frac{1}{5} \begin{pmatrix}
-5 & -10 & -15 \\
0 & -4 & -47 \\
0 & 28 & 29
\end{pmatrix}.
$$

Die zweite Householder-Transformation verwendet

$$x^{(2)} = \frac{1}{5}(-4, 28)^T, \quad \left\| x^{(2)} \right\| = 4\sqrt{2},$$

$$w^{(2)} = \frac{x^{(2)} - 4\sqrt{2} \cdot (1, 0)^T}{\left\| x^{(2)} - 4\sqrt{2} \cdot (1, 0)^T \right\|} = \frac{1}{\sqrt{100 + 10\sqrt{2}}}(-1 - 5\sqrt{2}, 7)^T,$$

was auf die zweite Householder-Matrix

$$H_2 = I - 2w^{(2)}(w^{(2)})^T = \frac{\sqrt{2}}{10} \begin{pmatrix} -1 & 7 \\ 7 & 1 \end{pmatrix}$$

führt. Mit

$$\widehat{H}_2 = \frac{\sqrt{2}}{10} \begin{pmatrix} 5\sqrt{2} & 0 & 0 \\ 0 & -1 & 7 \\ 0 & 7 & 1 \end{pmatrix}$$

folgt

$$R = A_3 = \widehat{H}_2 A_2 = \begin{pmatrix} -1 & -2 & -3 \\ 0 & 4\sqrt{2} & 5\sqrt{2} \\ 0 & 0 & -6\sqrt{2} \end{pmatrix},$$

$$Q = \widehat{H}_1 \widehat{H}_2 = \frac{1}{6} \begin{pmatrix} -4 & 3\sqrt{2} & -\sqrt{2} \\ -2 & 0 & 4\sqrt{2} \\ 4 & 3\sqrt{2} & \sqrt{2} \end{pmatrix}.$$

Im Vergleich zu Beispiel 3.33 sind hier die erste und die dritte Zeile von R mit -1 multipliziert. Die zugehörigen Ausgleichsfaktoren befinden sich in der ersten und dritten Spalte von Q. △

Bemerkung 3.40 Die Berechnung der Matrix R in der QR-Zerlegung mit dem Householder-Verfahren benötigt $2mn^2 - \frac{2}{3}n^3 + O((m+n)^2)$ Gleitpunktoperationen, im quadratischen Fall $\frac{4}{3}n^3 + O(n^2)$ Operationen. Dies sind ungefähr doppelt so viele wie bei der Berechnung der LU-Zerlegung. Für schlecht konditionierte Matrizen kann sich der Mehraufwand bei der Lösung eines linearen Gleichungssystems aber lohnen. ◇

3.6 Über- und unterbestimmte lineare Gleichungssysteme

3.6.1 Überbestimmte lineare Gleichungssysteme

Bei Messungen physikalischer Größen wie Längen, Geschwindigkeiten oder Temperaturen sind Messfehler unvermeidlich. Liegt ein linearer Zusammenhang zwischen mehreren Größen vor, erhält man widersprüchliche Gleichungen, wenn man mehr Messungen durchführt als zur Bestimmung der Größen notwendig sind. Diese Widersprüche kann man nutzen, um die Messfehler durch Ausgleichsrechnung zu dämpfen.

Lineare Gleichungssysteme mit mehr Gleichungen als Unbekannten heißen überbestimmt. Wir betrachten im Folgenden überbestimmte lineare Gleichungssysteme der Form

$$\widehat{A}x = \widehat{b} \tag{3.14}$$

mit $\widehat{A} \in \mathbb{R}^{m \times n}, \widehat{b} \in \mathbb{R}^m$ und $m > n$. Für $\widehat{A}$ und $\widehat{b}$ nehmen wir an, dass diese Größen ein fehlerfreies System beschreiben, dass $\widehat{A}$ den vollen Spaltenrang n besitzt und dass (3.14) somit eindeutig lösbar ist.

Anstelle von $\widehat{A}$ und $\widehat{b}$ seien nun die Koeffizientenmatrix $A \in \mathbb{R}^{m \times n}$ und die rechte Seite $b \in \mathbb{R}^m$ aus Messungen entstanden. Für hinreichend kleine Messfehler besitzt auch A noch den vollen Spaltenrang n, aber b liegt im Allgemeinen nicht mehr im Spaltenraum von A, wodurch das lineare Gleichungssystem

$$Ax = b \tag{3.15}$$

nicht mehr lösbar ist. Einem beliebigen Vektor $x \in \mathbb{R}^n$ ordnen wir sein Residuum $r := b - Ax$ zu und verwenden die Norm des Residuenvektors, um die Güte einer Näherungslösung $\tilde{x}$ von (3.15) zu beurteilen. Für die Lösung x^* von (3.14) gilt

$$0 = \widehat{b} - \widehat{A}x^*,$$

sodass x^* ein kleines Residuum $r^* = b - Ax^*$ besitzt, sofern die Messfehler in A und b nicht zu groß sind. Als Ersatzlösung definieren wir denjenigen Vektor x, für den

$$\|r\|_2^2 = \|b - Ax\|_2^2 \tag{3.16}$$

minimal wird. Diese Wahl wird Bestapproximation nach der Methode der kleinsten Quadrate genannt.

Die Lösung des Ausgleichsproblems (3.16) wird durch geometrische Überlegungen bestimmt. Jeder Vektor Ax liegt im Bildraum von A, nicht aber der Vektor b, wenn das überbestimmte lineare Gleichungssystem unlösbar ist.

Der Abstand von b zu Bild A ist durch den Lotfußpunkt von b gegeben. Für den zum Lotfußpunkt gehörenden Vektor x steht das Residuum $r = b - Ax$ senkrecht auf dem Bildraum. Da dieser aus den Spaltenvektoren von A aufgespannt wird, muss das Skalarprodukt jedes Spaltenvektors von A mit r Null sein. Also gilt $A^T r = 0$

Abb. 3.4 Residuenvektoren
eines überbestimmten LGS.
Oben: Nichtoptimales x.
Unten: Optimale Wahl von x
mit minimalem Residuum

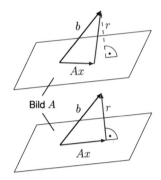

und die Ersatzlösung x ist die im Fall $\mathrm{rg}(A) = n$ eindeutige Lösung des Normalgleichungssystems (Abb. 3.4)

$$A^T A x = A^T b. \tag{3.17}$$

Beispiel 3.41 Gegeben sei das überbestimmte lineare Gleichungssystem $Ax = b$
mit

$$A = \begin{pmatrix} 2 & 1 \\ 1 & -1 \\ 0 & 3 \\ -2 & 5 \end{pmatrix}, \quad b = \begin{pmatrix} 1 \\ 6 \\ 3 \\ 1 \end{pmatrix}.$$

Dann lautet das Normalgleichungssystem

$$A^T A x = A^T b \iff \begin{pmatrix} 9 & -9 \\ -9 & 36 \end{pmatrix} \begin{pmatrix} x_1 \\ x_2 \end{pmatrix} = \begin{pmatrix} 6 \\ 9 \end{pmatrix}.$$

Es besitzt die eindeutige Lösung $x = \dfrac{1}{9} \begin{pmatrix} 11 \\ 5 \end{pmatrix}$.   △

Die Behandlung des Ausgleichsproblems durch explizite Berechnung von $A^T A$ und
Lösen des Normalgleichungssystems (3.17) ist nur für kleine und gut konditionierte
Matrizen praktikabel. Für große Matrizen ist die Berechnung von $A^T A$ aufwendig.
Bei schlecht konditionierten Matrizen wirkt sich fatal aus, dass die Kondition von
$A^T A$ nach Gleichung (3.10) das Quadrat der Kondition von A ist. Anstelle von (3.17)
löst man dann besser das Minimierungsproblem

$$\|b - Ax\|^2 \overset{!}{=} \min$$

mithilfe der reduzierten QR-Zerlegung von A. Ist diese durch

$$A = Q_1 R_1$$

gegeben, folgt

$$\|b - Ax\|^2 = \|b - Q_1 R_1 x\|^2 = \|b\|^2 - 2b^T Q_1 R_1 x + x^T R_1^T \underbrace{Q_1^T Q_1}_{=I} R_1 x$$

$$= \|b\|^2 - b^T Q_1 Q_1^T b + b^T Q_1 Q_1^T b - 2b^T Q_1 R_1 x + x^T R_1^T R_1 x$$

$$= \|b\|^2 - \left\| Q_1^T b \right\|^2 + \left\| Q_1^T b - R_1 x \right\|^2 .$$

Das Quadrat der Residuennorm wird genau dann minimal, wenn

$$R_1 x = Q_1^T b \tag{3.18}$$

gilt. Da $\mathrm{rg}(R_1) = n$ vorausgesetzt war, ist das lineare Gleichungssystem (3.18) eindeutig lösbar.

Beispiel 3.42 Gegeben seien

$$A = \begin{pmatrix} 2 & 1 \\ 1 & -1 \\ 0 & 3 \\ -2 & 5 \end{pmatrix}, \quad b = \begin{pmatrix} 1 \\ 6 \\ 3 \\ 1 \end{pmatrix}.$$

Dann lautet die reduzierte QR-Zerlegung von A:

$$\begin{pmatrix} 2 & 1 \\ 1 & -1 \\ 0 & 3 \\ -2 & 5 \end{pmatrix} = \frac{1}{3} \begin{pmatrix} 2 & \sqrt{3} \\ 1 & 0 \\ 0 & \sqrt{3} \\ -2 & \sqrt{3} \end{pmatrix} \begin{pmatrix} 3 & -3 \\ 0 & 3\sqrt{3} \end{pmatrix}.$$

Das lineare Gleichungssystem

$$R_1 x = Q_1^T b = \frac{1}{3} \begin{pmatrix} 6 \\ 5\sqrt{3} \end{pmatrix}$$

besitzt die Lösung

$$x = \frac{1}{9} \begin{pmatrix} 11 \\ 5 \end{pmatrix}.$$

$\triangle$

Bemerkung 3.43 Im Gegensatz zur Lösung eines quadratischen linearen Gleichungssystems kann sich die Ersatzösung eines überbestimmten linearen Gleichungssystems nach der Methode der kleinsten Quadrate ändern, wenn einzelne Gleichungen mit Skalaren multipliziert werden. Dividiert man z. B. die dritte Gleichung in Beispiel 3.41 durch 3, erhält man das überbestimmte lineare Gleichungssystem $Ax = b$ mit

$$A = \begin{pmatrix} 2 & 1 \\ 1 & -1 \\ 0 & 1 \\ -2 & 5 \end{pmatrix}, \quad b = \begin{pmatrix} 1 \\ 6 \\ 1 \\ 1 \end{pmatrix}.$$

Das Normalgleichungssystem lautet nun

$$\begin{pmatrix} 9 & -9 \\ -9 & 28 \end{pmatrix} \begin{pmatrix} x_1 \\ x_2 \end{pmatrix} = \begin{pmatrix} 6 \\ 1 \end{pmatrix},$$

und die Ersatzlösung ändert sich zu $\quad x = \dfrac{1}{57} \begin{pmatrix} 59 \\ 21 \end{pmatrix}.$ ◊

3.6.2   Unterbestimmte lineare Gleichungssysteme

Gegeben sei das lineare Gleichungssystem

$$Ax = b \tag{3.19}$$

mit $A \in \mathbb{R}^{m \times n}$ und $m < n$. In diesem Abschnitt wird vorausgesetzt, dass A den vollen Zeilenrang m hat. Das lineare Gleichungssystem besitzt somit unendlich viele Lösungen. In Anwendungen tritt dieser Fall dann auf, wenn für viele Freiheitsgrade zu wenige Messdaten vorliegen.

Um eine eindeutig lösbare Problemstellung zu erhalten, muss bzw. darf man Zusatzbedingungen stellen. Wir suchen im Folgenden denjenigen Lösungsvektor $x^* \in \mathbb{R}^n$, der die kleinste 2-Norm besitzt.

Ist x_p eine Partikulärlösung von $Ax = b$, dann ist der Lösungsraum durch $x_p + $ Kern A gegeben. Die gesuchte Minimallösung ist orthogonal zu Kern A (Abb. 3.5):

$$x^* \perp \text{Kern } A = (\text{Bild } A^T)^{\perp},$$

d. h. x^* liegt im Bildraum von A^T. Also erfüllt x^* die Bedingungen

$$Ax^* = b, \quad x^* = A^T y \quad \text{für ein } y \in \mathbb{R}^m.$$

Wir hatten vorausgesetzt, dass A den vollen Zeilenrang besitzt. Deshalb ist y die eindeutige Lösung des quadratischen linearen Gleichungssystems

$$AA^T y = b.$$

Abb. 3.5 Unterbestimmtes LGS

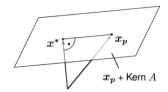

Die gesuchte Lösung mit minimaler Norm von (3.19) ist dann gegeben durch

$$x^* = A^T (AA^T)^{-1} b.$$

Wie beim Normalgleichungssystem ist die Berechnung von AA^T numerisch ungünstig. Praktisch löst man unterbestimmte lineare Gleichungssysteme mithilfe der reduzierten QR-Zerlegung von A^T. Aus $A^T = Q_1 R_1$ folgt

$$AA^T y = R_1^T \underbrace{Q_1^T Q_1}_{=I} R_1 y = R_1^T R_1 y.$$

Setzt man zur Vereinfachung noch $z := R_1 y$, löst man anstelle von (3.19) das rechte untere Dreieckssystem

$$R_1^T z = b$$

nach z auf und berechnet x^* aus

$$x^* = A^T y = Q_1 R_1 y = Q_1 z.$$

Beispiel 3.44 Gegeben seien

$$A = \begin{pmatrix} 2 & 1 & 1 \\ 1 & 2 & -1 \end{pmatrix}, \quad b = \begin{pmatrix} 3 \\ 4 \end{pmatrix}.$$

Dann lautet die reduzierte QR-Zerlegung von A^T

$$A^T = Q_1 R_1, \quad Q_1 = \frac{1}{6} \begin{pmatrix} 2\sqrt{6} & 0 \\ \sqrt{6} & 3\sqrt{2} \\ \sqrt{6} & -3\sqrt{2} \end{pmatrix}, \quad R_1 = \frac{1}{2} \begin{pmatrix} 2\sqrt{6} & \sqrt{6} \\ 0 & 3\sqrt{2} \end{pmatrix}.$$

Das lineare Gleichungssystem

$$R_1^T z = b$$

besitzt die Lösung

$$z = \frac{1}{6} \begin{pmatrix} 3\sqrt{6} \\ 5\sqrt{2} \end{pmatrix},$$

woraus schließlich

$$x^* = Q_1 z = \frac{1}{3} \begin{pmatrix} 3 \\ 4 \\ -1 \end{pmatrix}$$

folgt.   △

3.7   Zusammenfassung und Ausblick

Die vorgestellten Matrix-Faktorisierungen werden nicht nur bei der Lösung linearer Gleichungssysteme eingesetzt. Sie haben vielfältige Anwendungen in der numerischen linearen Algebra. Dies gilt vor allem für die QR-Zerlegung und das Householder-Verfahren, welchem wir bei der Eigenwertberechnung in Kapitel 5 wieder begegnen werden. Bei dünn besetzten Matrizen kann die Berechnung der QR-Zerlegung mit Givens-Rotationen günstiger sein als die Orthogonalisierung mit Householder oder Gram-Schmidt.

Eine weitere in der numerischen linearen Algebra häufig verwendete Zerlegung einer komplexen Matrix $A \in \mathbb{C}^{m \times n}$ ist die Singulärwertzerlegung

$$A = U \Sigma V^*,$$

welche für jede Matrix existiert und nie eindeutig ist. Dabei sind $U \in \mathbb{C}^{m \times m}$ und $V \in \mathbb{C}^{n \times n}$ unitäre Matrizen. V^* bezeichnet die konjugiert komplexe Transponierte von V. Die Matrix $\Sigma \in \mathbb{R}^{m \times n}$ besitzt die Einträge

$$\sigma_1 \geq \sigma_2 \geq \cdots \geq \sigma_r > 0$$

auf der Diagonale, alle anderen Einträge sind Null.

Die positiven Werte σ_j, $j = 1, \ldots, r$, sind die Singulärwerte von A. Aus

$$A^* A = \left(V \Sigma^T U^* \right) \left(U \Sigma V^* \right) = V \Sigma^T \Sigma V^* = V \begin{pmatrix} \sigma_1^2 & & & & & \\ & \ddots & & & & \\ & & \sigma_r^2 & & & \\ & & & 0 & & \\ & & & & \ddots & \\ & & & & & 0 \end{pmatrix} V^*$$

folgt, dass die Matrix $A^* A$ ähnlich zu $\Sigma^T \Sigma$ ist. Die Singulärwerte von A sind somit die Wurzeln der positiven Eigenwerte von $A^* A$. Die Spektralnorm von A stimmt mit dem größten Singulärwert σ_1 von A überein. Für symmetrische Matrizen sind die Singulärwerte die Beträge der Eigenwerte. Für unsymmetrische Matrizen gibt es keinen einfachen allgemein gültigen Zusammenhang zwischen Eigenwerten und Singulärwerten. Es sind nur Abschätzungen von Produkten von Beträgen von Eigenwerten durch Produkte von Singulärwerten bekannt.

Iterative Verfahren für lineare Gleichungssysteme

4

Viele physikalische Vorgänge werden mithilfe partieller Differentialgleichungen modelliert. Eine partielle Differentialgleichung ist eine Gleichung für eine gesuchte Funktion u von mehreren Veränderlichen, welche neben u und den Veränderlichen auch partielle Ableitungen von u enthält.

Beispiel 4.1 Die Potentialgleichung tritt unter anderem bei der Wärmeleitung, in der Elektrostatik und in der Fluiddynamik auf. Auf dem Einheitsquadrat $D = [0, 1] \times [0, 1]$ lautet sie

$$- u_{xx}(x, y) - u_{yy}(x, y) = f(x, y), \quad (x, y) \in D, \tag{4.1}$$

wobei die rechte Seite f als stetig vorausgesetzt wird. Die Gleichung besitzt eine eindeutige Lösung, wenn zusätzlich durch

$$u(x, y) = g(x, y) \ \text{für} \ (x, y) \in \partial D \tag{4.2}$$

mithilfe einer stetigen Funktion g Funktionswerte auf dem Rand ∂D vorgegeben werden.

Im Allgemeinen kann die Lösung von (4.1, 4.2) nicht analytisch berechnet werden. Ein populäres Näherungsverfahren besteht darin, das Gebiet D mit einem quadratischen Gitter mit Gitterkonstante $h = \frac{1}{m}$, $m \in \mathbb{N}$, zu überdecken und an den Gitterpunkten

$$(x_i, y_j) = (ih, jh), \quad i, j = 0, \dots, m,$$

Näherungswerte

$$u_{ij} \approx u(x_i, y_j)$$

M. Neher, *Numerische Mathematik*,
https://doi.org/10.1007/978-3-662-68815-1_4

Abb. 4.1 Einheitsquadrat
mit Gitter

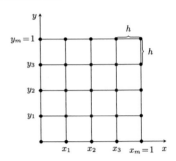

zu berechnen. Die partiellen Ableitungen werden dabei durch Differenzenquotienten approximiert. Mit Taylor-Entwicklung gilt (Abb. 4.1)

$$u_{xx}(x_i, y_j) = \frac{u(x_i + h, y_j) - 2u(x_i, y_j) + u(x_i - h, y_j)}{h^2} + O(h^2)$$
$$\approx \frac{u(x_{i+1}, y_j) - 2u(x_i, y_j) + u(x_{i-1}, y_j)}{h^2} \approx \frac{u_{i+1,j} - 2u_{ij} + u_{i-1,j}}{h^2}.$$

Führt man dieselbe Approximation für u_{yy} durch, erhält man aus (4.1) in jedem inneren Gitterpunkt (x_i, y_j) die Beziehung

$$-\frac{u_{i+1,j} - 2u_{ij} + u_{i-1,j}}{h^2} - \frac{u_{i,j+1} - 2u_{ij} + u_{i,j-1}}{h^2} = f(x_i, y_j)$$
$$\Longleftrightarrow \quad -u_{i,j-1} - u_{i-1,j} + 4u_{ij} - u_{i+1,j} - u_{i,j+1} = h^2 f(x_i, y_j). \qquad (4.3)$$

Falls in (4.3) Randgitterpunkte vorkommen, sind die zugehörigen u_{ij} durch die Funktion g definiert. Insgesamt entsteht ein eindeutig lösbares lineares Gleichungssystem $Au = b$ mit Koeffizientenmatrix $A \in \mathbb{R}^{n \times n}$ und rechter Seite $b \in \mathbb{R}^n$, $n = (m-1)^2$, für die gesuchten Näherungswerte in den inneren Gitterpunkten.

Für feine Gitter ist die Dimension n der Matrix A aus Beispiel 4.1 groß, sodass die Anwendung des Gauß-Algorithmus mit seinen $O(n^3)$ Operationen zu aufwändig wäre. Außerdem wurden bei der Herleitung von A Diskretisierungsfehler in Kauf genommen. Daher ist es nicht mehr notwendig, das lineare Gleichungssystem $Ax = b$ exakt zu lösen, denn auch die exakte Lösung trägt einen Modellfehler in sich. Stattdessen sucht man nach Alternativen zum Gauß-Algorithmus, welche mit geringerem Aufwand eine Näherungslösung von $Ax = b$ berechnen.

Meist geschieht dies iterativ. Eine Näherungslösung $\tilde{x}$ wird so lange verbessert, bis ein geeignet gewähltes Genauigkeitskriterium erfüllt ist. Häufig beurteilt man die Güte von $\tilde{x}$ anhand des Residuenvektors $r = b - A\tilde{x}$. Bezeichnet $x^* = A^{-1}b$ die exakte Lösung, dann gelten für jede mit der zugrunde gelegten Vektornorm verträgliche Matrixnorm die Fehlerabschätzungen

$$\left\| x^* - \tilde{x} \right\| = \left\| A^{-1}b - A^{-1}A\tilde{x} \right\| = \left\| A^{-1}(b - A\tilde{x}) \right\| \leq \left\| A^{-1} \right\| \, \|r\| ,$$

$$\frac{\left\| x^* - \tilde{x} \right\|}{\|x^*\|} \leq \frac{\|A\| \, \left\| A^{-1} \right\| \, \|r\|}{\|A\| \, \|x^*\|} \leq \frac{\|A\| \, \left\| A^{-1} \right\| \, \|r\|}{\|Ax^*\|} = \kappa(A)\frac{\|r\|}{\|b\|}.$$

Falls die Kondition von A nicht zu groß ist, ist $\tilde{x}$ eine gute Näherungslösung, wenn die Norm des Residuums im Vergleich zur Norm der rechten Seite b klein ist.

An Beispiel 4.1 lässt sich noch etwas ablesen, was für viele in Anwendungen entstehenden linearen Gleichungssysteme typisch ist: In jeder Gleichung sind nur wenige Unbekannte miteinander gekoppelt. Dadurch stehen in jeder Zeile der Koeffizientenmatrix nur wenige von Null verschiedene Einträge. Solche Matrizen nennt man dünn besetzt. Eine dünn besetzte Matrix kann mit linearem (statt allgemein quadratischem) Aufwand mit einem Vektor multipliziert werden, was bei der Konstruktion von Iterationsverfahren von entscheidender Bedeutung ist.

Im Folgenden stellen wir drei verschiedene Ansätze zur Konstruktion von Iterationsverfahren für lineare Gleichungssysteme vor: Splitting-Verfahren, Abstiegsverfahren und Krylov-Unterraum-Verfahren in ihrer Eigenschaft als Projektionsverfahren. Diese Verfahrensklassen sind nicht disjunkt. Unsere Einteilung beruht auf den fundamental unterschiedlichen Herleitungen.

Als typische Vertreter der Splitting-Verfahren besprechen wir das Jacobi-Verfahren und das Gauß-Seidel-Verfahren. Bei den Abstiegsverfahren diskutieren wir die Methode des steilsten Abstiegs und das cg-Verfahren. Als Projektionsverfahren behandeln wir die auf der Arnoldi-Iteration basierenden Krylov-Unterraum-Verfahren FOM und GMRES.

4.1 Splitting-Verfahren für lineare Gleichungssysteme

Splitting-Verfahren zur näherungsweisen Lösung eines linearen Gleichungssystems $Ax = b$ verwenden eine Zerlegung

$$A = M - N$$

mit einer invertierbaren Matrix M, um durch

$$Ax = b \iff Mx = Nx + b \iff x = M^{-1}Nx + M^{-1}b$$

eine iterationsfähige Gestalt herzuleiten.

4.1.1 Fixpunktiteration für lineare Gleichungssysteme

Aus $Ax = b$, $A = M - N$ erhält man für invertierbares M die Fixpunktgestalt

$$x = Tx + u$$

mit $T := M^{-1}N$ und $u := M^{-1}b$. Sie führt auf die folgende Vektoriteration:

$$\begin{cases} x^{(0)} \in \mathbb{R}^n \\ x^{(k+1)} := Tx^{(k)} + u, \quad k = 0, 1, \dots \end{cases}$$

Die Konvergenz dieser Iteration beruht auf dem Banach'schen Fixpunktsatz.

Satz 4.2 *Es sei $\|T\| < 1$ für eine mit der Vektornorm $\|.\|$ verträgliche Matrixnorm. Dann gilt:*

1. Die Gleichung $x = Tx + u$ besitzt (für jedes $u \in \mathbb{R}^n$) genau eine Lösung x^*.
2. Das Iterationsverfahren

$$x^{(k+1)} := Tx^{(k)} + u, \quad k = 0, 1, \dots,$$

konvergiert für jeden Startwert $x^{(0)}$ gegen x^*.
3. Es gelten die Fehlerabschätzungen

$$\left\| x^{(k)} - x^* \right\| \leq \frac{\|T\|^k}{1 - \|T\|} \left\| x^{(1)} - x^{(0)} \right\| \qquad \text{(a priori)},$$

$$\left\| x^{(k)} - x^* \right\| \leq \frac{\|T\|}{1 - \|T\|} \left\| x^{(k)} - x^{(k-1)} \right\| \qquad \text{(a posteriori)}.$$

Beweis Setzt man $f(x) := Tx + u$, folgt aus

$$\|f(x) - f(y)\| = \|T(x - y)\| \leq \|T\| \, \|x - y\|,$$

dass f eine kontrahierende Selbstabbildung auf $\mathbb{R}^n$ ist. Die Behauptung folgt aus dem Banach'schen Fixpunktsatz (Satz 2.18) mit Kontraktionskonstante $L = \|T\|$. $\square$

In der Praxis ist es schwierig, für eine gegebene Matrix T die in Satz 4.2 geforderte Kontraktionsbedingung zu bestätigen. Da alle Matrixnormen äquivalent sind, genügt es, Kontraktion für eine beliebige Norm nachzuweisen. Dazu ist der folgende Satz nützlich. Ein Anleitung zum Beweis findet sich beispielsweise in [13, Aufgabe I.10].

Satz 4.3 *Die Matrix $T \in \mathbb{R}^{n \times n}$ besitze den Spektralradius $\varrho(T) < 1$.*
Dann gibt es eine Vektornorm $\|.\|$, sodass in der induzierten Matrixnorm

$$\|T\| < 1$$

gilt.

Die Sätze 4.2 und 4.3 ergeben zusammen das folgende Korollar:

Korollar 4.4 *Die Matrix* $T \in \mathbb{R}^{n \times n}$ *besitze den Spektralradius* $\varrho(T) < 1$. *Dann konvergiert das Iterationsverfahren*

$$x^{(k+1)} := Tx^{(k)} + u, \quad k = 0, 1, \dots, \tag{4.4}$$

für jeden Startwert $x^{(0)}$ *gegen die eindeutige Lösung* x^* *der Gleichung*

$$x = Tx + u.$$

Man kann leicht zeigen, dass für eine Matrix T mit $\varrho(T) \geq 1$ Vektoren u und $x^{(0)}$ existieren, für die das Iterationsverfahren (4.4) nicht konvergiert. Damit kann man Korollar 4.4 noch verschärfen:

Korollar 4.5 *Das Iterationsverfahren (4.4) konvergiert genau dann für beliebiges* $u \in \mathbb{R}^n$ *für jeden Startwert* $x^{(0)}$ *gegen die eindeutige Lösung* x^* *der Gleichung*

$$x = Tx + u,$$

wenn $\varrho(T) < 1$ *gilt.*

4.1.2 Jacobi-Verfahren und Gauß-Seidel-Verfahren

Zwei klassische Splitting-Verfahren benutzen die Zerlegung $A = L + D + U$ nach dem folgenden Schema, wobei D nur die Diagonale von A enthält:

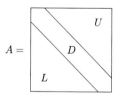

Das Jacobi-Verfahren (Gesamtschrittverfahren; Jacobi 1845) verwendet die Zerlegung

$$Ax = b \iff Dx = -(L + U)x + b.$$

Falls alle Diagonalelemente von A ungleich Null sind, ist D invertierbar. Das Jacobi-Verfahren lautet dann

$$(\text{GSV}) \quad \begin{cases} x^{(0)} \in \mathbb{R}^n \\ x^{(k+1)} = -D^{-1}(L + U)x^{(k)} + D^{-1}b, \quad k = 0, 1, \dots. \end{cases}$$

Praktisch wird es mit dem folgenden Algorithmus durchgeführt:

Algorithmus 4.1: Jacobi-Verfahren

Gegeben: $A \in \mathbb{R}^{n \times n}$; $b, x^{(0)} \in \mathbb{R}^n$; Abbruchbedingung.

Für $k = 0, 1, \ldots$:

Für $i = 1, 2, \ldots, n$:

$$x_i^{(k+1)} := \frac{1}{a_{ii}} \left(b_i - \sum_{j=1}^{i-1} a_{ij} x_j^{(k)} - \sum_{j=i+1}^{n} a_{ij} x_j^{(k)} \right)$$

Als Abbruchkriterium kann man die Bedingung

$$\left\| x^{(k+1)} - x^{(k)} \right\| \leq \varepsilon$$

(die Iterierten ändern sich nicht mehr signifikant) oder die Bedingung

$$\left\| b - Ax^{(k)} \right\| \leq \varepsilon$$

(die Norm des Residuums $r^{(k)} := b - Ax^{(k)}$ ist hinreichend klein) für einen vorgegebenen Toleranzparameter $\varepsilon > 0$ verwenden.

Das Gauß-Seidel-Verfahren (Einzelschrittverfahren; Gauß 1845, Seidel 1874) benutzt die Zerlegung

$$Ax = b \iff (D + L)x = -Ux + b.$$

Ist $D + L$ invertierbar, lautet das Gauß-Seidel-Verfahren

$$(\text{ESV}) \quad \begin{cases} x^{(0)} \in \mathbb{R}^n \\ x^{(k+1)} = -(D + L)^{-1} U x^{(k)} + (D + L)^{-1} b, \quad k = 0, 1, \ldots. \end{cases}$$

Zur praktischen Durchführung ist die Berechnung von $(D + L)^{-1}$ nicht notwendig. Man verwendet die Beziehung

$$(D + L)x^{(k+1)} = -Ux^{(k)} + b \iff Dx^{(k+1)} = -Lx^{(k+1)} - Ux^{(k)} + b.$$

Falls alle Diagonalelemente von A ungleich Null sind, erhält man

$$x^{(k+1)} = -D^{-1}Lx^{(k+1)} - D^{-1}Ux^{(k)} + D^{-1}b$$

und somit den folgenden Algorithmus zur Durchführung des Gauß-Seidel-Verfahrens:

Algorithmus 4.2: Gauß-Seidel-Verfahren

Gegeben: $A \in \mathbb{R}^{n \times n}$; b, $x^{(0)} \in \mathbb{R}^n$; Abbruchbedingung.

Für $k = 0, 1, \ldots$:

Für $i = 1, 2, \ldots, n$:

$$x_i^{(k+1)} := \frac{1}{a_{ii}} \left(b_i - \sum_{j=1}^{i-1} a_{ij} x_j^{(k+1)} - \sum_{j=i+1}^{n} a_{ij} x_j^{(k)} \right)$$

Im i-ten Schritt der inneren Iteration treten auf der rechten Seite nur Komponenten von $x^{(k+1)}$ auf, welche in den vorangegangenen Schritten der inneren Iteration bereits berechnet wurden. Da von $x^{(k)}$ und $x^{(k+1)}$ nie die gleiche Komponente benötigt wird, kann man $x^{(k)}$ fortlaufend komponentenweise mit $x^{(k+1)}$ überschreiben. Bezeichnet $C := A - \text{diag}(A)$ die Matrix, die man erhält, wenn man die Diagonalelemente von A Null setzt, und c^i den i-ten Zeilenvektor von C, ist das Gauß-Seidel-Verfahren durch die Iteration

$$\text{Für } k = 0, 1, \ldots :$$
$$\text{Für } i = 1, 2, \ldots, n :$$
$$x_i := (b_i - c^i x)/a_{ii}$$

beschrieben.

Beispiel 4.6 Es sei

$$A = \begin{pmatrix} 2 & 0 & -1 \\ 1 & 2 & -1 \\ 0 & 1 & 2 \end{pmatrix}, \quad b = \begin{pmatrix} 1 \\ 2 \\ 3 \end{pmatrix}, \quad x = x^{(0)} = \begin{pmatrix} 0 \\ 0 \\ 0 \end{pmatrix}$$

Setzt man die Diagonalelemente von A Null, liefert die zyklische Iteration (über i)

$$x_i := \frac{1}{2} \left\{ \begin{pmatrix} 1 \\ 2 \\ 3 \end{pmatrix} - \begin{pmatrix} 0 & 0 & -1 \\ 1 & 0 & -1 \\ 0 & 1 & 0 \end{pmatrix} \begin{pmatrix} x_1 \\ x_2 \\ x_3 \end{pmatrix} \right\}_i$$

nach jedem Durchlauf der inneren Schleife die folgenden Iterierten:

$$x^{(0)} = \begin{pmatrix} 0 \\ 0 \\ 0 \end{pmatrix}, \quad x^{(1)} = \begin{pmatrix} \frac{1}{2} \\ \frac{3}{4} \\ \frac{9}{8} \end{pmatrix}, \quad x^{(2)} = \begin{pmatrix} \frac{17}{16} \\ \frac{33}{32} \\ \frac{63}{64} \end{pmatrix}, \quad x^{(3)} = \begin{pmatrix} \frac{127}{128} \\ \frac{255}{256} \\ \frac{513}{512} \end{pmatrix}, \quad \ldots, \quad \rightarrow \begin{pmatrix} 1 \\ 1 \\ 1 \end{pmatrix}.$$

$\triangle$

Zum Abschluss dieses Unterabschnitts geben wir noch eine Matrizenklasse an, für die das Jacobi-Verfahren und das Gauß-Seidel-Verfahren konvergieren:

Satz 4.7 *Ist die Matrix* $A \in \mathbb{R}^{n \times n}$ *strikt diagonaldominant, dann konvergieren sowohl das Jacobi-Verfahren als auch das Gauß-Seidel-Verfahren für A.*

Beweis

1. Die Iterationsmatrix des Jacobi-Verfahrens ist

$$T := -D^{-1}(L + U) = (t_{ij}) \ \text{ mit } \ t_{ij} = \begin{cases} 0 & \text{für } i = j, \\[2mm] -\dfrac{a_{ij}}{a_{ii}} & \text{für } i \neq j. \end{cases}$$

Für $i = 1, 2, \ldots, n$ gilt wegen der strikten Diagonaldominanz von A die Abschätzung

$$\sum_{j=1}^{n} |t_{ij}| = \frac{1}{|a_{ii}|} \sum_{\substack{j=1 \\ j \neq i}}^{n} |a_{ij}| < 1,$$

woraus

$$q := \left\| D^{-1}(L + U) \right\|_{\infty} = \|T\|_{\infty} < 1 \tag{4.5}$$

folgt. Das Jacobi-Verfahren konvergiert dann nach Satz 4.2.
2. Beim Gauß-Seidel-Verfahren lautet die Iterationsmatrix

$$T := -(D + L)^{-1}U.$$

Wir beweisen nun, dass

$$\|T\|_{\infty} \leq q$$

mit $q < 1$ aus (4.5) gilt.
Für $x \in \mathbb{R}^n$ berechnet sich $y := Tx$ folgendermaßen:

$$y_i := -\frac{1}{a_{ii}} \left(\sum_{j=1}^{i-1} a_{ij} \, y_j + \sum_{j=i+1}^{n} a_{ij} \, x_j \right).$$

Mit vollständiger Induktion zeigen wir, dass aus $\|x\|_{\infty} = 1$ folgt, dass $\|y\|_{\infty} \leq q$ gilt. Man beachte, dass jede Komponente eines Einheitsvektors bezüglich der Maximumnorm durch 1 beschränkt ist:

$$|x_j| \leq 1 \ \text{ für } \ j = 1, 2, \ldots, n.$$

Der Induktionsanfang lautet:

$$|y_1| = \frac{1}{|a_{11}|} \left| \sum_{j=2}^{n} a_{1j} x_j \right| \leq \frac{1}{|a_{11}|} \sum_{j=2}^{n} |a_{1j}| \leq q.$$

Sei nun als Induktionsvoraussetzung

$$|y_i| \leq q \quad \text{für} \quad i = 1, 2, \ldots, k-1, \quad k \geq 2$$

angenommen. Dann erfolgt der Induktionsschluss von $k-1$ auf k durch

$$|y_k| \leq \frac{1}{|a_{kk}|} \sum_{j=1}^{k-1} |a_{kj}| \underbrace{|y_j|}_{\leq q} + \sum_{j=k+1}^{n} |a_{kj}| \underbrace{|x_j|}_{\leq 1} \leq \frac{1}{|a_{kk}|} \sum_{\substack{j=1 \\ j \neq k}}^{n} |a_{kj}| \leq q.$$

$\square$

4.2 Abstiegsverfahren

Zu einem gegebenen linearen Gleichungssystem $Ax = b$ mit positiv definiter Koeffizientenmatrix $A = (a_{ij}) \in \mathbb{R}^{n \times n}$ betrachten wir die Minimierungsaufgabe

$$F(v) := \frac{1}{2} v^T A v - b^T v \stackrel{!}{=} \min, \quad v \in \mathbb{R}^n, \tag{4.6}$$

für die reellwertige Funktion $F \colon \mathbb{R}^n \to \mathbb{R}$. Es ist

$$\frac{\partial}{\partial v_i} F(v) = \frac{\partial}{\partial v_i} \left(\frac{1}{2} \sum_{\mu=1}^{n} \sum_{\nu=1}^{n} a_{\mu\nu} v_\mu v_\nu - \sum_{\mu=1}^{n} b_\mu v_\mu \right)$$

$$= \frac{1}{2} \sum_{\nu=1}^{n} a_{i\nu} v_\nu + \frac{1}{2} \sum_{\mu=1}^{n} a_{\mu i} v_\mu - b_i = \sum_{\nu=1}^{n} a_{i\nu} v_\nu - b_i = (Av)_i - b_i,$$

wobei das vorletzte Gleichheitszeichen aus der Symmetrie von A folgt. Der Gradient von F ist

$$\operatorname{grad} F(v) = Av - b,$$

sodass der eindeutige Lösungsvektor x^* des linearen Gleichungssystems $Ax = b$ auch der einzige stationäre Punkt des quadratischen Funktionals F ist. Weiter folgt für $v \neq x^*$

$$F(v) = \frac{1}{2}v^T A\,v - b^T v$$

$$= \frac{1}{2}(v - x^*)^T A\,(v - x^*) + \frac{1}{2}\underbrace{(x^*)^T A}_{b^T}\,v + \frac{1}{2}v^T \underbrace{A\,x^*}_{b} - \frac{1}{2}(x^*)^T A\,x^* - b^T v$$

$$= \frac{1}{2}(v - x^*)^T A\,(v - x^*) + \frac{1}{2}(x^*)^T A\,x^* - (x^*)^T \underbrace{A\,x^*}_{b}$$

$$= \frac{1}{2}\underbrace{(v - x^*)^T A\,(v - x^*)}_{>\,0,\ \text{da } A \text{ spd}} + F(x^*) > F(x^*).$$

Somit ist x^* die eindeutig bestimmte absolute Minimalstelle von F. Diesen Zusammenhang kann man dazu verwenden, die Lösung des linearen Gleichungssystems $Ax = b$ durch die Minimierung des Funktionals F zu ersetzen. Hierzu bieten sich sogenannte Abstiegsverfahren an, in welchen F iterativ minimiert wird.

Ausgehend von einem Startvektor $x^{(0)} \in \mathbb{R}^n$ wählt man im k-ten Iterationsschritt eines Abstiegsverfahrens eine Suchrichtung $p^{(k)} \in \mathbb{R}^n$ und berechnet zu $p^{(k)}$ und der Iterierten $x^{(k)}$ die Zahl α_k als eindeutig bestimmte Lösung der eindimensionalen Minimierungsaufgabe

$$g(\alpha) := F\big(x^{(k)} + \alpha\,p^{(k)}\big) \overset{!}{=} \min. \tag{4.7}$$

Als nächste Iterierte verwendet man

$$x^{(k+1)} = x^{(k)} + \alpha_k\,p^{(k)}.$$

Wir lösen nun das Minimierungsproblem (4.7). Zur besseren Lesbarkeit verzichten wir vorübergehend auf Iterationsindizes an den beteiligten Vektoren (Abb. 4.2 und 4.3).

Da A symmetrisch vorausgesetzt war, gilt zunächst für beliebige Vektoren v und w

$$v^T A w = (A^T v)^T w = (Av)^T w = w^T A v,$$

Abb. 4.2 Graph von F

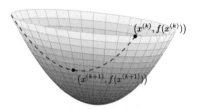

Abb. 4.3 Lösung des
1D-Minimierungsproblems

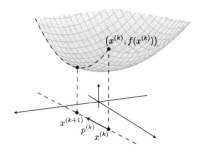

sodass wir v und w in $v^T A w$ nach Belieben tauschen dürfen. Für eine gegebene Stelle x und eine gegebene Suchrichtung p ergibt sich die Minimalstelle der Funktion

$$g(\alpha) = F(x + \alpha p) = \frac{1}{2}(x + \alpha p)^T A(x + \alpha p) - b^T(x + \alpha p)$$

$$= \frac{1}{2}x^T A x + \alpha x^T A p + \frac{1}{2}\alpha^2 p^T A p - b^T x - \alpha b^T p$$

$$= \frac{1}{2}\alpha^2 p^T A p + \alpha p^T(A x - b) + \frac{1}{2}x^T A x - b^T x$$

aus der notwendigen Bedingung

$$g'(\alpha) = \alpha p^T A p + p^T(A x - b) \overset{!}{=} 0$$

zu

$$\alpha = \frac{p^T(b - A x)}{p^T A p} = \frac{p^T r}{p^T A p}.$$

Algorithmus 4.3: Abstiegsverfahren

Gegeben: $A \in \mathbb{R}^{n \times n}$, spd; $b, x^{(0)} \in \mathbb{R}^n$; Abbruchbedingung.

Für $k = 0, 1 \ldots$:

$r^{(k)} := b - A x^{(k)}$ Residuum

Falls $r^{(k)} = 0$: $x^{(k)}$ löst $A x = b$ Abbruch

Wähle eine Suchrichtung $p^{(k)} \in \mathbb{R}^n$ Suchrichtung

$\alpha_k := \dfrac{(p^{(k)}, r^{(k)})}{(p^{(k)}, A p^{(k)})}$ Schrittweite

$x^{(k+1)} := x^{(k)} + \alpha_k p^{(k)}$ Näherungslösung

In Algorithmus 4.3 ist ein allgemeines Abstiegsverfahren durch Vektoriteration beschrieben. Zur besseren Lesbarkeit wird darin das Skalarprodukt zur Euklid-Norm im $\mathbb{R}^n$ mit runden Klammern notiert:

$$(x, y) = x^T y \ \text{ für } \ x, y \in \mathbb{R}^n.$$

4.2.1 Die Methode des steilsten Abstiegs

Die Wahl der Suchrichtung ist in Abstiegsverfahren prinzipiell beliebig. Bei der Methode des steilsten Abstiegs wählt man speziell die negative Richtung des Gradienten von F an der Stelle x_k,

$$p^{(k)} = -\operatorname{grad} F\left(x^{(k)}\right) = b - A x^{(k)} = r^{(k)},$$

da die Funktion F in diese Richtung lokal am stärksten abnimmt. Im k-ten Schritt dieses Algorithmus treten dann zwei Matrix-Vektor-Produkte auf: $A x^{(k)}$ zur Berechnung des Residuums $r^{(k)}$ sowie $A r^{(k)}$ zur Berechnung der Schrittweite α_k. Das erste Produkt kann man wegen

$$r^{(k+1)} = b - A x^{(k+1)} = b - A x^{(k)} - \alpha_k A r^{(k)} = r^{(k)} - \alpha_k A r^{(k)}$$

durch das zweite Produkt des vorherigen Schritts ersetzen. Mit der Hilfsvariable $d^{(k)} := A r^{(k)}$ ergibt sich die praktische Variante der Methode des steilsten Abstiegs in Form von Algorithmus 4.4.

Beispiel 4.8 Die Methode des steilsten Abstiegs liefert für das lineare Gleichungssystem

$$\begin{pmatrix} 1 & \frac{1}{2} \\ \frac{1}{2} & \frac{1}{3} \end{pmatrix} \begin{pmatrix} x \\ y \end{pmatrix} = \begin{pmatrix} 7 \\ 4 \end{pmatrix} \tag{4.8}$$

und den Startwert $(x_0, y_0) = (7, 1)$ die folgenden Iterierten:

$$(x_1, y_1) = (6.210526, 1.263158), \quad (x_{20}, y_{20}) = (4.373975, 5.376709),$$

$$(x_{40}, y_{40}) = (4.046619, 5.922302), \quad (x_{60}, y_{60}) = (4.005811, 5.990314),$$

$$(x_{80}, y_{80}) = (4.000724, 5.998793), \quad (x_{100}, y_{100}) = (4.000090, 5.999849).$$

Algorithmus 4.4: Praktische MdsA

Geg.: $A \in \mathbb{R}^{n \times n}$, spd; $b, x^{(0)} \in \mathbb{R}^n$;
Abbruchbedingung.

$r^{(0)} := b - Ax^{(0)}$

Für $k = 0, 1 \dots$:

$d^{(k)} := Ar^{(k)}$

$\alpha_k := \dfrac{(r^{(k)}, r^{(k)})}{(r^{(k)}, d^{(k)})}$

$x^{(k+1)} := x^{(k)} + \alpha_k r^{(k)}$

$r^{(k+1)} := r^{(k)} - \alpha_k d^{(k)}$

Die Konvergenz der Iterierten gegen die Lösung $x^* = (4, 6)$ von (4.8) ist äußerst langsam, was sich leicht durch geometrische Überlegungen erklären lässt. Die Höhenlinien der Funktion F beschreiben konzentrische Ellipsen um den Lösungspunkt. In gewissen Regionen ändert der Gradient von F dabei auf kurzen Strecken seine Richtung sehr stark. Dies führt in der Methode des steilsten Abstiegs zu kleinen Schrittweiten und somit zu vielen Iterationsschritten. Der Polygonzug durch die Iterierten oszilliert dabei um eine Stromlinie (Abb. 4.4).

Beispiel 4.8 ist leider repräsentativ für das Verhalten der Methode des steilsten Abstiegs. Die lokal optimale Suchrichtung ist in der selten eine gute Wahl.

Abb. 4.4 Methode des steilsten Abstiegs

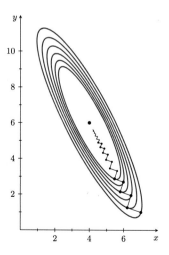

4.2.2 Das cg-Verfahren

Das cg-Verfahren (Verfahren der konjugierten Gradienten) wurde 1952 von Hestenes und Stiefel vorgeschlagen. Wie bei der Methode des steilsten Abstiegs wird das Funktional F aus (4.6) schrittweise minimiert. Bei der Wahl der Suchrichtungen wird aber ausgenutzt, dass die Höhenlinien von F konzentrische Ellipsoide im $\mathbb{R}^n$ um den Lösungspunkt x^* sind. Mithilfe geometrischer Überlegungen werden die Suchrichtungen so gewählt, dass das Verfahren nach spätestens n Schritten im Punkt x^* endet. Das cg-Verfahren ist in Algorithmus 4.5 zusammengefasst.

Bei Ausführung in exakter Arithmetik besitzt das cg-Verfahren die folgenden Eigenschaften:

Satz 4.9 *Die Matrix $A \in \mathbb{R}^{n \times n}$ sei symmetrisch und positiv definit. Dann gilt:*

1. *Die Abbruchbedingung $r^{(k+1)} = 0$ ist nach spätestens n Schritten erfüllt.*
2. *Solange die Abbruchbedingung nicht erfüllt ist, ist die Iteration durchführbar.*
3. *Die Residuenvektoren sind paarweise orthogonal:*

$$(r^{(j)}, r^{(k)}) = 0 \quad f\ddot{u}r \quad j < k.$$

4. *Die Residuenvektoren und die Suchrichtungen erfüllen die Orthogonalitätsbeziehung*

$$(p^{(j)}, r^{(k)}) = 0 \quad f\ddot{u}r \quad j < k.$$

5. *Die Suchrichtungen sind A-konjugiert, d.h. orthogonal bezüglich des Skalarprodukts $< x, y > := x^T A y$:*

$$(p^{(j)}, A p^{(k)}) = 0 \quad f\ddot{u}r \quad j < k.$$

6. *Die Vektoren $x^{(j)}$, $p^{(j)}$, $r^{(j)}$ und $A^j b$ spannen dieselben Untervektorräume des $\mathbb{R}^n$ auf:*

$$
\begin{aligned}
\mathcal{K}_k(A, b) &:= \operatorname{span}\{b, Ab, \dots, A^{k-1}b\} = \operatorname{span}\{r^{(0)}, r^{(1)}, \dots, r^{(k-1)}\} \\
&= \operatorname{span}\{p^{(0)}, p^{(1)}, \dots, p^{(k-1)}\} = \operatorname{span}\{x^{(1)}, x^{(2)}, \dots, x^{(k)}\}.
\end{aligned} \tag{4.9}
$$

Algorithmus 4.5: cg-Verfahren

Gegeben: $A \in \mathbb{R}^{n \times n}$, spd; $b \in \mathbb{R}^n$; $x^{(0)} = 0$, $r^{(0)} = b$, $p^{(0)} = r^{(0)}$; Abbruchbed.

Für $k = 0, 1 \ldots$:

$$\alpha_k := \frac{(r^{(k)}, r^{(k)})}{(p^{(k)}, Ap^{(k)})} \qquad \text{Schrittweite}$$

$$x^{(k+1)} := x^{(k)} + \alpha_k p^{(k)} \qquad \text{Näherungslösung}$$

$$r^{(k+1)} := r^{(k)} - \alpha_k Ap^{(k)} \qquad \text{Residuum}$$

Falls $r^{(k+1)} = 0$: $x^{(k+1)}$ löst $Ax = b$ Abbruch

$$\beta_k := \frac{(r^{(k+1)}, r^{(k+1)})}{(r^{(k)}, r^{(k)})} \qquad \text{Verbesserung im } k\text{-ten Schritt}$$

$$p^{(k+1)} := r^{(k+1)} + \beta_k p^{(k)} \qquad \text{Suchrichtung im nächsten Schritt}$$

Bemerkung 4.10

1. $\mathcal{K}_k = \mathcal{K}_k(A, b)$ heißt der von b aufgespannte Krylov-Unterraum (bezüglich A). Auf Krylov-Räume gehen wir im nächsten Abschnitt näher ein. Durch die Eigenschaft (4.9) gehört das cg-Verfahren zur Klasse der Krylov-Unterraum-Verfahren.
2. Da im $\mathbb{R}^n$ höchstens n Vektoren linear unabhängig sein können, gibt es einen Index $\ell \leq n - 1$ mit $\mathcal{K}_\ell = \mathcal{K}_{\ell+1} = \mathcal{K}_j$ für $j \geq \ell$.
3. Aus der 3. und 6. Behauptung von Satz 4.9 folgt, dass die Residuenvektoren linear unabhängig sind und somit eine Orthogonalbasis von $\mathcal{K}_k$ bilden. Weil die Dimension des Krylov-Unterraum höchstens n ist, gibt es einen Index $\ell \leq n$, für den $r^{(\ell)} = 0$ gilt. Also liefert das cg-Verfahren nach höchstens n Schritten die exakte Lösung x^* von $Ax = b$.
4. Die Iteration ist durchführbar, solange $p^{(k)} \neq 0$ und $r^{(k)} \neq 0$ gelten. Aus der 6. Behauptung des Satzes folgt, dass $p^{(k)} \neq 0$ gewährleistet ist, falls $r^{(k)} \neq 0$ erfüllt ist. Da die Iteration bei $r^{(k+1)} = 0$ beendet wird, ist sie durchführbar, bis x^* berechnet ist.
5. Für einen beliebig vorgegebenen Startwert $x^{(0)} \in \mathbb{R}^n$ ist im Algorithmus 4.5 $r^{(0)} := b$ durch $r^{(0)} := b - Ax^{(0)}$ zu ersetzen. Ansonsten wird das Verfahren unverändert durchgeführt. Die Behauptungen 1. bis 5. in Satz 4.9 gelten weiterhin, Behauptung 6. wird durch

$$x^{(k)} - x^{(0)} \in \text{span}\{r^{(0)}, Ar^{(0)}, \ldots, A^{k-1}r^{(0)}\}$$

ersetzt.   ◇

Beweis von Satz 4.9 Zu beweisen sind nach der Vorbemerkung noch die Behauptungen 3. bis 6.

von 6.: Die Identität $\text{span}\{p^{(0)}, p^{(1)}, \ldots, p^{(k-1)}\} = \text{span}\{r^{(0)}, r^{(1)}, \ldots, r^{(k-1)}\}$
ergibt sich mit vollständiger Induktion aus $p^{(0)} = r^{(0)}$ (Induktionsanfang),
$p^{(k+1)} = r^{(k+1)} + \beta_k p^{(k)}$ (Induktionsschluss). Analog folgt die letzte Identität
aus $x^{(0)} = 0$ und $x^{(k+1)} = x^{(k)} + \alpha_k p^{(k)}$ mit vollständiger Induktion.
Wiederum mit vollständiger Induktion zeigt man die erste Identität. Wegen $p^{(0)} = r^{(0)} = b$ darf als Induktionsvoraussetzung angenommen werden, dass

$$\text{span}\{r^{(0)}, r^{(1)}, \ldots, r^{(k-1)}\} = \text{span}\{p^{(0)}, p^{(1)}, \ldots, p^{(k-1)}\} = \mathcal{K}_k \qquad (4.10)$$

für ein $k < n$ gilt. Dann folgt

$$\text{span}\{r^{(0)}, r^{(1)}, \ldots, r^{(k)}\} = \mathcal{K}_{k+1}$$

aus $r^{(k+1)} = r^{(k)} - \alpha_k A p^{(k)}$.

von 3. bis 5.: Diese Beziehungen werden simultan mit vollständiger Induktion gezeigt.

Induktionsanfang:

$$(r^{(0)}, r^{(1)}) = (r^{(0)}, r^{(0)} - \alpha_0 A r^{(0)}) = \left(r^{(0)}, r^{(0)} - \frac{(r^{(0)}, r^{(0)})}{(r^{(0)}, A r^{(0)})} A r^{(0)}\right)$$

$$= (r^{(0)}, r^{(0)}) - \frac{(r^{(0)}, r^{(0)})}{(r^{(0)}, A r^{(0)})}(r^{(0)}, A r^{(0)}) = 0.$$

Wegen $p^{(0)} = r^{(0)}$ gilt auch $(p^{(0)}, r^{(1)}) = 0$. Weiter gilt

$$(p^{(0)}, A p^{(1)}) = (p^{(1)}, A p^{(0)}) = \frac{1}{\alpha_0}(r^{(1)} + \beta_0 p^{(0)}, r^{(0)} - r^{(1)})$$

$$= \frac{1}{\alpha_0}\left(\beta_0 (p^{(0)}, r^{(0)}) - (r^{(1)}, r^{(1)})\right) = \frac{1}{\alpha_0}\left(\beta_0 (r^{(0)}, r^{(0)}) - (r^{(1)}, r^{(1)})\right)$$

$$= \frac{1}{\alpha_0}\left(\frac{(r^{(1)}, r^{(1)})}{(r^{(0)}, r^{(0)})}(r^{(0)}, r^{(0)}) - (r^{(1)}, r^{(1)})\right) = 0.$$

Als Induktionsvoraussetzung dürfen wir nun im Induktionsschluss annehmen, dass die Orthogonalitätsbeziehungen

$$(r^{(j)}, r^{(k)}) = (p^{(j)}, r^{(k)}) = (p^{(j)}, A p^{(k)}) = 0 \quad \text{für} \quad j < k \qquad (4.11)$$

gelten. Durchzuführen ist der Induktionsschluss von k auf $k + 1$. Dieser wird zunächst für $j < k$ und anschließend für $j = k$ vorgenommen.

Für $j < k$ gilt

$$(p^{(j)}, r^{(k+1)}) = (p^{(j)}, r^{(k)}) - \alpha_k(p^{(j)}, Ap^{(k)}) = 0$$

aufgrund der Induktionsannahme (4.11). Für $j = k$ hat man

$$(p^{(k)}, r^{(k+1)}) = (p^{(k)}, r^{(k)}) - \alpha_k(p^{(k)}, Ap^{(k)})$$

$$= (p^{(k)}, r^{(k)}) - \frac{(r^{(k)}, r^{(k)})}{(p^{(k)}, Ap^{(k)})}(p^{(k)}, Ap^{(k)})$$

$$= (p^{(k)} - r^{(k)}, r^{(k)}) = \beta_{k-1}(p^{(k-1)}, r^{(k)}) = 0.$$

Damit ist der Induktionsschluss für die mittlere der drei Orthogonalitätsbeziehungen in (4.11) durchgeführt. $r^{(k+1)}$ ist somit orthogonal zu allen Vektoren in $\mathcal{K}_{k+1}$ aus (4.10), also auch zu $r^{(j)}$ mit $j < k+1$, wodurch der Induktionsschluss auch für die erste der drei Orthogonalitätsbeziehungen in (4.11) bewiesen ist.

Zum Nachweis der A-Orthogonalität der Suchrichtungen setzen wir zunächst wieder $j < k$ voraus. Dann gilt aufgrund der Induktionsannahme

$$(p^{(j)}, Ap^{(k+1)}) = (p^{(j)}, Ar^{(k+1)}) + \beta_k(p^{(j)}, Ap^{(k)}) = (p^{(j)}, Ar^{(k+1)}) = (r^{(k+1)}, Ap^{(j)}).$$

Das letzte Skalarprodukt verschwindet ebenfalls, da $p^{(j)}$ nach (4.9) in $\mathcal{K}_{j+1}$ und somit $Ap^{(j)}$ ebenfalls wegen (4.9) in $\mathcal{K}_{j+2} \subseteq \mathcal{K}_{k+1}$ liegt und $r^{(k+1)}$ zu diesem Raum orthogonal ist.

Zu zeigen ist noch die Beziehung $(p^{(k)}, Ap^{(k+1)}) = 0$. Da wir bereits $(r^{(k+1)}, r^{(k)}) = 0$ gezeigt haben, folgt schließlich:

$$(p^{(k)}, Ap^{(k+1)}) = (p^{(k)}, Ar^{(k+1)}) + \beta_k(p^{(k)}, Ap^{(k)})$$

$$= (p^{(k)}, Ar^{(k+1)}) + \frac{(r^{(k+1)}, r^{(k+1)})}{(r^{(k)}, r^{(k)})}(p^{(k)}, Ap^{(k)}) = \frac{1}{\alpha_k}\left(\alpha_k(p^{(k)}, Ar^{(k+1)}) + (r^{(k+1)}, r^{(k+1)})\right)$$

$$= \frac{1}{\alpha_k}\left(r^{(k+1)}, \alpha_k Ap^{(k)} + r^{(k+1)}\right) = \frac{1}{\alpha_k}(r^{(k+1)}, r^{(k)}) = 0. \qquad \square$$

Beispiel 4.11 Das cg-Verfahren für das lineare Gleichungssystem

$$\begin{pmatrix} 1 & \frac{1}{2} \\ \frac{1}{2} & \frac{1}{3} \end{pmatrix} \begin{pmatrix} x \\ y \end{pmatrix} = \begin{pmatrix} 7 \\ 4 \end{pmatrix}$$

und den Startwert $(x_0, y_0) = (7, 1)$ liefert die folgenden Iterierten:

$$(x_1, y_1) = \left(\frac{118}{19}, \frac{24}{19}\right) \approx (6.210526, 1.263158),$$

$$(x_2, y_2) = (4, 6).$$

Abb. 4.5 cg-Verfahren

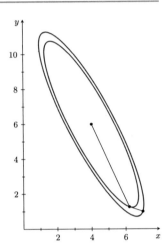

Der erste Iterationsschritt stimmt mit dem ersten Schritt der Methode des steilsten Abstiegs überein (Beispiel 4.8). Im zweiten Iterationsschritt wird anstelle des Gradienten eine A-konjugierte Suchrichtung benutzt, die direkt auf die Minimalstelle des Funktionals gerichtet ist. Das cg-Verfahren berechnet in zwei Schritten die exakte Lösung von $Ax = b$ (Abb. 4.5):

$$(x_2, y_2) = x^* = (4, 6). \qquad \triangle$$

In exakter Arithmetik ist das cg-Verfahren ebenso wie der Gauß-Algorithmus ein direktes, d. h. endliches Verfahren zur Lösung des linearen Gleichungssystems $Ax = b$. Allerdings gehen die Orthogonalitätseigenschaften der Residuenvektoren und Suchrichtungen aufgrund von Rundungsfehlern beim Rechnen in Gleitpunktarithmetik oft schon nach wenigen Iterierten verloren. Ohnehin ist die Durchführung von n Iterationsschritten des cg-Verfahrens für große Werte von n zu aufwendig. Die praktische Bedeutung des cg-Verfahrens liegt darin, dass man unter gewissen Bedingungen schon nach einer im Vergleich zu n geringen Zahl an Iterationsschritten eine zufriedenstellende Näherungslösung berechnen kann.

In den beiden folgenden Sätzen stellen wir noch wichtige Eigenschaften des cg-Verfahrens vor. Beweise finden sich in [13, Satz 9.5] sowie in [25, Satz 11.20].

Satz 4.12 *Die k-te Iterierte $x^{(k)}$ des cg-Verfahrens (Algorithmus 4.5) minimiert das Funktional F aus (4.6) im Krylov-Raum $\mathcal{K}_k$.*

Satz 4.13 *Die Koeffizientenmatrix A des linearen Gleichungssystems $Ax = b$ sei symmetrisch und positiv definit. x^* sei die eindeutige Lösung von $Ax = b$. Dann gilt für den Approximationsfehler der Iterierten $x^{(k)}$ des cg-Verfahrens (in exakter Arithmetik) die Fehlerabschätzung*

$$\frac{\left\| x^{(k)} - x^* \right\|_A}{\left\| x^{(0)} - x^* \right\|_A} \leq 2 \left(\frac{\sqrt{\kappa_2(A)} - 1}{\sqrt{\kappa_2(A)} + 1} \right)^k. \qquad (4.12)$$

Dabei bezeichnen $\|.\|_A$ die Energienorm und $\kappa_2(A) = |\lambda_{max}| / |\lambda_{min}|$ die Kondition von A bezüglich der Euklid-Norm.

4.2.3 Vorkonditionierung beim cg-Verfahren

Für $\kappa_2(A) = 1$ garantiert die Fehlerschranke (4.12) Konvergenz des cg-Verfahrens in einem Iterationsschritt. Mit wachsender Kondition von A wächst auch die Fehlerschranke (4.12). Beim praktischen Einsatz des cg-Verfahrens versucht man deshalb, das gegebene Gleichungssystem zunächst in ein äquivalentes mit kleinerer Kondition zu überführen. Dieser Prozess wird als Vorkonditionierung bezeichnet. Eine geeignete Vorkonditionierung kann die Konvergenz des cg-Verfahrens stark beschleunigen.

Kennt man eine Näherungsinverse $M^{-1} \approx A^{-1}$ und ist $M^{-1}A$ symmetrisch und positiv definit, kann man das cg-Verfahren auf das zu $Ax = b$ äquivalente System

$$M^{-1}Ax = M^{-1}b$$

anwenden. Ein etwas allgemeinerer Ansatz zur Vorkonditionierung benutzt die für jede invertierbare Matrix C geltende Äquivalenz

$$Ax = b \iff C^{-1}Ax = C^{-1}b \iff C^{-1}AC^{-T}C^{T}x = C^{-1}b.$$

Mit A ist auch $\widehat{A} := C^{-1}AC^{-T}$ symmetrisch und positiv definit. Setzt man noch $y := C^{T}x$, $c := C^{-1}b$, hat man $Ax = b$ in das äquivalente System

$$\widehat{A}y = c$$

überführt. Vorteilhaft sind nun solche Matrizen C, für die man $c = C^{-1}b$ und $x = C^{-T}y$ leicht berechnen kann und die die Kondition von A verringern.

Da $\widehat{A}$ ähnlich ist zu

$$C^{-T}\widehat{A}C^{T} = C^{-T}C^{-1}AC^{-T}C^{T} = (CC^{T})^{-1}A$$

und da die optimale Kondition für $\widehat{A} = I$ erreicht wird, sucht man nach Matrizen C, für die

$$(CC^{T}) \approx A$$

gilt. Ist A symmetrisch und positiv definit, existiert genau eine solche Zerlegung mit einer unteren Dreiecksmatrix C mit positiven Diagonalelementen, nämlich die Cholesky-Zerlegung aus Abschn. 3.1.4.

Der Aufwand ist zwar nur halb so hoch wie bei der LU-Zerlegung, aber für große Matrizen ist die Berechnung der vollständigen Cholesky-Zerlegung trotzdem nicht praktikabel. Falls die Matrix A jedoch dünn besetzt ist, eignen sich unvollständige Cholesky-Zerlegungen zur Vorkonditionierung im cg-Verfahren. Dabei setzt man

$c_{ij} = 0$, wenn $a_{ij} = 0$ gilt, und berechnet die übrigen Elemente von C nach den Formeln der Cholesky-Zerlegung. Manchmal genügt es, für C die Diagonalmatrix mit

$$c_{ii} = \sqrt{a_{ii}}, \quad i = 1, \ldots, n$$

zu verwenden.

4.3   Projektionsverfahren für lineare Gleichungssysteme

Projektionsverfahren zur Lösung von $Ax = b$ mit invertierbarer Matrix $A \in \mathbb{R}^{n \times n}$ benutzen in jedem Iterationsschritt zwei m-dimensionale Unterräume K_m und L_m des $\mathbb{R}^n$ zur Berechnung der nächsten Iterierten. Die Dimension dieser Unterräume darf vom Iterationsindex k abhängen. Im k-ten Schritt wird eine Näherungslösung

$$x^{(k)} \in K_m$$

unter der Projektionsbedingung

$$r^{(k)} = b - Ax^{(k)} \perp L_m \tag{4.13}$$

berechnet. Im Fall $K_m = L_m$ steht der Residuenvektor $r^{(k)}$ senkrecht auf K_m. Dann liegt eine Orthogonalprojektion vor, sonst eine schiefe Projektion. Die Orthogonalitätsbedingung (4.13) wird Petrov-Galerkin-Bedingung genannt, bei Orthogonalprojektion Galerkin-Bedingung.

Das Gauß-Seidel-Verfahren kann als Projektionsverfahren mit

$$K_m = L_m = \text{span}\{e_j\}, \quad j = 1, \ldots, n,$$

gedeutet werden, wobei e_j den j-ten Einheitsvektor im $\mathbb{R}^n$ bezeichnet und j die Werte 1 bis n zyklisch durchläuft. Auch die Methode des steilsten Abstiegs und das cg-Verfahren sind Projektionsverfahren.

In Krylov-Unterraum-Verfahren verwendet man für K_m im k-ten Iterationsschritt den von der Matrix A und dem Startresiduum $r^{(0)}$ aufgespannten k-ten Krylov-Unterraum $\mathcal{K}_k(A, r^{(0)})$. In Krylov-Unterraum-Verfahren mit schiefer Projektion ist

$$L_m = A\mathcal{K}_k(A, r^{(0)})$$

eine günstige Wahl, bei der die Folge der 2-Normen der Residuenvektoren monoton fällt. Im Folgenden setzen wir immer $x^{(0)} = 0$, $r^{(0)} = b$ voraus.

4.3.1 Krylov-Unterräume

Krylov-Räume entstehen durch wiederholte Multiplikation eines Vektors b mit einer Matrix A:

Definition 4.14 Der m-te Krylov-Raum $\mathcal{K}_m(A, b)$ zu einer Matrix $A \in \mathbb{R}^{n \times n}$ und einem Vektor $b \in \mathbb{R}^n, b \neq 0$, ist der von b und den Vektoren $A^k b, k = 1, 2, \ldots, m-1$, aufgespannte Untervektorraum des $\mathbb{R}^n$:

$$\mathcal{K}_m(A, b) = \operatorname{span}\{b, Ab, \ldots, A^{m-1}b\}.$$

Weil mehr als n Vektoren im $\mathbb{R}^n$ nicht linear unabhängig sein können, tritt irgendwann der Fall

$$A^m b \in \mathcal{K}_m(A, b), \quad \text{d. h. } \mathcal{K}_m(A, b) = \mathcal{K}_{m+1}(A, b)$$

ein. Die kleinste Zahl m, für die dies geschieht, nennt man den Invarianzindex des Krylov-Raums. Dann sind auch alle Vektoren $A^k b$ mit $k > m$ in $\mathcal{K}_m(A, b)$ enthalten, sodass der Raum seine maximale Größe erreicht hat. Ist ℓ der Invarianzindex von $\mathcal{K}_m(A, b)$, dann gilt

$$\dim \mathcal{K}_m(A, b) = \begin{cases} m & \text{für } m \leq \ell, \\ \ell & \text{für } m > \ell. \end{cases}$$

Beispiel 4.15 Es sei

$$A = \begin{pmatrix} 4 & -3 & 1 & -3 \\ 3 & -2 & 2 & -4 \\ 2 & -2 & 0 & -1 \\ 2 & -2 & -1 & 0 \end{pmatrix}, \quad b = \begin{pmatrix} 0 \\ 0 \\ 1 \\ 1 \end{pmatrix}.$$

Dann gilt

$$Ab = \begin{pmatrix} -2 \\ -2 \\ -1 \\ -1 \end{pmatrix} \notin \mathcal{K}_1(A, b), \quad A^2 b = \begin{pmatrix} 0 \\ 0 \\ 1 \\ 1 \end{pmatrix} = b \in \mathcal{K}_2(A, b).$$

Der Invarianzindex ist $\ell = 2$. $\qquad \triangle$

Wir erläutern nun, warum sich Krylov-Unterräume zur Approximation der Lösung x von $Ax = b$ eignen. Es sei ℓ der Invarianzindex des von A und b aufgespannten Krylov-Unterraums $\mathcal{K}_\ell(A, b)$. Dann gilt $A^\ell b \in \mathcal{K}_\ell(A, b)$, d. h. $A^\ell b$ besitzt die Darstellung

$$A^\ell b = \alpha_0 b + \sum_{k=1}^{\ell-1} \alpha_k A^k b \tag{4.14}$$

mit eindeutig bestimmten Koeffizienten α_k, $k = 0, \ldots, \ell - 1$. Dabei gilt $\alpha_0 \neq 0$, weil man sonst durch Multiplikation mit A^{-1} alle Potenzen von A in (4.14) um 1 reduzieren könnte, wodurch der Invarianzindex auf $\ell - 1$ sinken würde. Auflösen nach b und Multiplikation mit der Inversen von A ergibt

$$x = A^{-1}b = -\frac{1}{\alpha_0} \sum_{k=1}^{\ell-1} \alpha_k A^{k-1}b + \frac{1}{\alpha_0} A^{\ell-1}b.$$

Die Lösung x liegt also im Krylov-Unterraum $\mathcal{K}_\ell(A, b)$. Ist der Invarianzindex noch nicht erreicht, stellt im Fall $m < \ell$ jede Linearkombination

$$\widetilde{x} := \sum_{k=0}^{m-1} \widetilde{\alpha}_k A^k b$$

mit Koeffizienten $\widetilde{\alpha}_k \in \mathbb{R}$ eine Näherungslösung $\widetilde{x} \in \mathcal{K}_m(A, b) \subset \mathcal{K}_\ell(A, b)$ dar.

4.3.2 Krylov-Unterraum-Basen

Krylov-Unterraum-Verfahren bestimmen eine Näherungslösung $x^{(m)}$ des linearen Gleichungssystems $Ax = b$ im Krylov-Unterraum $\mathcal{K}_m(A, b)$. Diese ist eine Linearkombination der Basisvektoren $A^k b$,

$$x^{(m)} = \sum_{k=0}^{m-1} \gamma_k A^k b$$

mit eindeutig bestimmten Koeffizienten $\gamma_k \in \mathbb{R}$. Allerdings eignet sich diese Basis aus zwei Gründen nicht für numerische Berechnungen. Zum einen kann in Gleitpunktarithmetik numerischer Über- oder Unterlauf eintreten, wenn die Zahlenwerte der Komponenten den darstellbaren Zahlenbereich überschreiten oder gegen Null streben. Zum anderen werden die Basisvektoren für große m in der Regel nahezu linear abhängig. Präziser formuliert steigt die Kondition der Matrix C_m, deren Spaltenvektoren aus den Basisvektoren $b, Ab, \ldots, A^{m-1}b$ gebildet werden, mit wachsendem m stark an, wodurch $x^{(m)}$ bei Berechnung in Gleitpunktarithmetik verfälscht wird.

Über- oder Unterlauf kann durch Normierung der Vektoren verhindert werden, aber das Problem der näherungsweisen linearen Abhängigkeit lässt sich damit nicht bekämpfen. Dies zeigt folgende Überlegung: Wir nehmen an, dass es eine Basis des $\mathbb{R}^n$ aus Eigenvektoren z_j von A gibt und dass A einen dominanten Eigenwert λ_1 mit

$$|\lambda_1| > |\lambda_j| \quad \text{für } j > 1$$

besitzt. Aus $b = \sum\limits_{j=1}^{n} \alpha_j z_j$ folgt für große Werte von k

$$A^k b = \sum_{j=1}^{n} \alpha_j \lambda_j^k z_j \iff \frac{1}{\lambda_1^k} A^k b = \alpha_1 z_1 + \sum_{j=2}^{n} \alpha_j \left(\frac{\lambda_j}{\lambda_1} \right)^k z_j \approx \alpha_1 z_1.$$

In Gleitpunktarithmetik werden die Beiträge der nichtdominanten Eigenwerte von A zu $A^k b$ gewissermaßen weggerundet.

Beispiel 4.16 Es sei A die 10×10-Hilbert-Matrix

$$A = \begin{pmatrix} 1 & \frac{1}{2} & \frac{1}{3} & \cdots & \frac{1}{10} \\ \frac{1}{2} & \frac{1}{3} & \frac{1}{4} & \cdots & \frac{1}{11} \\ \vdots & \vdots & \vdots & \ddots & \vdots \\ \frac{1}{10} & \frac{1}{11} & \frac{1}{12} & \cdots & \frac{1}{19} \end{pmatrix}.$$

Sie besitzt den dominanten Eigenwert $\lambda_1 \approx 1.752$ und die weiteren Eigenwerte $\lambda_2 \approx 3.429 \cdot 10^{-1}$, $\lambda_3 \approx 3.574 \cdot 10^{-2}$, ..., $\lambda_{10} \approx 5.565 \cdot 10^{-14}$. Ein normierter Eigenvektor zum Eigenwert λ_1 ist

$$z_1 \approx (0.6995, 0.4260, 0.3170, 0.2555, 0.2153, 0.1866, 0.1649, 0.1480, 0.1343, 0.1230)^T.$$

Für den Vektor $b = (1, 1, \ldots, 1)^T$ gilt

$$\frac{A^4 b}{\|A^4 b\|} \approx (0.6990, 0.4261, 0.3172, 0.2558, 0.2155, 0.1868, 0.1652, 0.1482, 0.1345, 0.1232)^T,$$

$$\frac{A^5 b}{\|A^5 b\|} \approx (0.6994, 0.4260, 0.3170, 0.2556, 0.2153, 0.1866, 0.1650, 0.1480, 0.1344, 0.1231)^T.$$

Nach nur $k = 4$ Iterationsschritten stimmen $A^k b$ und $A^{k+1} b$ nach Normierung auf fast vier Nachkommastellen miteinander und mit dem Eigenvektor zum dominanten Eigenwert überein.   △

Ein wichtiger Aspekt jedes Krylov-Unterraum-Verfahrens ist daher, die Basisvektoren b, Ab, ..., $A^{m-1}b$ durch eine besser konditionierte Basis $\{v^1, \ldots, v^m\}$ des m-ten Krylov-Raums $\mathcal{K}_m(A, b)$ zu ersetzen, mit der die Näherungslösung $x^{(m)}$ von $Ax = b$ anschließend repräsentiert wird. Die am besten konditionierten Basen sind Orthonormalbasen. Im cg-Verfahren stehen die Residuenvektoren paarweise orthogonal zueinander, sodass man eine Orthonormalbasis des Krylov-Raums ohne zusätzlichen Aufwand erhält. Im Allgemeinen gilt das leider nicht.

Das Arnoldi-Verfahren (W. E. Arnoldi, 1951) berechnet eine Orthonormalbasis von $\mathcal{K}_m(A, b)$ durch modifizierte Gram-Schmidt-Orthogonalisierung. Man beachte, dass im $(m + 1)$-ten Schritt nicht der Vektor $A^m b$ zur Orthogonalisierung verwendet wird, sondern der aus der vorangehenden Iterierten berechnete Vektor Av^m. In exakter Arithmetik führen beide Varianten auf denselben Vektor v^{m+1}, aber in Gleitpunktarithmetik stabilisiert die Wahl von Av^m die Rechnung. Die Normierung der Basisvektoren in jedem Schritt verhindert Über- oder Unterlauf.

Algorithmus 4.6: Arnoldi-Verfahren

Gegeben: $A \in \mathbb{R}^{n \times n}$, $b \in \mathbb{R}^n$; $\operatorname{rg}(A) = n$.

$\beta := \|b\|$

$v^1 := \dfrac{b}{\beta}$

Für $m = 1, 2, \ldots$:

$\quad \tilde{v}^{m+1} := Av^m$

$\quad$ Für $j = 1, 2, \ldots, m$:

$\qquad h_{jm} := (v^j, \tilde{v}^{m+1})$

$\qquad \tilde{v}^{m+1} := \tilde{v}^{m+1} - h_{jm} v^j$

$\quad h_{m+1,m} := \|\tilde{v}^{m+1}\|$

$\quad v^{m+1} := \dfrac{\tilde{v}^{m+1}}{h_{m+1,m}}$

Beispiel 4.17 Für die Hilbert-Matrix aus Beispiel 4.16 liefert die Arnoldi-Iteration ausgehend von $b = (1, 1, \ldots, 1)^T$ die Iterierten

$$v^5 \approx (0.05461, -0.4294, 0.5094, 0.3280, -0.05103, -0.3000, -0.3522, -0.2246, 0.04514, 0.4201)^T,$$

$$v^6 \approx (0.01262, -0.1856, 0.5606, -0.2724, -0.4225, -0.1039, 0.2505, 0.3788, 0.1717, -0.3898)^T.$$

Die Vektoren v^m, $m = 1, \ldots, 6$, stehen paarweise orthogonal zueinander und würden in exakter Arithmetik den gesuchten Krylov-Unterraum $\mathcal{K}_6(A, b)$ aufspannen. Es besteht allerdings die Gefahr, dass die Rechnung durch akkumulierte Rundungsfehler verfälscht wird. Um dies zu untersuchen, kann man das Verhältnis der Normen von $\tilde{v}^m$ nach und vor dem Orthogonalisierungsprozess betrachten, also die Größe

$$\frac{h_{m+1,m}}{\|Av^m\|}$$

in Algorithmus 4.6. Führt man die Rechnung in Gleitpunktarithmetik gemäß IEEE 754 Double-Standard (siehe Kap. 8) mit ungefähr 16 Dezimalstellen durch, dann besitzt dieser Quotient für $\tilde{v}^6$ den Wert 0.03876. Ca. 96.124% der Länge von $\tilde{v}^6$ werden im Orthogonalisierungsprozess beseitigt, weil diese Anteile bereits im von $v^1, \ldots, v^5$ aufgespannten Unterraum liegen. Bei $\tilde{v}^{10}$ lautet der Quotient 0.006173, es tritt moderate Auslöschung in der Größenordnung von drei Dezimalstellen auf. Die Berechnung von $\tilde{v}_{11}$ bestätigt dies. Der Normquotient vor/nach Orthogonalisierung liegt hier bei $1.422 \cdot 10^{-13}$. In exakter Arithmetik ist $\tilde{v}_{11}$ nach Orthogonalisierung der Nullvektor. In Gleitpunktarithmetik werden die 13 führenden Dezimalstellen durch die Orthogonalisierung beseitigt, nur die letzten drei Stellen sind durch Rundungsfehler verfälscht.

Das Beispiel eignet sich auch zur Veranschaulichung des Unterschieds zwischen originaler und modifizierter Gram-Schmidt-Orthogonalisierung, wenn sie in Gleitpunktarithmetik durchgeführt werden. In originaler Gram-Schmidt-Orthogonalisierung hat der Normquotient von $\tilde{v}_{11}$ den Wert $1.982 \cdot 10^{-08}$. Hier gehen $16 - 8 = 8$ Stellen Genauigkeit verloren.   △

Das Arnoldi-Verfahren führt man so lange durch, bis ein geeignetes Abbruchkriterium erfüllt ist. Geeignet ist beispielsweise ein Abbruch, wenn $h_{m+1,m}$ eine vorgegebene Schranke unterschreitet.

Der Hauptaufwand im Arnoldi-Verfahren wird durch die Multiplikation von Vektoren mit der Matrix $A \in \mathbb{R}^{n \times n}$ verursacht. Bei einer dünn besetzten Matrix benötigt man jedoch nur $O(n)$ Operationen, um einen Vektor mit A zu multiplizieren. Im Vergleich zum Gauß-Algorithmus sind Krylov-Unterraum-Verfahren daher selbst bei vielen Arnoldi-Schritten erheblich günstiger.

4.3.3 Krylov-Unterraum-Verfahren

Der letzte Mosaikstein zur Konstruktion von Krylov-Unterraum-Verfahren ist eine formale Beschreibung des Arnoldi-Verfahrens. Im Folgenden wird vorausgesetzt, dass die Iterierte v^k für $k = 1, 2, \ldots, m$ in $\mathcal{K}_k(A, b) \setminus \mathcal{K}_{k-1}(A, b)$ liegt und der Invarianzindex noch nicht erreicht ist, d. h. dass $Av^m \notin \mathcal{K}_m(A, b)$ gilt. Die Basisvektoren v^k fassen wir als Spaltenvektoren zu einer Matrix $V_m \in \mathbb{R}^{n \times m}$ zusammen und sprechen dann salopp von der Basis V_m von $\mathcal{K}_m(A, b)$.

Mit den in Algorithmus 4.6 berechneten Zahlen $h_{1m}, \ldots, h_{m+1,m}$ gilt die Beziehung

$$Av^m = \sum_{j=1}^{m+1} h_{jm} v^j . \tag{4.15}$$

Dabei ist $h_{m+1,m} \neq 0$, da sonst der Invarianzindex des Krylov-Unterraums erreicht wäre. In Matrixschreibweise lautet (4.15)

$$AV_m = V_{m+1}\widetilde{H}_m$$

mit

$$
\tilde{H}_m =
\begin{pmatrix}
h_{11} & h_{12} & \cdots & \cdots & h_{1,m-1} & h_{1m} \\
h_{21} & h_{22} & \cdots & \cdots & \cdots & \vdots \\
 & h_{32} & \cdots & \cdots & \cdots & \vdots \\
 & & h_{43} & \cdots & \cdots & \vdots \\
 & & & \ddots & \cdots & \vdots \\
 & & & & h_{m,m-1} & h_{mm} \\
 & & & & & h_{m+1,m}
\end{pmatrix}
\in \mathbb{R}^{(m+1)\times m}.
$$

Die Matrix $\tilde{H}_m$ wird im Arnoldi-Verfahren spaltenweise aufgebaut, wobei bereits berechnete Spaltenvektoren mit Nullen ergänzt werden, wenn die Dimension vergrößert wird. Die Einträge unterhalb der ersten Nebendiagonale von $\tilde{H}_m$ sind Nullen. Solche Matrizen werden obere Hessenberg-Matrizen genannt.

Definition 4.18 Eine Matrix $H = \big(h_{ij}\big) \in \mathbb{R}^{k\times m}$ besitzt obere Hessenberg-Gestalt, wenn $h_{ij} = 0$ für $i > j + 1$ gilt. Eine Hessenberg-Matrix heißt nicht reduziert, wenn $h_{j+1,j} \neq 0$ für alle j gilt.

In dieser Sprechweise haben wir gezeigt:

Lemma 4.19 *Solange die Arnoldi-Iteration nicht abbricht, gibt es eine eindeutig bestimmte nicht reduzierte obere Hessenberg-Matrix $\tilde{H}_m \in \mathbb{R}^{(m+1)\times m}$, sodass*

$$
A V_m = V_{m+1} \tilde{H}_m \tag{4.16}
$$

gilt.

Bezeichnet $(\tilde{h}^i)^T$, $i = 1, 2, \ldots, m+1$, die Zeilenvektoren von $\tilde{H}_m$ und e^m den m-ten Einheitsvektor im $\mathbb{R}^m$, so lautet die letzte Zeile von $\tilde{H}_m$

$$
(\tilde{h}^{m+1})^T = h_{m+1,m}(e^m)^T.
$$

Nun sei H_m die Matrix, die durch Streichen dieser Zeile entsteht. Nach (B.1) folgt dann

$$
V_{m+1}\tilde{H}_m = \sum_{j=1}^{m+1} v^j (\tilde{h}^j)^T = \sum_{j=1}^{m} v^j (\tilde{h}^j)^T + v^{m+1}(\tilde{h}^{m+1})^T = V_m H_m + h_{m+1,m} v^{m+1}(e^m)^T,
$$

d.h. man kann die Beziehung (4.16) äquivalent in der Form

$$
A V_m = V_m H_m + h_{m+1,m} v^{m+1}(e^m)^T \tag{4.17}
$$

schreiben.

Die Arnoldi-Iteration bricht ab, wenn der Invarianzindex ℓ erreicht wird. Dieser Fall ist aber günstig, denn dann gilt

$$\tilde{v}^{m+1} = 0$$

und (4.17) wird zu

$$AV_m = V_m H_m.$$

Aus dieser Darstellung kann die exakte Lösung x von $Ax = b$ leicht berechnet werden. Da die v^k paarweise orthonormal sind, besitzt V_m den Rang m, was wegen der Invertierbarkeit von A auch für AV_m und somit für $V_m H_m$ gilt. Das letzte Produkt kann aber nur den Rang m besitzen, wenn $H_m \in \mathbb{R}^{m \times m}$ selbst den Rang m besitzt, also invertierbar ist.

Weiter gibt es wegen des vollen Spaltenrangs von V_m genau ein $y \in \mathbb{R}^m$ mit $x = V_m y$. Damit folgt unter Berücksichtigung von $b = \beta v^1$:

$$Ax = b \iff AV_m y = V_m H_m y \overset{!}{=} \beta v^1 = V_m(\beta e^1).$$

Wiederum aufgrund des vollen Spaltenrangs von V_m ist y der eindeutige Lösungsvektor des linearen Gleichungssystems

$$H_m y = \beta e^1,$$

welches die Dimension $m \ll n$ besitzt und durch Gauß-Elimination gelöst werden kann. Die Lösung x von $Ax = b$ ergibt sich dann aus $x = V_m y$.

Zuletzt ist noch zu erläutern, wie man im Normalfall, wenn die Arnoldi-Iteration nicht vorzeitig abbricht, eine Näherungslösung $x^{(m)} = V_m y^{(m)}$ im Krylov-Unterraum $\mathcal{K}_m(A, b)$ bestimmt. In diesem Fall gilt für das Residuum:

$$r = b - Ax^{(m)} \overset{(4.16)}{=} \beta v^1 - V_{m+1} \tilde{H}_m y^{(m)} = V_{m+1}(\beta e^1 - \tilde{H}_m y^{(m)}). \tag{4.18}$$

Da die Spalten von V_{m+1} orthonormal sind, gilt nach Bemerkung 3.32

$$\|r\| = \left\| V_{m+1}\left(\beta e^1 - \tilde{H}_m y^{(m)}\right) \right\| = \left\| \beta e^1 - \tilde{H}_m y^{(m)} \right\|. \tag{4.19}$$

In (4.18) und (4.19) sind β und $\tilde{H}_m$ durch die Arnoldi-Iteration eindeutig definiert. Der Vektor $y^{(m)}$ ist aber in jedem Iterationsschritt noch frei wählbar. Er wird nun zur Steuerung der Näherungslösung $x^{(m)}$ verwendet. Zwei Ansätze haben sich in der Praxis bewährt:

(I) Das Residuum von $x^{(m)}$ soll orthogonal zu $\mathcal{K}_m(A, b)$ stehen:

$$b - Ax^{(m)} \perp \mathcal{K}_m(A, b). \tag{4.20}$$

Die Galerkin-Bedingung (4.20) bedeutet anschaulich, dass eine Orthogonal-zerlegung des Residuums bezüglich $\mathcal{K}_m(A, b)$ durchgeführt wird und die in $\mathcal{K}_m(A, b)$ liegenden Anteile des Residuums herausgefiltert werden.

(II) Die Näherungslösung $x^{(m)}$ wird so bestimmt, dass sie das Residuum in $\mathcal{K}_m(A, b)$ bezüglich der 2-Norm minimiert,

$$x^{(m)} = \operatorname{argmin}_{x \in \mathcal{K}_m(A,b)} \|b - Ax\|.$$

In beiden Fällen wird die exakte Lösung von $Ax = b$ bestimmt, falls diese in $\mathcal{K}_m(A, b)$ liegt.

Im Ansatz (I) wird $r \perp V_m$, d. h. $V_m^T r = 0$, gefordert. Aus (4.18) folgt

$$0 = V_m^T V_{m+1}(\beta e^1 - \tilde{H}_m y^{(m)}). \tag{4.21}$$

Die Matrix $V_m^T V_{m+1} \in \mathbb{R}^{m \times (m+1)}$ ist die rechts um eine Nullspalte ergänzte Einheitsmatrix. Also ist

$$V_m^T V_{m+1} e^1 = e^1, \qquad V_m^T V_{m+1} \tilde{H}_m = H_m,$$

und aus (4.21) folgt wie beim Abbruch der Arnoldi-Iteration die Bedingung

$$H_m y^{(m)} = \beta e^1. \tag{4.22}$$

Der Fall, dass H_m nicht invertierbar ist, kann hier auftreten. Dann setzt man die Iteration ohne Berechnung einer Näherungslösung fort. Ist H_m invertierbar, folgt wie oben die formale Näherungslösung $x^{(m)} = \beta V_m H_m^{-1} e^1$, welche praktisch durch Gauß-Elimination berechnet wird. Dieses Verfahren heißt FOM (Full Orthogonalization Method, 1981 von Saad vorgeschlagen).

Die Norm des Residuums in (4.19) im Ansatz (II) zu minimieren,

$$\left\| \beta e^1 - \tilde{H}_m y^{(m)} \right\| \overset{!}{=} \min,$$

bedeutet, das überbestimmte lineare Gleichungssystem

$$\tilde{H}_m y^{(m)} = \beta e^1 \tag{4.23}$$

nach der Methode der kleinsten Quadrate zu lösen. Rechnerisch besteht der Unterschied zum Ansatz (I) darin, dass die Matrix H_m in (4.22) durch die Matrix $\tilde{H}_m$ ersetzt wird und der Einheitsvektor e^1 nun im $\mathbb{R}^{m+1}$ statt im $\mathbb{R}^m$ liegt. Die Normalgleichungen lauten

$$\tilde{H}_m^T \tilde{H}_m y^{(m)} = \beta \tilde{H}_m^T e^1.$$

Die Matrix $\tilde{H}_m$ besitzt nach Konstruktion vollen Spaltenrang, sodass

$$y^{(m)} = \beta (\tilde{H}_m^T \tilde{H}_m)^{-1} \tilde{H}_m^T e^1$$

Abb. 4.6 Hauptschritte von
FOM und GMRES

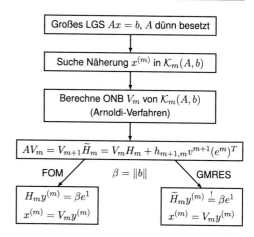

gilt, was schließlich auf die Näherungslösung

$$x^{(m)} = V_m y^{(m)} = \beta V_m (\widetilde{H}_m^T \widetilde{H}_m)^{-1} \widetilde{H}_m^T e^1 \qquad (4.24)$$

führt. Der Algorithmus, der die Näherungslösung so definiert, heißt GMRES (Generalized Minimal Residual Method, effiziente Implementierung von Saad und Schulz 1986). Dabei ist (4.24) nur eine formale Darstellung der Näherungslösung. Zur praktischen Berechnung von $x^{(m)}$ stellt man nicht die Normalgleichungen auf, sondern löst (4.23) mithilfe einer reduzierten QR-Zerlegung von $\widetilde{H}_m$ und setzt dann $x^{(m)} = V_m y^{(m)}$. Das Schema in Abb. 4.6 stellt die Hauptschritte kompakt zusammen.

Abb. 4.7 veranschaulicht die beiden Iterationsverfahren. Der Schnitt von $\mathcal{K}_m(A, b)$ und $A\mathcal{K}_m(A, b)$ besitzt die Dimension $m - 1$. Interpretiert man die Schnittkurve der beiden Ebenen als diesen $(m - 1)$-dimensionalen Raum, stellt die Abbildung für alle m die geometrischen Verhältnisse dar. Die Residuenvektoren r_I und r_{II} stehen

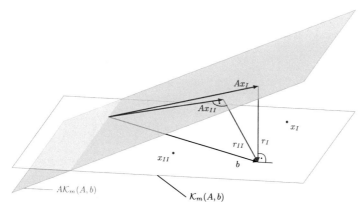

Abb. 4.7 FOM und GMRES

senkrecht auf $\mathcal{K}_m(A, b)$ (FOM) bzw. $A\mathcal{K}_m(A, b)$ (GMRES). Zur Lage von x_I und x_{II} ist im Allgemeinen nur bekannt, dass sie (irgendwo) in $\mathcal{K}_m(A, b)$ liegen.

Beispiel 4.20 Es sei

$$A = \begin{pmatrix} 2 & -1 & 0 \\ 1 & 1 & 1 \\ 3 & 0 & -1 \end{pmatrix}, \quad b = \begin{pmatrix} 0 \\ 6 \\ 0 \end{pmatrix}.$$

Die Iterierten des Arnoldi-Verfahrens lauten:

$$\beta = \|b\| = 6, \quad v^1 = \frac{1}{\beta} b = \begin{pmatrix} 0 \\ 1 \\ 0 \end{pmatrix},$$

$$\tilde{v}^2 = Av^1 = \begin{pmatrix} -1 \\ 1 \\ 0 \end{pmatrix}, \quad h_{11} = (v^1, \tilde{v}^2) = 1, \quad \tilde{v}^2 = \tilde{v}^2 - h_{11}v^1 = \begin{pmatrix} -1 \\ 0 \\ 0 \end{pmatrix},$$

$$h_{21} = \|\tilde{v}^2\| = 1, \quad v^2 = \tilde{v}^2 = \begin{pmatrix} -1 \\ 0 \\ 0 \end{pmatrix},$$

$$\tilde{v}^3 = Av^2 = \begin{pmatrix} -2 \\ -1 \\ -3 \end{pmatrix}, \quad h_{12} = (v^1, \tilde{v}^3) = -1, \quad \tilde{v}^3 = \tilde{v}^3 - h_{12}v^1 = \begin{pmatrix} -2 \\ 0 \\ -3 \end{pmatrix},$$

$$h_{22} = (v^2, \tilde{v}^3) = 2, \quad \tilde{v}^3 = \tilde{v}^3 - h_{22}v^2 = \begin{pmatrix} 0 \\ 0 \\ -3 \end{pmatrix},$$

$$h_{32} = \|\tilde{v}^3\| = 3, \quad v^3 = \frac{1}{3}\tilde{v}^3 = \begin{pmatrix} 0 \\ 0 \\ -1 \end{pmatrix},$$

$$\tilde{v}^4 = Av^3 = \begin{pmatrix} 0 \\ -1 \\ 1 \end{pmatrix}, \quad h_{13} = (v^1, \tilde{v}^4) = -1, \quad \tilde{v}^4 = \tilde{v}^4 - h_{13}v^1 = \begin{pmatrix} 0 \\ 0 \\ 1 \end{pmatrix},$$

$$h_{23} = (v^2, \tilde{v}^4) = 0, \quad \tilde{v}^4 = \tilde{v}^4 - h_{23}v^2 = \begin{pmatrix} 0 \\ 0 \\ 1 \end{pmatrix},$$

$$h_{33} = (v^3, \tilde{v}^2) = -1, \quad \tilde{v}^4 = \tilde{v}^4 - h_{33}v^3 = \begin{pmatrix} 0 \\ 0 \\ 0 \end{pmatrix},$$

$$h_{43} = \|\tilde{v}^4\| = 0,$$

womit das Verfahren abbricht. Daraus ergeben sich die Matrizen

$$\widetilde{H}_1 = \begin{pmatrix} 1 \\ 1 \end{pmatrix}, \quad \widetilde{H}_2 = \begin{pmatrix} 1 & -1 \\ 1 & 2 \\ 0 & 3 \end{pmatrix}, \quad \widetilde{H}_3 = \begin{pmatrix} 1 & -1 & -1 \\ 1 & 2 & 0 \\ 0 & 3 & -1 \\ 0 & 0 & 0 \end{pmatrix},$$

sowie

$$V_1 = \begin{pmatrix} 0 \\ 1 \\ 0 \end{pmatrix}, \quad V_2 = \begin{pmatrix} 0 & -1 \\ 1 & 0 \\ 0 & 0 \end{pmatrix}, \quad V_3 = \begin{pmatrix} 0 & -1 & 0 \\ 1 & 0 & 0 \\ 0 & 0 & -1 \end{pmatrix}.$$

FOM berechnet aus $H_m y^{(m)} = \beta e^1$ die Iterierten

$$x^{(1)} = \beta V_1 H_1^{-1} e^1 = 6 v^1 = \begin{pmatrix} 0 \\ 6 \\ 0 \end{pmatrix},$$

$$x^{(2)} = \beta V_2 H_2^{-1} e^1 = 6 V_2 \cdot \frac{1}{3} \begin{pmatrix} 2 \\ -1 \end{pmatrix} = \begin{pmatrix} 2 \\ 4 \\ 0 \end{pmatrix},$$

$$x^{(3)} = \beta V_3 H_3^{-1} e^1 = 6 V_3 \cdot \frac{1}{6} \begin{pmatrix} 2 \\ -1 \\ -3 \end{pmatrix} = \begin{pmatrix} 1 \\ 2 \\ 3 \end{pmatrix} = x,$$

wohingegen das GMRES-Verfahren das überbestimmte Gleichungssystem $\widetilde{H}_m y^{(m)} \overset{!}{=} \beta e^1$ verwendet, welches die Näherungen

$$y^{(1)} = \beta (\widetilde{H}_1^T \widetilde{H}_1)^{-1} \widetilde{H}_1^T e^1 = 6 \cdot \frac{1}{2} \cdot 1 = 3,$$

$$x^{(1)} = V_1 y^{(1)} = \begin{pmatrix} 0 \\ 3 \\ 0 \end{pmatrix},$$

$$y^{(2)} = \beta (\widetilde{H}_2^T \widetilde{H}_2)^{-1} \widetilde{H}_2^T e^1 = 6 \begin{pmatrix} 2 & 1 \\ 1 & 14 \end{pmatrix}^{-1} \begin{pmatrix} 1 \\ -1 \end{pmatrix} = \frac{1}{3} \begin{pmatrix} 10 \\ -2 \end{pmatrix},$$

$$x^{(2)} = V_2 y^{(2)} = \frac{1}{3} \begin{pmatrix} 2 \\ 10 \\ 0 \end{pmatrix},$$

$$y^{(3)} = \beta (\widetilde{H}_3^T \widetilde{H}_3)^{-1} \widetilde{H}_3^T e^1 = 6 \begin{pmatrix} 2 & 1 & -1 \\ 1 & 14 & -2 \\ -1 & -2 & 2 \end{pmatrix}^{-1} \begin{pmatrix} 1 \\ -1 \\ -1 \end{pmatrix} = \begin{pmatrix} 2 \\ -1 \\ -3 \end{pmatrix},$$

$$x^{(3)} = V_3 y^{(3)} = \begin{pmatrix} 1 \\ 2 \\ 3 \end{pmatrix} = x$$

liefert. Die jeweiligen Eigenschaften der iterierten Näherungslösungen, Orthogonaliät des Residuums zu $\mathcal{K}_m(A, b)$ bzw. minimales Residuum in $\mathcal{K}_m(A, b)$, prüft man leicht nach. $\triangle$

Bemerkung 4.21

1. Da jeder Krylov-Unterraum im nächsten enthalten ist, ist die Folge der Normen der Residuen im GMRES-Verfahren monoton fallend. Die Konvergenz kann dennoch langsam sein. Man kann sogar Matrizen konstruieren, bei denen das Residuum vom ersten bis zum $(n - 1)$-ten Schritt konstant bleibt und erst im n-ten Schritt zum Nullvektor wird, wenn die exakte Lösung des linearen Gleichungssystems berechnet ist.

   Unter gewissen Voraussetzungen an die Koeffizientenmatrix A sind sowohl für FOM als auch für GMRES gute Konvergenzeigenschaften bekannt. In der Praxis haben sich beide Verfahren bewährt.

2. Wie beim cg-Verfahren führt man beim praktischen Einsatz aller Krylov-Unterraum-Verfahren üblicherweise eine Vorkonditionierung zur Konvergenzbeschleunigung durch.

3. FOM und GMRES verwenden alle Vektoren v^j, $1 \leq j \leq m$, um v^{m+1} zu berechnen. Sind n und m groß, wird dazu viel Speicherplatz benötigt.

   Im Fall einer symmetrischen Koeffizientenmatrix A wird GMRES zu MINRES (Paige und Saunders, 1975). In MINRES kann die Näherungslösung $x^{(m)}$ ohne Speicherung der Vektoren v^j iterativ berechnet werden. Ist A zusätzlich positiv definit, dann stimmen die Iterierten von FOM mit denen des cg-Verfahrens überein, welches ohne die Arnoldi-Iteration auskommt. $\Diamond$

4.4   Zusammenfassung und Ausblick

Splitting-Verfahren, Abstiegsverfahren und Projektionsverfahren sind hinsichtlich ihrer Herleitung sehr unterschiedliche Ansätze zur iterativen Lösung linearer Gleichungssysteme. Seit den 1970er-Jahren dominieren die Krylov-Unterraum-Verfahren, deren Wert zuvor nicht ausreichend erkannt wurde. Splitting-Verfahren werden heute überwiegend als Vorkonditionierer sowie als Glätter in Mehrgitterverfahren verwendet.

Außer FOM und GMRES existieren weitere Krylov-Unterraum-Verfahren, die auf der Arnoldi-Iteration basieren. Alternativ wurden Krylov-Unterraum-Verfahren entwickelt, welche die Lanczos-Iteration verwenden. Diese Verfahren arbeiten mit zwei Krylov-Unterräumen $\mathcal{K}_m = \mathcal{K}_m(A, v)$ und $\widehat{\mathcal{K}}_m = \mathcal{K}_m(A^T, \widehat{v})$, wobei v und $\widehat{v}$ orthogonal zueinander gewählt werden und die berechneten Basen V_m und $\widehat{V}_m$ biorthogonal ergänzt werden, sodass

$$\widehat{V}_m^T V_m = I_m$$

gilt.

Darüber hinaus gibt es einen weiteren Ansatz zur näherungsweisen Lösung von Gleichungssystemen, die aus der Diskretisierung partieller Differentialgleichungen entstehen. Mehrgitterverfahren arbeiten mit hierarchischen Gittern, auf welchen die partielle Differentialgleichung jeweils näherungsweise gelöst wird. Der Fehler auf einem feinen Gitter wird dabei auf einem gröberen Gitter mit weniger Unbekannten approximiert. Die Lösung auf dem groben Gitter ist dann mit geringerem Aufwand berechenbar. Splitting-Verfahren wie das Jacobi- und das Gauß-Seidel-Verfahren werden dabei zum Glätten des Fehlers auf dem groben Gitter eingesetzt.

Das Eigenwertproblem für Matrizen

5

Für eine Matrix $A \in \mathbb{R}^{n \times n}$ betrachten wir in diesem Kapitel die Aufgabe, Eigenwerte und Eigenvektoren von A zuverlässig zu approximieren. Ein Eigenwert von A ist bekanntlich eine Zahl $\lambda \in \mathbb{C}$, zu der ein Vektor $x \neq 0$ existiert, sodass x bei der Multiplikation mit A von links auf das λ-fache von sich selbst abgebildet wird:

$$Ax = \lambda x. \tag{5.1}$$

Durch Einfügen der Einheitsmatrix I lässt sich (5.1) zu

$$(A - \lambda I)x = 0 \tag{5.2}$$

umformen. Gl. (5.2) repräsentiert ein homogenes lineares Gleichungssystem mit Koeffizientenmatrix $A - \lambda I$, von dem nichttriviale Lösungen gesucht sind. Diese existieren genau dann, wenn die Determinante von $A - \lambda I$ verschwindet:

$$p_A(\lambda) := \det(A - \lambda I) = 0.$$

Das charakteristische Polynom p_A ist ein Polynom n-ten Grades und besitzt daher genau n (nicht notwendig paarweise verschiedene) Nullstellen. Jede Nullstelle λ_i ist ein Eigenwert von A, die nichttrivialen Lösungen des homogenen linearen Gleichungssystems

$$(A - \lambda_i I)x = 0$$

sind die zugehörigen Eigenvektoren.

Wie schon in Abschn. 1.1 bemerkt, muss jedes für $n \geq 5$ anwendbares numerisches Verfahren zur Eigenwertberechnung iterativ sein. Ist nämlich das Polynom

$$q(x) := \alpha_0 + \alpha_1 x + \cdots + \alpha_{n-1} x^{n-1} + x^n$$

© Der/die Autor(en), exklusiv lizenziert an Springer-Verlag GmbH, DE, ein Teil von
Springer Nature 2024
M. Neher, *Numerische Mathematik*,
https://doi.org/10.1007/978-3-662-68815-1_5

gegeben, dann ist q das charakteristische Polynom der Matrix

$$A_q := \begin{pmatrix} 0 & 0 & \dots & 0 & -\alpha_0 \\ 1 & 0 & \dots & 0 & -\alpha_1 \\ 0 & 1 & \ddots & \vdots & -\alpha_2 \\ \vdots & \ddots & \ddots & 0 & \vdots \\ 0 & \dots & 0 & 1 & -\alpha_{n-1} \end{pmatrix},$$

der sogenannten Begleitmatrix von q. Könnte man die Eigenwerte von A_q im allgemeinen Fall durch ein endliches Verfahren berechnen, hätte man gleichzeitig eine Lösungsformel für die Nullstellen von Polynomen höherer Ordnung gefunden.

Die Idee, die Koeffizienten des charakteristischen Polynoms zu bestimmen und dessen Nullstellen danach z. B. mit dem Newton-Verfahren zu approximieren, führt leider in eine Sackgasse, denn die Berechnung von Nullstellen eines Polynoms aus seinen Koeffizienten ist schlecht konditioniert. Im Folgenden stellen wir daher Verfahren vor, die ohne explizite Darstellung des charakteristischen Polynoms auskommen.

Näherungsverfahren für Eigenwerte sind sehr verschieden. Es gibt Methoden für allgemeine Matrizen sowie für spezielle Matrizenklassen. Manche Verfahren berechnen nur einen oder einige wenige Eigenwerte, bei anderen werden simultan alle Eigenwerte der gegebenen Matrix approximiert. Einige Techniken berechnen nur Eigenwerte, andere Ansätze liefern zusätzlich Eigenvektoren. Im Rahmen dieses Buches kann nur ein kleiner Überblick über die wichtigsten Verfahren gegeben werden. Eine ausführliche Behandlung des Eigenwertproblems für Matrizen findet man in [12, 28].

5.1   Ähnlichkeitstransformationen

Bei vielen numerischen Verfahren zur Berechnung von Eigenwerten einer gegebenen Matrix A kann eine Aufwandsersparnis erzielt werden, indem A zunächst mithilfe einer invertierbaren Matrix M durch die Ähnlichkeitstransformation

$$T := M^{-1} A M,$$

welche die Eigenwerte erhält, in eine Matrix T mit einfacherer Gestalt überführt wird und das Verfahren danach auf T angewendet wird.

Wir betrachten im Folgenden speziell Ähnlichkeitstransformationen einer reellen symmetrischen Matrix A unter Verwendung von Householder-Matrizen. Diese hatten wir bereits in Abschn. 3.5.4 zur Berechnung der QR-Zerlegung von A benutzt. Damit war allerdings keine Ähnlichkeitstransformation verbunden. Für eine Ähnlichkeitstransformation ist A nicht nur von links, sondern auch von rechts mit den Matrizen $\widehat{H}_k = \widehat{H}_k^{-1}$ aus Abschn. 3.5.4 zu multiplizieren. Die dort benutzen Matrizen sind jedoch für Ähnlichkeitstransformationen ungeeignet, da die Nullen unterhalb der Diagonale von A, die bei der Multiplikation von $\widehat{H}_k$ von links erzeugt werden, bei der Multiplikation mit $\widehat{H}_k$ von rechts wieder überschrieben werden.

Beispiel 5.1 Ähnlichkeitstransformation von

$$A_1 = A = \begin{pmatrix} -2 & 1 & 0 & 2 \\ 1 & 3 & 4 & -2 \\ 0 & 4 & 2 & 5 \\ 2 & -2 & 5 & 1 \end{pmatrix}$$

durch die Householder-Matrizen aus Abschn. 3.5.4.

Die aus der ersten Spalte von A_1 abgeleitete Householder-Matrix ist (siehe Beispiel 3.39)

$$\widehat{H}_1 = \frac{1}{15}\begin{pmatrix} -10 & 5 & 0 & 10 \\ 5 & 14 & 0 & -2 \\ 0 & 0 & 15 & 0 \\ 10 & -2 & 0 & 11 \end{pmatrix} \cdot \begin{pmatrix} -10 & 5 & 0 & 10 \\ 5 & 14 & 0 & -2 \\ 0 & 0 & 15 & 0 \\ 10 & -2 & 0 & 11 \end{pmatrix} \cdot$$

Hieraus erhalten wir die Ähnlichkeitstransformation

$$A_2 = \widehat{H}_1 A_1 \widehat{H}_1 = \frac{1}{15}\begin{pmatrix} 45 & -15 & 70 & -20 \\ 0 & 51 & 46 & -20 \\ 0 & 60 & 30 & 75 \\ 0 & -18 & 47 & 35 \end{pmatrix} \widehat{H}_1 = \frac{1}{225}\begin{pmatrix} -725 & 55 & 1050 & 260 \\ 55 & 754 & 690 & -322 \\ 1050 & 690 & 450 & 705 \\ 260 & -322 & 705 & 421 \end{pmatrix} \cdot$$

A_2 ist wie A_1 voll besetzt. $\triangle$

Auf Diagonalgestalt lässt sich A durch Householder-Transformationen nicht bringen. Dass A im Allgemeinen nicht durch eine endliche Folge von Ähnlichkeitstransformationen diagonalisierbar ist, ergibt sich aus der obigen Bemerkung zur Äquivalenz von Eigenwerten von A mit den Nullstellen des charakteristischen Polynoms von A. Es ist aber möglich, A mit Householder-Transformationen in eine Tridiagonalgestalt umzuformen. Dazu muss man die Transformationsmatrizen geringfügig anders konstruieren als bei der QR-Zerlegung. Im k-ten Schritt verwendet man für den Vektor $x^{(k)}$ die in der k-ten Spalte von A unterhalb der Diagonale stehenden Elemente (das in der Diagonale stehende Element wird nicht berücksichtigt). Ansonsten verläuft die Berechnung der Householder-Matrizen analog zum Abschn. 3.5.4.

Beispiel 5.2 Ähnlichkeitstransformation von

$$A_1 = A = \begin{pmatrix} -54 & 27 & 54 & 54 \\ 27 & 35 & 13 & -26 \\ 54 & 13 & 92 & -22 \\ 54 & -26 & -22 & 17 \end{pmatrix}$$

auf Tridiagonalgestalt mit Householder-Transformationen.

Der erste Householder-Vektor bestimmt sich aus dem zu $(27, 54, 54)^T$ äquivalenten Vektor

$$x^{(1)} = (1, 2, 2)^T, \quad \left\| x^{(1)} \right\|_2 = 3$$

zu

$$w^{(1)} = \frac{(1, 2, 2)^T + 3(1, 0, 0)^T}{\left\| (1, 2, 2)^T + 3(1, 0, 0)^T \right\|_2} = \frac{(2, 1, 1)^T}{\sqrt{6}}.$$

Die erste Householder-Matrix ist

$$H_1 = I_3 - 2w^{(1)}(w^{(1)})^T = I_3 - \frac{1}{3} \begin{pmatrix} 4 & 2 & 2 \\ 2 & 1 & 1 \\ 2 & 1 & 1 \end{pmatrix} = \frac{1}{3} \begin{pmatrix} -1 & -2 & -2 \\ -2 & 2 & -1 \\ -2 & -1 & 2 \end{pmatrix},$$

was zur ersten Transformationsmatrix

$$\widehat{H}_1 = \frac{1}{3} \begin{pmatrix} 3 & 0 & 0 & 0 \\ 0 & -1 & -2 & -2 \\ 0 & -2 & 2 & -1 \\ 0 & -2 & -1 & 2 \end{pmatrix}$$

führt. Hieraus erhalten wir

$$A_2 = \widehat{H}_1 A_1 \widehat{H}_1 = \begin{pmatrix} -54 & -81 & 0 & 0 \\ -81 & 27 & -36 & 27 \\ 0 & -36 & 45 & -18 \\ 0 & 27 & -18 & 72 \end{pmatrix}.$$

Im zweiten und letzten Schritt setzt man

$$x^{(2)} = (-36, 27)^T, \quad \left\| x^{(2)} \right\|_2 = 45,$$

$$w^{(2)} = \frac{(-81, 27)^T}{\left\| (-81, 27)^T \right\|_2} = \frac{(-3, 1)^T}{\sqrt{10}}.$$

Die zugehörige Householder-Matrix ist

$$H_2 = I_2 - 2w^{(2)}(w^{(2)})^T = I_2 - \frac{1}{5} \begin{pmatrix} 9 & -3 \\ -3 & 1 \end{pmatrix} = \frac{1}{5} \begin{pmatrix} -4 & 3 \\ 3 & 4 \end{pmatrix},$$

die Transformationsmatrix lautet

$$\widehat{H}_2 = \frac{1}{5} \begin{pmatrix} 5 & 0 & 0 & 0 \\ 0 & 5 & 0 & 0 \\ 0 & 0 & -4 & 3 \\ 0 & 0 & 3 & 4 \end{pmatrix}.$$

Damit gilt:

$$T := A_3 = \widehat{H}_2 A_2 \widehat{H}_2 = \begin{pmatrix} -54 & -81 & 0 & 0 \\ -81 & 27 & 45 & 0 \\ 0 & 45 & 72 & 18 \\ 0 & 0 & 18 & 45 \end{pmatrix}.$$

Die Matrix T ist ähnlich zu A und besitzt Tridiagonalgestalt.   △

Falls A nicht symmetrisch ist, kann man die beschriebene Folge von Ähnlichkeitstransformationen genauso durchführen. Diese transformieren A in $n - 1$ Schritten auf obere Hessenberg-Gestalt:

$$A_{n-1} = \begin{pmatrix} h_{11} & h_{12} & h_{13} & \cdots & h_{1n} \\ h_{21} & h_{22} & h_{23} & \cdots & h_{2n} \\ 0 & h_{32} & h_{33} & \cdots & h_{3n} \\ \vdots & \ddots & \ddots & \ddots & \vdots \\ 0 & \cdots & 0 & h_{nn-1} & h_{nn} \end{pmatrix}.$$

Wie die Tridiagonalgestalt im symmetrischen Fall kann die obere Hessenberg-Gestalt eine Aufwandsersparnis bei Eigenwertberechnungen bewirken.

5.2   Eigenwertberechnung für symmetrische Tridiagonalmatrizen durch Bisektion und Newton-Verfahren

Für reelle symmetrische Tridiagonalmatrizen ist es möglich, Funktionswerte des charakteristischen Polynoms und seiner Ableitung direkt aus den Matrixelementen zu berechnen, ohne die Polynomkoeffizienten zu bestimmen.

Gesucht sind in diesem Abschnitt die Eigenwerte einer symmetrischen Tridiagonalmatrix

$$T_n = \begin{pmatrix} a_1 & b_2 & 0 & \cdots & 0 \\ b_2 & a_2 & b_3 & \ddots & \vdots \\ 0 & b_3 & \ddots & \ddots & 0 \\ \vdots & \ddots & \ddots & \ddots & b_n \\ 0 & \cdots & 0 & b_n & a_n \end{pmatrix}.$$

Entwickelt man zur Berechnung des charakteristischen Polynoms $p_n(\lambda)$ von T_n nach der letzten Spalte von $T_n - \lambda I$, folgt

$$\det(T_n - \lambda I) = \det \begin{pmatrix} a_1 - \lambda & b_2 & 0 & \cdots & & 0 \\ b_2 & \ddots & \ddots & & \ddots & \vdots \\ 0 & \ddots & \ddots & b_{n-1} & & 0 \\ \vdots & & \ddots & b_{n-1} & a_{n-1} - \lambda & b_n \\ 0 & \cdots & & 0 & b_n & a_n - \lambda \end{pmatrix}$$

$$= (a_n - \lambda) \det(T_{n-1} - \lambda I) - b_n \det \begin{pmatrix} a_1 - \lambda & b_2 & 0 & \cdots & & 0 \\ b_2 & \ddots & \ddots & & \ddots & \vdots \\ 0 & \ddots & \ddots & b_{n-2} & & 0 \\ \vdots & & \ddots & b_{n-2} & a_{n-2} - \lambda & b_{n-1} \\ 0 & \cdots & & 0 & 0 & b_n \end{pmatrix}$$

$$= (a_n - \lambda) \det(T_{n-1} - \lambda I) - b_n^2 \det(T_{n-2} - \lambda I).$$

Die letzte Formel ermöglicht die Berechnung von $p_n(\lambda)$ durch eine Rekursion, die ohne Berechnung der Polynomkoeffizienten auskommt:

$$p_0(\lambda) = 1, \quad p_1(\lambda) = a_1 - \lambda,$$

$$p_k(\lambda) = (a_k - \lambda)\, p_{k-1}(\lambda) - b_k^2\, p_{k-2}(\lambda), \quad k = 2, \ldots, n. \tag{5.3}$$

Beispiel 5.3 Es sei

$$T_5 := \begin{pmatrix} 5 & 1 & & & \\ 1 & 6 & 2 & & \\ & 2 & 7 & 3 & \\ & & 3 & 8 & 4 \\ & & & 4 & 9 \end{pmatrix}, \quad \lambda = 5.$$

Dann folgt:

$$p_0(5) = 1,$$

$$p_1(5) = 5 - 5 = 0,$$

$$p_2(5) = (6 - 5)\, p_1(5) - 1^2\, p_0(5) = -1,$$

$$p_3(5) = (7 - 5)\, p_2(5) - 2^2\, p_1(5) = -2,$$

$$p_4(5) = (8 - 5)\, p_3(5) - 3^2\, p_2(5) = 3,$$

$$p_5(5) = (9 - 5)\, p_4(5) - 4^2\, p_3(5) = 44 = \det(T_5 - 5I).$$

$\triangle$

Im Folgenden wird vorausgesetzt, dass keine der Zahlen b_i Null ist. Im Fall $b_i = 0$, der bei der Transformation einer symmetrischen Matrix A auf Tridiagonalgestalt durchaus auftreten kann, zerfällt das Eigenwertproblem für T_n in zwei Eigenwertprobleme niedrigerer Dimension von gleicher Bauart. Ist nämlich

$$
T_n = \begin{pmatrix} \ddots & \ddots & & & \\ \ddots & \ddots & b_{i-1} & & \\ & b_{i-1} & a_{i-1} & 0 & \\ \hline & 0 & a_i & b_{i+1} & \\ & & b_{i+1} & \ddots & \ddots \\ & & & \ddots & \ddots \end{pmatrix} = \begin{pmatrix} T_{11} & 0 \\ \hline 0 & T_{22} \end{pmatrix},
$$

dann folgt

$$
\det(T_n - \lambda I) = \det(T_{11} - \lambda I)\det(T_{22} - \lambda I),
$$

wobei I jeweils die Einheitsmatrix passender Dimension bezeichnet. Sind mehrere der Zahlen b_i Null, zerfällt das Eigenwertproblem für T_n analog in entsprechend viele Eigenwertprobleme, bei denen jeweils alle Nebendiagonalelemente ungleich Null sind. Tridiagonalmatrizen mit nicht verschwindenden Nebendiagonalelementen werden als irreduzibel bezeichnet.

Satz 5.4 *Es sei*

$$
T_n := \begin{pmatrix} a_1 & b_2 & & & \\ b_2 & a_2 & b_3 & & \\ & b_3 & \ddots & \ddots & \\ & & \ddots & \ddots & b_n \\ & & & b_n & a_n \end{pmatrix}
$$

eine irreduzible symmetrische Tridiagonalmatrix und für $1 \leq k < n$ sei $p_k(\lambda)$ das charakteristische Polynom der zu T_n gehörenden Hauptuntermatrix T_k, die durch Streichen der letzten $n - k$ Zeilen und Spalten von T_n entsteht. Dann trennen die Nullstellen von p_k die Nullstellen von p_{k+1} derart, dass zwischen zwei aufeinander folgenden Nullstellen von p_{k+1} eine Nullstelle von p_k liegt. Insbesondere sind alle Nullstellen von p_n und somit alle Eigenwerte von T_n einfach.

Beweis Der Beweis erfolgt mit vollständiger Induktion nach k. Für $k = 1$ ist

$$
p_1(\lambda) = a_1 - \lambda, \quad p_2(\lambda) = (a_1 - \lambda)(a_2 - \lambda) - b_2^2.
$$

p_2 ist eine nach oben geöffnete Parabel und es ist $p_2(a_1) = -b_2^2 < 0$. Also liegt links und rechts der Nullstelle a_1 von p_1 jeweils eine einfache Nullstelle von p_2.

Sei nun die Behauptung für ein $k \geq 1$ für alle $i \leq k$ erfüllt. Zu zeigen ist, dass dann auch die $k+1$ einfachen Nullstellen von p_{k+1} die Nullstellen von p_{k+2} trennen. Dazu betrachten wir zwei aufeinander folgende Nullstellen α und β von p_{k+1}. Nach Induktionsvoraussetzung haben $p_k(\alpha)$ und $p_k(\beta)$ unterschiedliche Vorzeichen. Dies gilt dann aber wegen (5.3),

$$p_{k+2}(\alpha) = (a_{k+2} - \alpha) \underbrace{p_{k+1}(\alpha)}_{=0} -b_{k+2}^2\, p_k(\alpha) = -b_{k+2}^2\, p_k(\alpha),$$

$$p_{k+2}(\beta) = -b_{k+2}^2\, p_k(\beta),$$

auch für $p_{k+2}(\alpha)$ und $p_{k+2}(\beta)$. Zwischen zwei aufeinander folgenden Nullstellen von p_{k+1} liegt jeweils (mindestens) eine Nullstelle von p_{k+2}. Zwischen der kleinsten und der größten Nullstelle von p_{k+1} liegen (mindestens) k Nullstellen von p_{k+2}. Ist β die größte Nullstelle von p_{k+1}, haben $p_k(\beta)$ und $p_{k+2}(\beta)$ unterschiedliche Vorzeichen, aber beide Polynome besitzen denselben Grenzwert für $\lambda \to \infty$. Da die größte Nullstelle von p_k links von β liegt, muss (mindestens) eine Nullstelle von p_{k+2} größer als β sein. Analog muss p_{k+2} (mindestens) eine Nullstelle besitzen, die kleiner ist als die kleinste Nullstelle von p_{k+1}. Da p_{k+2} andererseits höchstens $k+2$ verschiedene Nullstellen besitzen kann, folgt die Behauptung. $\square$

Für eine gegebene irreduzible symmetrische Tridiagonalmatrix T_n und eine feste Zahl $\lambda \in \mathbb{R}$ betrachten wir nun die Zahlenfolge $\{p_k(\lambda)\}_{k=0}^n$, streichen eventuelle Nullen heraus und notieren von den verbliebenen Zahlen nur die Vorzeichen. Dann gilt:

Satz 5.5 *Die Anzahl der Vorzeichenwechsel in der so entstandenen Vorzeichenfolge entspricht der Anzahl der Eigenwerte von T_n, die kleiner als λ sind.*

Beispiel 5.6 Für T_5 aus Beispiel 5.3 und $\lambda = 5$ lautet die Zahlenfolge

$$\{p_k(5)\}_{k=0}^5 = \{1, 0, -1, -2, 3, 44\}.$$

Streichen der Null führt auf die Vorzeichenfolge

$$\{+, -, -, +, +\},$$

in welcher zweimal ein Vorzeichenwechsel auftritt (von $+$ auf $-$ nach Position 1, von $-$ auf $+$ nach Position 3). Nach Satz 5.5 besitzt T_5 genau zwei Eigenwerte, die kleiner als 5 sind. $\triangle$

Beweis von Satz 5.5 Wir zeigen:

(i) Wenn λ wächst und dabei eine Nullstelle eines Polynoms p_k, $1 \leq k < n$, überschreitet, ändert sich die Anzahl der Vorzeichenwechsel in der Folge nicht.
(ii) Wenn λ eine Nullstelle von p_n überschreitet, erhöht sich die Anzahl der Vorzeichenwechsel um 1.

zu (i):   Ist $p_k(\lambda) = 0$, dann folgt aus

$$p_{k+1}(\lambda) = (a_{k+1} - \lambda)\, p_k(\lambda) - b_{k+1}^2\, p_{k-1}(\lambda) = -b_{k+1}^2\, p_{k-1}(\lambda),$$

dass $p_{k+1}(\lambda)$ und $p_{k-1}(\lambda)$ unterschiedliche Vorzeichen haben. Dies gilt dann wegen der Stetigkeit von p_{k+1} und p_{k-1} auch in einer Umgebung der Nullstelle λ von p_k. Sind beispielsweise p_{k-1} und p_k in einer linksseitigen Umgebung U_l von λ negativ, liegt in U_l die Vorzeichen(teil)folge $-, -, +$ mit einem Vorzeichenwechsel vor. Wegen des Vorzeichenwechsels von p_k an der Nullstelle λ lautet die Vorzeichen(teil)folge in einer hinreichend kleinen rechtsseitigen Umgebung von λ stattdessen $-, +, +$. Wieder liegt aber nur ein Vorzeichenwechsel vor. Da sich die beiden äußeren Vorzeichen der Teilfolge nicht ändern, kommt es auch außerhalb dieser Teilfolge zu keiner Veränderung der Anzahl der Vorzeichenwechsel.

zu (ii):   Nach Konstruktion der p_k gilt

$$\lim_{\lambda \to -\infty} p_k(\lambda) = +\infty \quad \text{für alle } k \geq 1.$$

Da alle Nullstellen einfach sind und sich die Nullstellen von p_n und p_{n-1} trennen, liegen links der m-ten Nullstelle λ_m von p_n genau $m - 1$ Nullstellen von p_n und genau $m - 1$ Nullstellen von p_{n-1}. In einer hinreichend kleinen linksseitigen Umgebung von λ_m haben p_n und p_{n-1} das gleiche Vorzeichen, in einer hinreichend kleinen rechtsseitigen Umgebung von λ_m verschiedene Vorzeichen. Daher erhöht sich die Anzahl der Vorzeichenwechsel beim Überschreiten von λ_m um 1 (siehe Abb. 5.1). $\qquad\square$

Abb. 5.1 p_n, p_{n-1}

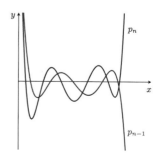

Korollar 5.7 $\sigma(\lambda)$ *bezeichne die Anzahl der Vorzeichenwechsel in der Vorzeichen-folge aus Satz 5.5, $[\alpha, \beta]$ sei ein beliebiges Intervall. Dann ist die Anzahl der Eigen-werte von T_n im Intervall $[\alpha, \beta)$ gleich $\sigma(\beta) - \sigma(\alpha)$.*

Beispiel 5.8 Für T_5 aus Beispiel 5.3, $\alpha = 5$, $\beta = 7$ gilt:

$$\{p_k(5)\}_{k=0}^{5} = \{1, 0, -1, -2, 3, 44\} : \quad \sigma(5) = 2,$$

$$\{p_k(7)\}_{k=0}^{5} = \{1, -2, 1, 8, -1, -130\} : \quad \sigma(7) = 3.$$

Nach Korollar 5.7 besitzt T_5 genau einen Eigenwert im Intervall $[5, 7)$.   △

Mit dem Bisektionsverfahren aus Abschn. 2.5.3 lassen sich Eigenwerte beliebig genau einschließen, und zwar unabhängig voneinander.

Beispiel 5.9 Für T_5 aus Beispiel 5.3, $\sigma(5) = 2$, $\sigma(7) = 3$, $\lambda_3 \in [5, 7)$ liefert das Bisektionsverfahren die folgenden Iterierten:

$$\sigma(6) = 3 \rightarrow \lambda_3 \in [5, 6),$$

$$\sigma(5.5) = 2 \rightarrow \lambda_3 \in [5.5, 6),$$

$$\sigma(5.75) = 2 \rightarrow \lambda_3 \in [5.75, 6),$$

$$\vdots$$ △

Hat man damit einen Eigenwert hinreichend genau bestimmt, kann man die Konver-genz mit dem Newton-Verfahren beschleunigen. Dazu werden Funktionswerte der Ableitung p_n' benötigt. Diese lassen sich ebenfalls rekursiv aus den Matrixkoeffizi-enten berechnen. Differentiation von (5.3) ergibt:

$$p_0'(\lambda) = 0, \quad p_1'(\lambda) = -1,$$

$$p_k'(\lambda) = -p_{k-1}(\lambda) + (a_k - \lambda)\, p_{k-1}'(\lambda) - b_k^2\, p_{k-2}'(\lambda), \quad k = 2, \ldots, n.$$

Beispiel 5.10 Für T_5 aus Beispiel 5.3, $p_5(6) = -3$, $p'(6) = -111$ liefert ein Schritt des Newton-Verfahrens die Eigenwertnäherung

$$\lambda_3 \approx 6 - \frac{-3}{-111} \approx 5.972972\ldots$$

(exakter Wert: $\lambda_3 = 5.972665\ldots$).   △

5.3 Potenzmethode und inverse Iteration

Die Potenzmethode ist eine Vektoriteration zur Bestimmung des betragsgrößten Eigenwerts einer Matrix A und eines zugehörigen Eigenvektors. Zur Vereinfachung setzen wir voraus, dass $A \in \mathbb{R}^{n \times n}$ diagonalisierbar ist, dass der betragsgrößte Eigenwert λ_n von A reell und einfach ist und dass es keinen weiteren Eigenwert zum selben Betrag gibt.

Die Eigenwerte von A seien nach steigendem Betrag geordnet:

$$|\lambda_n| > |\lambda_{n-1}| \geq |\lambda_{n-2}| \geq \cdots \geq |\lambda_1|,$$

eine Basis aus Eigenvektoren sei durch $\{x^n, \ldots, x^1\}$ gegeben. Für einen beliebigen Vektor

$$z^{(0)} = \alpha_n x^n + \alpha_{n-1} x^{n-1} + \cdots + \alpha_1 x^1 \tag{5.4}$$

besteht die Potenzmethode aus wiederholter Multiplikation von $z^{(0)}$ mit A:

$$z^{(k)} = A z^{(k-1)} = A^k z^{(0)} = \alpha_n \lambda_n^k x^n + \alpha_{n-1} \lambda_{n-1}^k x^{n-1} \cdots + \alpha_1 \lambda_1^k x^1$$

$$= \lambda_n^k \left(\alpha_n x^n + \alpha_{n-1} \left(\frac{\lambda_{n-1}}{\lambda_n} \right)^k x^{n-1} + \cdots + \alpha_1 \left(\frac{\lambda_1}{\lambda_n} \right)^k x^1 \right), \quad k = 1, 2, \ldots.$$

$$\tag{5.5}$$

Für $k \to \infty$ streben die Quotienten in (5.5) gegen Null. Im Fall $\alpha_n \neq 0$ führt jede nicht verschwindende Komponente von x^n dazu, dass auch die zugehörige ν-te Komponente von $z^{(k)}$ für hinreichend große Werte k nicht verschwindet. Eine Näherung für λ_n erhält man aus

$$\lambda_n \approx \frac{z_\nu^{(k)}}{z_\nu^{(k-1)}}$$

oder aus dem Rayleigh-Quotienten

$$R_k := \frac{(z^{(k)})^T A z^{(k)}}{(z^{(k)})^T z^{(k)}} \approx \lambda_n.$$

Die normierten Vektoren

$$q^{(k)} := \frac{z^{(k)}}{\|z^{(k)}\|_2}$$

konvergieren gegen einen Eigenvektor zum Eigenwert λ_n von A.

Beispiel 5.11 Für T_5 aus Beispiel 5.3 und $z^{(0)} = (1, 0, 0, 0, 0)^T$ ergeben sich die folgenden Eigenwertnäherungen:

$$\frac{z_1^{(10)}}{z_1^{(9)}} = 8.52, \quad \frac{z_2^{(10)}}{z_2^{(9)}} = 10.22, \quad \frac{z_3^{(10)}}{z_3^{(9)}} = 11.86, \quad \frac{z_4^{(10)}}{z_4^{(9)}} = 13.34, \quad \frac{z_5^{(10)}}{z_5^{(9)}} = 14.33, \quad R_{10} = 13.15,$$

$$\frac{z_1^{(20)}}{z_1^{(19)}} = 13.07, \quad \frac{z_2^{(20)}}{z_2^{(19)}} = 13.19, \quad \frac{z_3^{(20)}}{z_3^{(19)}} = 13.26, \quad \frac{z_4^{(20)}}{z_4^{(19)}} = 13.29, \quad \frac{z_5^{(20)}}{z_5^{(19)}} = 13.31, \quad R_{20} = 13.29,$$

$$\frac{z_1^{(30)}}{z_1^{(29)}} = 13.29, \quad \frac{z_2^{(30)}}{z_2^{(29)}} = 13.29, \quad \frac{z_3^{(30)}}{z_3^{(29)}} = 13.29, \quad \frac{z_4^{(30)}}{z_4^{(29)}} = 13.29, \quad \frac{z_5^{(30)}}{z_5^{(29)}} = 13.29, \quad R_{30} = 13.29.$$

In diesem Beispiel erhält man bei beliebiger Wahl der Komponente von $z^{(k)}$ nach 30 Iterationsschritten eine auf 4 Dezimalstellen genaue Näherung des größten Eigenwerts λ_5 von T_5. Beim Rayleigh-Quotienten genügen für die gleiche Genauigkeit bereits weniger als 20 Iterationen.

Dieselbe Iteration liefert die folgenden Näherungen für den normierten Eigenvektor

$$x^{(5)} = (0.0120, 0.0991, 0.3556, 0.6800, 0.6334)^T$$

zum Eigenwert λ_5:

$$q^{(0)} = (1, 0, 0, 0, 0)^T,$$

$$q^{(10)} = (0.0481, 0.2032, 0.4647, 0.6701, 0.5398)^T,$$

$$q^{(20)} = (0.0124, 0.1006, 0.3575, 0.6801, 0.6320)^T,$$

$$q^{(30)} = (0.0120, 0.0992, 0.3556, 0.6800, 0.6334)^T. \qquad \triangle$$

Bemerkung 5.12

1. Mit geeigneten Modifikationen arbeitet die Potenzmethode auch für den Fall, dass λ_n ein mehrfacher Eigenwert ist oder A weitere Eigenwerte mit demselben Betrag besitzt.
2. Die Voraussetzung $\alpha_n \neq 0$ stellt für die Praxis keine Einschränkung dar. Wird die Iteration (5.5) in Gleitpunktarithmetik durchgeführt, führen Rundungsfehler dazu, dass die Iterierten $z^{(k)}$ nichtverschwindende Anteile von $x^{(n)}$ erhalten, selbst wenn $\alpha_n = 0$ in (5.4) gilt.
3. Falls λ_n groß ist, tritt in (5.5) rasch numerischer Überlauf ein, wenn die Iteration in Gleitpunktarithmetik ausgeführt wird. Will man dies verhindern, normiert man die Iterierten nach jedem Iterationsschritt. Die Konvergenzaussage wird dadurch nicht beeinflusst. $\qquad \triangle$

Mit der Potenzmethode kann man nur den betragsgrößten Eigenwert einer Matrix A und einen zugehörigen Eigenvektor bestimmen. Für andere Eigenwerte und Eigenvektoren muss man die Matrix A entsprechend abändern.

Zunächst kann man den betragskleinsten Eigenwert $\lambda_1 \neq 0$ (sofern dieser einfach ist und keine weiteren Eigenwerte mit gleichem Betrag existieren) und einen zugehörigen Eigenvektor von A dadurch bestimmen, dass man die Potenzmethode auf A^{-1} anwendet:

$$z^{(k)} = A^{-1} z^{(k-1)}, \quad k = 1, 2, \ldots .$$

Diese Methode heißt inverse Iteration. Unter den genannten Voraussetzungen konvergiert sie gegen den betragsgrößten Eigenwert von A^{-1}, also gegen $\frac{1}{\lambda_1}$. Bei praktischen Berechnungen wird natürlich nicht mit A^{-1} multipliziert, sondern in jedem Schritt das lineare Gleichungssystem

$$A z^{(k)} = z^{(k-1)}, \quad k = 1, 2, \ldots$$

nach $z^{(k)}$ aufgelöst. Gilt $\alpha_1 \neq 0$ in (5.4), dann liefert jede nicht verschwindende Komponente mit Index ν von x^1 eine Eigenwertnäherung für λ_1:

$$\lambda_1 = \lim_{k \to \infty} \frac{z_\nu^{(k-1)}}{z_\nu^{(k)}} .$$

Den ebenfalls gegen λ_1 konvergierenden Rayleigh-Quotienten berechnet man folgendermaßen:

$$R_k := \frac{(z^{(k)})^T z^{(k-1)}}{(z^{(k)})^T z^{(k)}} \approx \lambda_1 .$$

Beispiel 5.13 Für T_5 aus Beispiel 5.3 und $z^{(0)} = (1, 0, 0, 0, 0)^T$ führt inverse Iteration zu den Quotienten

$$\frac{z_1^{(9)}}{z_1^{(10)}} = 2.783, \quad \frac{z_2^{(9)}}{z_2^{(10)}} = 2.632, \quad \frac{z_3^{(9)}}{z_3^{(10)}} = 2.583, \quad \frac{z_4^{(9)}}{z_4^{(10)}} = 2.563, \quad \frac{z_5^{(9)}}{z_5^{(10)}} = 2.555, \quad R_{10} = 2.586,$$

$$\frac{z_1^{(19)}}{z_1^{(20)}} = 2.586, \quad \frac{z_2^{(19)}}{z_2^{(20)}} = 2.586, \quad \frac{z_3^{(19)}}{z_3^{(20)}} = 2.585, \quad \frac{z_4^{(19)}}{z_4^{(20)}} = 2.585, \quad \frac{z_5^{(19)}}{z_5^{(20)}} = 2.585, \quad R_{20} = 2.585,$$

woraus man die Eigenwertnäherung

$$\lambda_1 \approx 2.585$$

erhält, welche mit dem betragskleinsten Eigenwert von A auf 4 Dezimalstellen übereinstimmt.

Die zugehörigen Näherungen für einen normierten Eigenvektor zum Eigenwert λ_1 von A lauten

$$q^{(0)} = (1, 0, 0, 0, 0)^T ,$$

$$q^{(10)} = (0.1787, -0.3963, 0.5780, -0.5868, 0.3642)^T ,$$

$$q^{(20)} = (0.1598, -0.3858, 0.5787, -0.5944, 0.3707)^T .$$

Der auf 4 Dezimalstellen gerundete Eigenvektor ist

$$x^{(1)} = (0.1597, -0.3857, 0.5787, -0.5945, 0.3707)^T. \qquad \triangle$$

Führt man bei der inversen Iteration sogenannte Shifts ein, lassen sich Eigenwerte
bestimmen, die nicht am Rand des Spektrums liegen. Ein Shift um θ von A besteht
aus der Subtraktion der θ-fachen Einheitsmatrix von A. Das Spektrum von A wird
dabei um θ nach links verschoben, in der Absicht, einen ausgewählten Eigenwert
von A in die Nähe der Null zu verschieben, um ihn zum betragskleinsten Eigenwert
der Matrix

$$A_\theta := A - \theta I$$

zu machen. Die inverse Iteration wird dann auf A_θ angewandt.

Beispiel 5.14 Für T_5 aus Beispiel 5.3 vermuten wir die Eigenwerte in den Mittel-
punkten der Gerschgorin-Kreise (siehe Anhang C), also in den Diagonalelementen von A (die Beispiele 5.11 und 5.13 zeigen, dass diese Vermutung nicht immer
gerechtfertigt ist). Um den mittleren Eigenwert, den wir bei 7 vermuten, genauer
zu bestimmen, wenden wir die inverse Iteration auf $A - 7I$ an und erhalten für
$z^{(0)} = (1, 0, 0, 0, 0)^T$ die Rayleigh-Quotienten

$$R_1 = -1.317, \quad R_2 = -1.072, \quad R_3 = -1.031, \quad R_4 = -1.027, \quad R_5 = -1.027,$$

woraus sich die Eigenwertnäherung

$$\lambda \approx 7 - 1.027 \approx 5.973$$

berechnet. Sie stimmt mit dem drittgrößten Eigenwert λ_3 von A auf 4 Dezimalstellen überein. Da die Shifts nur die Eigenwerte, nicht aber die Eigenvektoren
von A ändern, kann man wie in Beispiel 5.13 einen normierten Eigenvektor zu λ_3
berechnen. $\qquad \triangle$

5.4   QR-Verfahren

Bei der Potenzmethode ist die Konvergenz nur gesichert, wenn es einen einfachen
dominanten Eigenwert von A gibt, der betragsmäßig größer als alle anderen Eigenwerte ist. Gleichzeitig konvergiert die Iteration in diesem Fall immer gegen einen
dominanten Eigenvektor, sofern der Startvektor einen nicht verschwindenden Anteil
im dominanten Eigenraum besitzt. Wendet man die Potenzmethode nicht auf einen
Vektor, sondern auf eine $(n \times r)$-Matrix Z_0 an, dann konvergieren gewöhnlich alle
Spalten von

$$Z_k = A^k Z_0$$

gegen denselben dominanten Eigenvektor.

Will man mehrere Eigenwerte und ihre zugehörigen Eigenvektoren von A simultan bestimmen, muss man den Rang der iterierten Matrix Z_k erhalten. Dazu kann man in jedem Iterationsschritt eine reduzierte QR-Zerlegung von Z_k durchführen und die Iteration danach mit Q fortsetzen. Diese simultane Iteration ist in Algorithmus 5.1 beschrieben. Sie wird mit einer orthogonalen Matrix Z_0 gestartet.

Algorithmus 5.1: Simultane Iteration

Gegeben: $A \in \mathbb{R}^{n \times n}$, $Z_0 \in \mathbb{R}^{n \times r}$ orthogonal; Abbruchbed.

Für $k = 0, 1, \ldots$:

$\quad Z_{k+1} := A Z_k$

$\quad$ Berechne die reduzierte QR-Zerlegung von Z_{k+1}:

$\quad\quad Z_{k+1} = Q_k R_k$

$\quad Z_{k+1} := Q_k$

Gilt für die Eigenwerte von A die Ungleichung

$$|\lambda_r| > |\lambda_{r+1}|,$$

dann konvergieren die Matrizen Z_k gegen den zu den Eigenwerten $\lambda_1, \ldots, \lambda_r$ gehörenden dominanten invarianten Unterraum von A, sofern die Startmatrix Z_0 geeignet gewählt ist. Einen präzisen Konvergenzsatz zur simultanen Iteration findet man in [12, Theorem 7.3.1].

Die numerisch zuverlässigste Methode zur simultanen Bestimmung aller Eigenwerte einer gegebenen Matrix A ist das QR-Verfahren. Wir geben das Verfahren hier nur an und verweisen auf [12,28] für eine umfassende Diskussion. Die Matrix A wird zunächst durch Ähnlichkeitstransformation auf obere Hessenberg-Gestalt H gebracht. Im symmetrischen Fall ist H eine Tridiagonalmatrix. Auf H wird die folgende Iteration angewandt:

Algorithmus 5.2: QR-Verfahren

Gegeben: $H_0 \in \mathbb{R}^{n \times n}$; Abbruchbedingung.

Für $k = 0, 1, \ldots$:

$\quad$ Berechne die QR-Zerlegung von H_k:

$\quad\quad H_k = Q_k R_k$

$\quad$ Multipliziere Q_k und R_k in umgekehrter Reihenfolge:

$\quad\quad H_{k+1} := R_k Q_k$

Wegen $R_k^{-1} H_{k+1} R_k = H_k$ ist H_{k+1} ähnlich zu H_k, sodass alle iterierten Matrizen H_k ähnlich zu A sind. Algorithmus 5.2 besitzt die folgende Eigenschaft, die wir hier ohne Beweis angeben.

Satz 5.15 *Die Matrix* $A \in \mathbb{R}^{n \times n}$ *sei diagonalisierbar und besitze paarweise verschiedene Eigenwerte* $|\lambda_n| > |\lambda_{n-1}| > \cdots > |\lambda_1| > 0$. *Die Matrix der zugehörigen Eigenvektoren besitze eine LU-Zerlegung. Dann konvergieren die Matrizen* H_k *des QR-Verfahrens gegen eine obere Dreiecksmatrix, deren Diagonale von den Eigenwerten von A (in absteigender Reihenfolge) gebildet wird.*

Beispiel 5.16 Für T_5 aus Beispiel 5.3 liefert das QR-Verfahren die folgenden Iterierten:

$$
H_0 = T_5 = \begin{pmatrix} 5 & 1 & & & \\ 1 & 6 & 2 & & \\ & 2 & 7 & 3 & \\ & & 3 & 8 & 4 \\ & & & 4 & 9 \end{pmatrix}, \quad
H_{10} = \begin{pmatrix} 13.146 & 0.813 & & & \\ 0.813 & 8.839 & 0.409 & & \\ & 0.409 & 6.012 & 0.182 & \\ & & 0.182 & 4.419 & 0.007 \\ & & & 0.007 & 2.585 \end{pmatrix}
$$

$$
H_{20} = \begin{pmatrix} 13.294 & 0.013 & & & \\ 0.013 & 8.750 & 0.009 & & \\ & 0.009 & 5.973 & 0.009 & \\ & & 0.009 & 4.398 & 0.000 \\ & & & 0.000 & 2.585 \end{pmatrix}, \quad
H_{30} = \begin{pmatrix} 13.294 & & & & \\ & 8.750 & & & \\ & & 5.973 & & \\ & & & 4.398 & \\ & & & & 2.585 \end{pmatrix}.
$$

$\triangle$

Wie bei der inversen Iteration kann die Konvergenz der Diagonalelemente von H_k durch geeignete Shifts beschleunigt werden.

5.5   Zusammenfassung und Ausblick

Näherungsverfahren zur Berechnung von Eigenwerten haben unterschiedliche Einsatzmöglichkeiten. Alle Eigenwerte einer Matrix $A \in \mathbb{R}^{n \times n}$ berechnet man meist nur für kleine Matrizen. Dies kann im symmetrischen Fall durch das vorgestellte Bisektionsverfahren und im Allgemeinen durch die QR-Iteration erfolgen. Einzelne Eigenwerte können mit der Potenzmethode und ihrer Verallgemeinerung zur inversen Iteration mit Shifts bestimmt werden. Dies ist auch für große, dünnbesetzte Matrizen durchführbar.

Will man von einer solchen Matrix mehrere Eigenwerte berechnen, bietet sich das Rayleigh-Ritz-Verfahren an. Mithilfe einer orthogonalen Matrix $V \in \mathbb{R}^{n \times m}$, $m \ll n$, bildet man die Matrix

$$
A_m = V^T A V \in \mathbb{R}^{m \times m}
$$

kleiner Dimension, deren Eigenwerte mit einem der beschriebenen Verfahren berechnet werden können. Die Eigenwerte λ_i von A_m nähern Eigenwerte von A. Näherungseigenvektoren x^i von A erhält man aus Eigenvektoren x_m^i von A_m durch

$$
x^i = V x_m^i.
$$

Die Matrix V wählt man beispielsweise als Basismatrix eines Krylov-Unterraums, siehe Abschn. 4.3.3. Die Approximationsgüte der so erhaltenen Eigenwertnäherungen kann durch die Berechnung von

$$\left\| Ax^i - \lambda_i x^i \right\|$$

geprüft werden.

Approximation und Interpolation reellwertiger Funktionen

6

Eine der grundlegenden Aufgabenstellungen der numerischen Mathematik besteht aus der Berechnung von Näherungen für Funktionswerte reellwertiger Funktionen. In diesem Kapitel stellen wir geeignete Methoden für zwei verschiedene Szenarien vor.

Als erstes berechnen wir in Abschn. 6.1 Näherungswerte für die in der Mathematik am häufigsten verwendeten transzendenten Funktionen, also für die Exponentialfunktion, den Logarithmus, die trigonometrischen und die hyperbolischen Funktionen sowie ihre Umkehrfunktionen. Zusammen mit den rationalen Funktionen und den Wurzelfunktionen bilden sie die Menge der elementaren Funktionen.

In der zweiten Aufgabenstellung, die wir in diesem Kapitel betrachten, ist kein Rechenausdruck für die auszuwertende Funktion f bekannt. Stattdessen sind nur Funktions- oder Messwerte an $n + 1$ ausgewählten Stellen $x_0, x_1, \ldots x_n$ eines Intervalls I gegeben. In diesem Fall suchen wir nach einer Ersatzfunktion $\tilde{f}$, sodass $\tilde{f}(x)$ für alle $x \in I$ definiert ist und gleichzeitig

$$\left| \tilde{f}(x) - f(x) \right|$$

im Intervall I klein ist. Zur Lösung dieser Problemstellung stellen wir verschiedene Methoden vor: Polynom-Interpolation im Abschn. 6.2, Spline-Interpolation im Abschn. 6.3, trigonometrische Interpolation im Abschn. 6.4 sowie die Approximation nach der Methode der kleinsten Quadrate in den Abschn. 6.5 und 6.6.

6.1 Approximation transzendenter Funktionen

Zu den transzendenten Funktionen kann man im Allgemeinen keine exakten Funktionswerte „berechnen". Nur an wenigen speziellen Stellen besitzen diese Funktionen

M. Neher, *Numerische Mathematik*, https://doi.org/10.1007/978-3-662-68815-1_6

rationale Funktionswerte oder Funktionswerte, die als rationale Vielfache bekannter mathematischer Konstanten geschrieben werden können, wie $\sin \pi = 0$, $\cosh 0 = 1$ oder $\arctan 1 = \frac{\pi}{4}$. Fast überall im Definitionsbereich ist der Funktionswert einer transzendenten Funktion f an der Stelle x eine irrationale Zahl, die man nicht einfacher als durch $f(x)$ darstellen kann.

Wie schon in Abschn. 1.1 erläutert, arbeitet man bei praktischen Problemen selten mit exakten Funktionswerten, da sich mit ihnen nicht bequem rechnen lässt. So ist $\sin 1$ zwar ein Symbol für den exakten Funktionswert der Sinusfunktion an der Stelle 1, aber durch die Dezimalnäherung 0.8415 können die meisten Menschen den Wert besser erfassen. In diesem Abschnitt werden daher Methoden beschrieben, die Dezimalnäherungen für Funktionswerte von transzendenten Funktionen liefern. Wir zeigen auch, wie der dabei auftretende Approximationsfehler abgeschätzt wird.

Zur Einführung erinnern wir daran, wie arithmetische Grundoperationen von Menschen im Dezimalsystem und von digitalen Computern in dualer Arithmetik ausgeführt werden. Als einfachste Operation wird sie Addition von mehrstelligen Dezimalzahlen als *tabellengestützte Addition einstelliger Zahlen mit Übertrag* ausgeführt. Dass $1+1 = 2$, $2+7 = 9$ oder $4+8 = 12$ ergeben, haben wir in der Kindheit auswendig gelernt und in einer Tabelle im Gehirn abgespeichert. Dieses „kleine 1+1" genügt, um unter Verwendung von Überträgen Additionen und Subtraktionen von Dezimalzahlen beliebiger Länge zu berechnen.

Zur Multiplikation von Dezimalzahlen benutzen wir die Multiplikationstabelle „kleines 1×1" und die Addition von Zwischenergebnissen. Die Division von Dezimalzahlen wird schließlich durch Probieren endlich vieler Produkte auf Multiplikation und Subtraktion zurückgeführt. Die Division enthält damit sogar eine experimentelle Komponente.

Beispiel 6.1 Addition, Multiplikation und Division von Dezimalzahlen:

a)	123	b)	123·987	c)	97785=123·8__	d)	97785=123·795
	+987		1107		984		861
	1 1 1		9 84		***		
	———		861				1168
	1110		1 2 1				1107
			———				———
			121 401				615
							615
							———
							0

In c) ist Überlauf aufgrund einer missglückten Überschlagsrechnung („probieren") aufgetreten. Die Rechnung muss abgebrochen und mit einem neuen Testwert für die führende Ziffer des gesuchten Quotienten wiederholt werden.   △

Die von Computern verwendete Dualarithmetik beruht auf den gleichen Prinzipien wie die Dezimalarithmetik. In dualer Arithmetik sind Multiplikation und Division sogar einfacher zu realisieren als in dezimaler Arithmetik. Die Tabelle „kleines 1+1" besteht nur aus den drei Einträgen $0 + 0$, $0 + 1$, $1 + 1$, die Multiplikation benötigt nur Additionen und die Division kommt mit Subtraktionen ohne Probieren aus.

Beispiel 6.2 Addition, Multiplikation und Division von Dualzahlen:

a)
```
   1 0 1
 + 1 1 1
   1 1 1
 ───────
 1 1 0 0
```

b)
```
 1 1 0 · 1 0 1
 1 1 0
     1 1 0
 ─────────────
 1 1 1 1 0
```

c)
```
 1 1 1 1 0 = 1 0 1 · 1 1 0
 1 0 1
   1 0 1
   1 0 1
 ─────────
       0 0
```

$\triangle$

Durch die vermeintliche Fähigkeit eines Taschenrechners, Wurzeln, trigonometrische Funktionen oder Logarithmen zu berechnen, könnte der Eindruck entstehen, dass digitale Computer höhere Rechenfertigkeiten als Menschen besitzen. Diese Illusion beruht auf der weit verbreiteten Unkenntnis über die Arbeitsweise von Computern und die implementierten mathematischen Algorithmen zur Berechnung von Funktionswerten. Computer rechnen nicht anders, aber sehr viel schneller und fehlerfreier als Menschen. Ihr Erfolg beruht im Wesentlichen darauf, dass die arithmetischen Grundoperationen genügen, um für die elementaren Funktionen hinreichend genaue Näherungswerte zu bestimmen.

Für Wurzeln haben wir mit dem Newton-Verfahren bereits ein Näherungsverfahren kennengelernt, welches nur die arithmetischen Grundoperationen benötigt. Die übrigen elementaren Funktionen approximiert man durch Polynome oder rationale Funktionen, welche mit arithmetischen Grundoperationen ausgewertet werden können. Dazu konstruiert man zu einer gegebenen transzendenten Funktion f auf einem Intervall I eine rationale Funktion $\tilde{f}$, für die

$$\left| \tilde{f}(x) - f(x) \right| < \varepsilon \quad \text{für alle } x \in I$$

mit einem hinreichend kleinen $\varepsilon \geq 0$ gilt, und lässt den Computer anschließend $\tilde{f}(x)$ anstelle von $f(x)$ berechnen.

Eine solche Approximation ist im Prinzip einfach zu realisieren. Die elementaren Funktionen sind (eventuell bis auf wenige Ausnahmestellen) in ihrem Definitionsbereich beliebig oft differenzierbar und lokal in Taylor-Reihen entwickelbar. Der nächste Unterabschnitt widmet sich dem Ansatz, speziell Taylor-Polynome zur Approximation zu verwenden.

Einschränkungen in der Anwendbarkeit ergeben sich aus zwei Gründen. Einerseits konvergieren Taylor-Reihen nur auf kleinen Intervallen schnell genug, um mit wenigen Gliedern eine gute Approximation zu liefern. Andererseits können nur Entwicklungsstellen verwendet werden, an denen man die für das Taylor-Polynom benötigten Funktions- und Ableitungswerte kennt. Die Überwindung dieser Schwierigkeiten diskutieren wir im Abschn. 6.1.2.

6.1.1   Approximation mit Taylor-Polynomen

Taylor-Polynome sind dadurch bestimmt, dass sie an einer fest gewählten Stelle x_0 im Definitionsbereich einer hinreichend oft differenzierbaren Funktion f den Funktionswert von f und dieselben Ableitungswerte bis zu einer Ordnung n annehmen:

$$T_n^{(k)}(x_0) = f^{(k)}(x_0) \quad \text{für } k = 0, \dots, n.$$

Soll explizit auf die Entwicklungsstelle x_0 hingewiesen werden, schreibt man $T_n(x; x_0)$ anstelle von $T_n(x)$.

Wenn f auf $\mathbb{R}$ unendlich oft differenzierbar ist und die Ableitungen von f gleichmäßig beschränkt sind, konvergieren die Taylor-Polynome auf ganz $\mathbb{R}$ gegen f. Allgemein gilt [10, Satz 22.2] (Abb. 6.1):

Satz 6.3 (Satz von Taylor) *Es sei $I = [x_0 - a, x_0 + a]$, $a > 0$, ein kompaktes Intervall und $f \in C^{n+1}(I)$. Dann existiert zu jedem $x \in I$ ein $\xi \in (x_0 - a, x_0 + a)$, sodass*

$$f(x) = T_n(x; x_0) + R_n(x)$$

mit

$$T_n(x; x_0) = \sum_{j=0}^{n} \frac{f^{(j)}(x_0)}{j!}(x - x_0)^j, \quad R_n(x) = \frac{f^{(n+1)}(\xi)}{(n+1)!}(x - x_0)^{n+1}$$

gilt.

Will man eine Funktion f in der Umgebung U einer Entwicklungsstelle x_0 durch ihre Taylor-Polynome approximieren, treten die folgenden Fragestellungen zur Überprüfung der Approximationsgüte auf:

1. Welchen Polynomgrad muss man mindestens wählen, um in U eine vorgegebene Fehlertoleranz zu erfüllen?

Abb. 6.1 Taylor-
Approximation

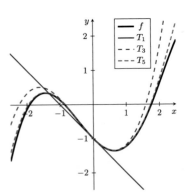

2. Wie groß ist der maximale Approximationsfehler in U für eine gegebene Ordnung n?
3. Für welche $x \in U$ wird eine vorgegebene Fehlertoleranz eingehalten, wenn auch der Polynomgrad fixiert ist?

Die Antwort auf diese Fragen erfolgt durch Berechnung bzw. Abschätzung des Restglieds.

Beispiel 6.4 Approximation der Sinusfunktion durch Taylor-Polynome.

Es sei $f(x) = \sin x$ und $x_0 = 0$. Für jedes $x \in \mathbb{R}$ gibt es ein ξ zwischen 0 und x, sodass

$$\sin x = T_{2n+1}(x) + R_{2n+1}(x)$$

mit

$$T_{2n+1}(x) = \sum_{j=0}^{n} (-1)^j \frac{x^{2j+1}}{(2j+1)!}, \quad R_{2n+1}(x) = \frac{f^{(2n+2)}(\xi)}{(2n+2)!} x^{2n+2} \tag{6.1}$$

gilt. Wegen $f^{(2n+2)}(0) = 0$ gilt bei der Sinusfunktion $T_{2n+1} = T_{2n+2}$ und man darf R_{2n+1} in (6.1) durch

$$R_{2n+2}(x) = \frac{f^{(2n+3)}(\xi)}{(2n+3)!} x^{2n+3} = (-1)^{j+1} \frac{\sin \xi}{(2n+3)} x^{2n+3}$$

ersetzen. Mit diesem Restglied diskutieren wir nun die obigen Aufgabenstellungen.

Zunächst suchen wir den niedrigsten Polynomgrad, mit dem

$$|\sin x - T_{2n+1}(x)| \leq 10^{-16}$$

in $U = \left[-\frac{\pi}{2}, \frac{\pi}{2} \right]$ erreicht wird. Dazu schätzen wir $\sin \xi$ durch 1 ab und überprüfen die Ungleichung

$$\frac{1}{(2n+3)!} \left(\frac{\pi}{2} \right)^{2n+3} \leq 10^{-16}. \tag{6.2}$$

Analytisch kann man (6.2) nicht nach n auflösen, aber da die Fakultäten viel schneller wachsen als die Potenzen, sind nur wenige Werte zu überprüfen. Für $2n + 3 = 23$ ist die Ungleichung erstmals erfüllt. Das Taylor-Polynom der Ordnung 21 approximiert die Sinusfunktion auf U mit der gewünschten Genauigkeit.

Verwendet man T_{11} anstelle von T_{21} zur Approximation, kann man in U hingegen nur

$$|\sin x - T_{11}(x)| \leq \frac{1}{13!} \left(\frac{\pi}{2} \right)^{13} \approx 5.692 \cdot 10^{-8}$$

garantieren. Will man die Fehlerschranke 10^{-16} mit T_{11} unterschreiten, gelingt dies für

$$\frac{|x|^{13}}{13!} \leq 10^{-16} \iff |x| \leq \sqrt[13]{13! \cdot 10^{-16}} \approx 0.3331.$$

$\triangle$

6.1.2   Argumentreduktion

Ein großes Hindernis bei der praktischen Approximation transzendenter Funktionen durch Polynome oder rationale Funktionen niederen Grades besteht darin, dass diese im Allgemeinen nur auf kleinen Intervallen gute Näherungen liefern. Die Verwendung von Polynomen hohen Grades erlaubt größere Intervalle, ist aber aufwendig und anfällig für Rundungsfehler.

Daher wird die Approximation einer elementaren Funktion f durch ein Polynom oder eine rationale Funktion $\tilde{f}$ auf ein kleines Basisintervall I beschränkt.[1] Für ein nicht in I liegendes Argument x führt man eine sogenannte Argumentreduktion

$$f(x) \approx \tilde{f}(\tilde{x})$$

mit einem geeigneten Ersatzargument $\tilde{x} \in I$ durch. Das Intervall I und das Ersatzargument $\tilde{x}$ werden für jede elementare Funktion individuell festgelegt.

Dabei ist man nur an Argumenten und Funktionswerten interessiert, die in der verwendeten Gleitpunktarithmetik darstellbar sind. Dies kann die Approximationsaufgabe stark vereinfachen, wie das Beispiel der Exponentialfunktion zeigt. Im IEEE 754 Double-Standard genügt es, e^x im Intervall $[-745, 710]$ zu approximieren. Für kleinere Argumente ist der Funktionswert numerisch Null, für größere Argumente größer als maxreal.

Bei den trigonometrischen Funktionen nutzt man Periodizitäts- und Symmetrieeigenschaften zur Argumentreduktion, wodurch sich die Approximation auf das Intervall $\left[0, \frac{\pi}{4}\right]$ reduzieren lässt. Dazu muss die Konstante π in ausreichender Genauigkeit auf dem Computer gespeichert sein und die Argumentreduktion muss eventuell mit höherer Rechengenauigkeit durchgeführt werden.

Beispielsweise kann man einen Näherungswert von $\sin(314)$ mit $T_3(x; 0)$ folgendermaßen berechnen:

$$\sin(314) = \sin(314 - 100\pi) \approx \sin(-0.1593)$$

$$\approx -0.1593 + \frac{1}{6} 0.1593^3 \approx -0.1586.$$

---

[1]Eine interessante Alternative zur Verwendung einer lokalen rationalen Approximation stellen die CORDIC-Algorithmen dar [15,18,27], welche 1959 von Volder vorgeschlagen und ab 1968 in verschiedenen Taschenrechnern von Hewlett-Packard impementiert wurden.

Die gefundene Näherung stimmt mit dem auf vier Mantissenstellen gerundeten exakten Wert von $\sin(314)$ überein, obwohl bis auf die Argumentreduktion nur vierstellig gerechnet wurde und nur ein Polynom dritten Grades zur Approximation der Sinusfunktion verwendet wurde. Die Subtraktion $314 - 100\pi$ wurde mit sieben Stellen ausgeführt, um das reduzierte Argument $\tilde{x}$ mit vierstelliger Genauigkeit zu erhalten.

Bei der Exponentialfunktion kann Argumentreduktion durch die Anwendung von Potenzgesetzen erreicht werden. Dazu ermittelt man zu einem gegebenen Argument x die eindeutig bestimmten Werte $k \in \mathbb{Z}$ sowie $\tilde{x} \in I = \left[-\frac{1}{2} \ln 2, \frac{1}{2} \ln 2 \right)$, sodass

$$x = \tilde{x} + k \ln 2$$

gilt. Dies gelingt zuverlässig, wenn der Wert von $\ln 2$ auf dem Computer in hinreichender Genauigkeit vorliegt. Den gewünschten Funktionswert e^x erhält man dann aus der Beziehung

$$e^x = e^{\tilde{x} + k \ln 2} = e^{\tilde{x}} \cdot 2^k .$$

Im Dualsystem wird die Multiplikation mit Zweierpotenzen durch Anpassen des Exponenten rundungsfehlerfrei durchgeführt. Dadurch genügt es, die Exponentialfunktion im Intervall I zu approximieren. In diesem Intervall wird die Fehlerschranke von 10^{-16} bereits durch das Taylor-Polynom der Ordnung 13 unterschritten.

Alternativ kann man bei der Exponentialfunktion das Argument mithilfe des Potenzgesetzes

$$e^x = \left(e^{\frac{x}{2}} \right)^2$$

halbieren. In maximal elf Schritten kann der praktisch relevante Argumentbereich $[-745, 710]$ auf ein Teilintervall von $\left[-\frac{1}{2}, \frac{1}{2} \right]$ reduziert werden. Als Zahlenbeispiel berechnen wir einen Näherungswert für e^4. Der auf vier Mantissenstellen gerundete exakte Wert ist $e^4 \approx 54.60$. Nach der Argumentreduktion

$$e^4 = \left(e^4 \right)^2 = \left(\left(e^1 \right)^2 \right)^2 = \left(\left(\left(e^{0.5} \right)^2 \right)^2 \right)^2$$

liefert das Taylor-Polynom T_4 bei vierstelliger Rechnung die Näherung

$$e^{0.5} \approx T_4(0.5) = 1 + 0.5 + \frac{1}{2} 0.25 + \frac{1}{6} 0.125 + \frac{1}{24} 0.0625 \approx 1.649 .$$

Dreifaches Quadrieren ergibt

$$e^1 \approx 1.649^2 \approx 2.719, \quad e^2 \approx 2.719^2 \approx 7.393, \quad e^4 \approx 7.393^2 \approx 54.66 .$$

Einfache Argumentreduktionen sind auch für den Logarithmus und den Arkustangens verfügbar. Beim Logarithmus kann man die Darstellung

$$x = 2^k \tilde{x}, \quad k \in \mathbb{Z}, \quad \tilde{x} \in \left[\frac{1}{2}, 1 \right),$$

verwenden, um $\ln x$ durch

$$\ln x = k \ln 2 + \ln \tilde{x}$$

zu approximieren. Beim Arkustangens nutzt man die Symmetrie sowie die Beziehung

$$\arctan x = \frac{\pi}{2} - \arctan \frac{1}{x},$$

um das Approximationsintervall auf das Intervall $[0, 1]$ zurückzuführen.

Die übrigen elementaren Funktionen haben entweder einen kleinen natürlichen Definitionsbereich oder sie können mithilfe von e^x, $\ln x$, $\sin x$ und $\arctan x$ dargestellt werden, sodass sich die beschriebenen Argumentreduktionen ebenfalls einsetzen lassen, eventuell mit geringfügigen Modifikationen. Eine ausführliche Darstellung von Approximationsmethoden für die elementaren Funktionen findet man in [18].

6.2   Polynom-Interpolation

Bei der Approximation mit Taylor-Polynomen wurde eine hinreichend glatte Funktion durch Funktions- und Ableitungswerte an einer einzigen Stelle x_0 approximiert. Dieser Ansatz scheitert schnell, wenn nur Messwerte zur Aproximation vorliegen, da Ableitungen höherer Ordnung schwer zu messen sind. Außerdem beobachtet man häufig, dass der Approximationsfehler der Taylor-Polynome mit zunehmender Entfernung von der Stelle x_0 anwächst. Intuitiv ist plausibel, dass man für eine gleichmäßige Approximation im Intervall $I = [a, b]$ die Informationen zu f an mehreren in I verteilten Stellen einholen sollte (Abb. 6.2).

Der Interpolationsansatz verwendet $n + 1$ Funktions- oder Messwerte f_i an paarweise verschiedenen Stützstellen $x_0, x_1, \ldots, x_n$ in I und bestimmt die approximierende Funktion p durch die Interpolationsbedingungen

$$p(x_i) = f_i, \quad i = 0, 1, \ldots, n. \tag{6.3}$$

Während es unendlich viele Funktionen p gibt, welche die Eigenschaft (6.3) besitzen, eignen sich Polynome aus zwei Gründen besonders gut für diese Aufgabenstellung. Nach dem Weierstraß'schen Approximationssatz liegen Polynome dicht in $C[a, b]$,

Abb. 6.2 Polynom-Interpolation

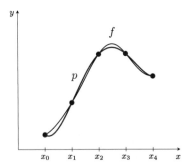

dem Raum der auf $[a, b]$ stetigen Funktionen, wodurch sie jede stetige Funktion f beliebig gut annähern können. Zudem sind Funktionswerte von Polynomen einfach zu berechnen, sodass man mit geringem Aufwand Näherungswerte für f an anderen Stellen erhält.

Wertet man eine Funktion p mit der Eigenschaft (6.3) nur im Intervall $[a, b]$ aus, spricht man von Interpolation, bei Auswertung außerhalb von $[a, b]$ von Extrapolation. Dass Extrapolation wesentlich unzuverlässiger ist als Interpolation kann man an zwei Anwendungsbeispielen aus dem täglichen Leben beobachten: der Wettervorhersage und der Prognose von Aktienkursen. Beide versuchen, mithilfe von Messdaten aus der Vergangenheit in die Zukunft zu blicken, mit manchmal überschaubarem Erfolg.

Bei der Polynom-Interpolation wird ein Polynom p vom Höchstgrad n gesucht, das die Interpolationsaufgabe (6.3) löst. Diese Aufgabenstellung ist eindeutig lösbar. Von Lagrange wurde eine explizite Berechnungsformel zu beliebig vorgegebenen paarweise verschiedenen Stützstellen und beliebigen Funktionswerten angegeben.

Satz 6.5 (Existenzsatz) *Das Lagrange'sche Interpolationspolynom*

$$p_n(x) := \sum_{j=0}^{n} f_j \cdot L_j(x)$$

mit den Langrange'schen Basispolynomen

$$L_j(x) = \frac{(x - x_0) \cdots (x - x_{j-1}) \cdot (x - x_{j+1}) \cdots (x - x_n)}{(x_j - x_0) \cdots (x_j - x_{j-1}) \cdot (x_j - x_{j+1}) \cdots (x_j - x_n)} = \prod_{\substack{k=0 \\ k \neq j}}^{n} \frac{x - x_k}{x_j - x_k}$$

genügt den Interpolationsbedingungen (6.3).

Beweis Die Basispolynome besitzen den Grad n. Als gewichtete Summe der L_j ist p_n ein Polynom vom Höchstgrad n. Die Interpolationsbedingen

$$p_n(x_i) = \sum_{j=0}^{n} f_j \cdot L_j(x_i) = f_i, \quad i = 0, 1, \ldots, n,$$

sind wegen

$$L_j(x_i) = \delta_{ij} = \begin{cases} 1 & \text{für } i = j, \\ 0 & \text{für } i \neq j, \end{cases}$$

erfüllt. $\qquad\square$

Satz 6.6 (Eindeutigkeitssatz) *Durch die Interpolationsbedingungen* (6.3) *ist* p_n *eindeutig bestimmt.*

Beweis Gäbe es zwei solche Polynome p und q, dann wäre die Differenz $p - q$ ein Polynom vom Höchstgrad n, welches die $n + 1$ paarweise verschiedenen Stützstellen x_i als Nullstellen besitzt. Aus dem Fundamentalsatz der Algebra folgt, dass $p - q$ das Nullpolynom ist.   □

Beispiel 6.7 Lagrange-Interpolation von $\cos\left(\frac{\pi}{2}x\right)$, $x \in [-1, 1]$, zu den Stützwerten

x_i	-1	1	0	$\frac{2}{3}$
f_i	0	0	1	$\frac{1}{2}$

Da die Stützwerte f_0 und f_1 Null sind, werden die Basispolynome L_0 und L_1 nicht benötigt. Mit

$$L_2(x) = \frac{(x - x_0)(x - x_1)(x - x_3)}{(x_2 - x_0)(x_2 - x_1)(x_2 - x_3)} = \frac{(x + 1)(x - 1)\left(x - \frac{2}{3}\right)}{(0 + 1)(0 - 1)\left(0 - \frac{2}{3}\right)}$$

$$= \frac{3}{2}x^3 - x^2 - \frac{3}{2}x + 1,$$

$$L_3(x) = \frac{(x - x_0)(x - x_1)(x - x_2)}{(x_3 - x_0)(x_3 - x_1)(x_3 - x_2)} = \frac{(x + 1)(x - 1)(x - 0)}{\left(\frac{2}{3} + 1\right)\left(\frac{2}{3} - 1\right)\left(\frac{2}{3} - 0\right)}$$

$$= -\frac{27}{10}(x^3 - x),$$

lautet das Interpolationspolynom

$$p_3(x) = L_2(x) + \frac{1}{2}L_3(x) = \frac{3}{20}x^3 - x^2 - \frac{3}{20}x + 1.$$

△

Nach Satz 6.6 ist das Interpolationspolynom eindeutig. Polynome besitzen jedoch alternative Darstellungen, die mit unterschiedlichem Rechenaufwand ausgewertet werden können. Die obige Formulierung des Lagrange'schen Interpolationspolynoms ist in dieser Hinsicht nicht optimal, denn für jedes der $n + 1$ Basispolynome sind $O(n)$ Multiplikationen zu berechnen, was den Aufwand für einen Funktionswert von p_n auf $O(n^2)$ Operationen erhöht. Eine effizientere Methode verwendet die baryzentrische Form [3]. Setzt man

$$w_j := \frac{1}{\displaystyle\prod_{\substack{k=0 \\ k \neq j}}^{n}(x_j - x_k)},$$

dann kann man das Interpolationspolynom in der Form

$$p_n(x) = \frac{\displaystyle\sum_{j=0}^{n} \frac{w_j}{x - x_j} f_j}{\displaystyle\sum_{j=0}^{n} \frac{w_j}{x - x_j}}$$

schreiben. In dieser Darstellung benötigt die Berechnung eines Funktionswerts von p_n nur $O(n)$ Gleitpunktoperationen.

Eine weitere alternative Gestalt des Interpolationspolynoms wurde von Newton mithilfe dividierter Differenzen entwickelt. Die dividierten Differenzen werden Steigungen genannt. Sie sind rekursiv definiert.

Definition 6.8 Gegeben seien $n + 1$ paarweise verschiedene Stellen $x_0, x_1, \ldots, x_n$ in einem reellen Intervall D und eine auf D definierte reellwertige Funktion. Dann heißt

$$\begin{aligned}
\delta f[x_0] &:= f(x_0) &\text{Steigung 0. Ordnung,}\\
\delta f[x_0, x_1] &:= \frac{f(x_1) - f(x_0)}{x_1 - x_0} &\text{Steigung 1. Ordnung,}\\
\delta f[x_0, x_1, \ldots, x_{j-1}, x_j] &:= \frac{\delta f[x_1, \ldots, x_j] - \delta f[x_0, \ldots, x_{j-1}]}{x_j - x_0} &\text{Steigung } j\text{-ter Ordnung}
\end{aligned}$$

für $j = 2, \ldots, n$.

Die Steigungen werden nun zur Umformung von f benutzt. Es ist

$$\begin{aligned}
f(x) &= f(x_0) + f(x) - f(x_0) = f(x_0) + \frac{f(x) - f(x_0)}{x - x_0}(x - x_0)\\
&= f(x_0) + \delta f[x_0, x](x - x_0)
\end{aligned}$$

sowie

$$\begin{aligned}
f(x) &= f(x_0) + f(x_1) - f(x_0) + f(x) - f(x_1)\\
&= f(x_0) + \frac{f(x_1) - f(x_0)}{x_1 - x_0} \underbrace{(x_1 - x_0)}_{x - x_0 - (x - x_1)} + \frac{f(x) - f(x_1)}{x - x_1}(x - x_1)\\
&= f(x_0) + \delta f[x_0, x_1](x - x_0) - \delta f[x_0, x_1](x - x_1) + \delta f[x_1, x](x - x_1)\\
&= f(x_0) + \delta f[x_0, x_1](x - x_0) + \frac{\delta f[x_1, x] - \delta f[x_0, x_1]}{x - x_0}(x - x_0)(x - x_1)\\
&= f(x_0) + \delta f[x_0, x_1](x - x_0) + \delta f[x_0, x_1, x](x - x_0)(x - x_1).
\end{aligned}$$

Mit vollständiger Induktion folgt allgemein

$$f(x) = \sum_{j=0}^{n} \delta f[x_0, \ldots, x_j] \prod_{i=0}^{j-1} (x - x_i) + \delta f[x_0, \ldots, x_n, x] \prod_{i=0}^{n} (x - x_i). \quad (6.4)$$

Die führende Summe in (6.4) ist das Interpolationspolynom in der Darstellung von Newton. Nützlich ist auch der letzte Summand, der den Interpolationsfehler beschreibt und auf den wir in Satz 6.11 näher eingehen. Wir fassen zusammen:

Satz 6.9 *Das Interpolationspolynom einer Funktion* $f : [a, b] \to \mathbb{R}$ *zu* $n + 1$ *paarweise verschiedenen Stützstellen* $x_0, x_1, \ldots, x_n$ *ist in der Darstellung von Newton gegeben durch*

$$p_n(x) = \sum_{j=0}^{n} \delta f[x_0, \ldots, x_j] \prod_{i=0}^{j-1} (x - x_i). \quad (6.5)$$

Für den zugehörigen Interpolationsfehler $R_n(x) = f(x) - p_n(x)$ *gilt*

$$R_n(x) = \delta f[x_0, \ldots, x_n, x] \prod_{i=0}^{n} (x - x_i). \quad (6.6)$$

Beweis Durch (6.5) wird offenbar ein Polynom vom Höchstgrad n definiert. Zu zeigen ist, dass die Interpolationsbedingungen erfüllt werden. Diesen Nachweis führen wir mit vollständiger Induktion.

Zunächst ist $p_0(x_0) = f(x_0)$. Als Induktionsvoraussetzung dürfen wir demnach annehmen, dass

$$p_n(x_i) = f(x_i) \quad \text{für } i = 0, 1, \ldots, n$$

für ein $n \in \mathbb{N}_0$ gilt. Wegen

$$p_{n+1}(x) = p_n(x) + \delta f[x_0, \ldots, x_{n+1}] \prod_{i=0}^{n} (x - x_i)$$

folgt unter Verwendung der Induktionsvoraussetzung

$$p_{n+1}(x_i) = p_n(x_i) = f(x_i) \quad \text{für } i = 0, 1, \ldots, n.$$

Die noch zu zeigende Interpolationsbedingung $p_{n+1}(x_{n+1}) = f(x_{n+1})$ ergibt sich aus der Beziehung

$$f(x_{n+1}) = p_n(x_{n+1}) + R_n(x_{n+1}) = p_{n+1}(x_{n+1}).$$

$\square$

Tab. 6.1 Newton'sches Steigungsschema

		Steigung 1. Ordnung	Steigung 2. Ordnung	Steigung 3. Ordnung
x_0	f_0			
		$\delta f[x_0, x_1] = \dfrac{f_1 - f_0}{x_1 - x_0}$		
x_1	f_1		$\delta f[x_0, x_1, x_2] =$ $\dfrac{\delta f[x_1, x_2] - \delta f[x_0, x_1]}{x_2 - x_0}$	
		$\delta f[x_1, x_2] = \dfrac{f_2 - f_1}{x_2 - x_1}$		$\delta f[x_0, x_1, x_2, x_3]$
x_2	f_2		$\delta f[x_1, x_2, x_3] =$ $\dfrac{\delta f[x_2, x_3] - \delta f[x_1, x_2]}{x_3 - x_1}$	
		$\delta f[x_2, x_3] = \dfrac{f_3 - f_2}{x_3 - x_2}$		
x_3	f_3			

Zur Berechnung der Polynomkoeffizienten fasst man die Steigungen aus (6.5) in einem Steigungsschema zusammen (Tab. 6.1). Sind alle Steigungen berechnet, liest man die Koeffizienten des Newton'schen Interpolationspolynoms aus der ersten Schrägzeile ab.

Beispiel 6.10 Newton-Interpolation von $\cos\left(\dfrac{\pi}{2}x\right)$, $x \in [-1, 1]$, zu den Stützwerten

$$
\begin{array}{c|cccc}
x_i & -1 & 1 & 0 & \frac{2}{3} \\
\hline
f_i & 0 & 0 & 1 & \frac{1}{2}
\end{array}
$$

Das Steigungsschema lautet

$$
\begin{array}{cc|ccc}
-1 & 0 & & & \\
 & & \frac{0-0}{1-(-1)} = 0 & & \\
1 & 0 & & \frac{-1-0}{0-(-1)} = -1 & \\
 & & \frac{1-0}{0-1} = -1 & & \frac{-\frac{3}{4}-(-1)}{\frac{2}{3}-(-1)} = \frac{3}{20} \\
0 & 1 & & \frac{-\frac{3}{4}-(-1)}{\frac{2}{3}-1} = -\frac{3}{4} & \\
 & & \frac{\frac{1}{2}-1}{\frac{2}{3}-0} = -\frac{3}{4} & & \\
\frac{2}{3} & \frac{1}{2} & & &
\end{array}
$$

Das Interpolationspolynom zu diesen Stützstellen ist

$$p_3(x) = 0 + 0 \cdot (x+1) - 1 \cdot (x+1)(x-1) + \frac{3}{20}(x+1)(x-1)(x-0)$$

$$= \frac{3}{20}x^3 - x^2 - \frac{3}{20}x + 1.$$

Die Stützstellen müssen nicht der Größe nach sortiert sein. Für jede weitere Stützstelle fügt man an ein bereits berechnetes Steigungsschema eine zusätzliche Zeile
hinzu. Ergänzt man die obigen Stützstellen um $x_4 = -\frac{2}{3}$, führt dies über das Steigungsschema

$$
\begin{array}{r|c|c|c|c}
-1 & 0 & & & \\
 & & 0 & & \\
1 & 0 & & -1 & \\
 & & -1 & & \frac{3}{20} \\
0 & 1 & & \frac{3}{4} & \frac{9}{40} \\
 & & -\frac{3}{4} & & \frac{9}{40} \\
\frac{2}{3} & \frac{1}{2} & & \frac{9}{40} & \\
 & & -\frac{9}{8} & & \\
-\frac{2}{3} & \frac{1}{2} & & &
\end{array}
$$

auf

$$p_4(x) = p_3(x) + \frac{9}{40}(x+1)(x-1)x\left(x - \frac{2}{3}\right) = \frac{9}{40}x^4 - \frac{49}{40}x^2 + 1.$$

Die Approximation ist bereits so gut, dass sich die Graphen von f und von p_4 mit
bloßem Auge nicht mehr unterscheiden lassen (Abb. 6.3).   △

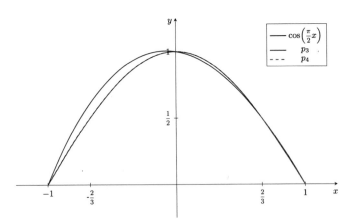

Abb. 6.3 Interpolationspolynome zu $\cos\left(\frac{\pi}{2}x\right)$, $x \in [-1, 1]$

6.2.1 Interpolationsfehler der Polynom-Interpolation

Polynom-Interpolation ist ein gutes Beispiel dafür, dass Intuition manchmal versagen kann. Bis zum Ende des 19. Jahrhunderts war man davon überzeugt, dass die Interpolationspolynome einer in einem Intervall $[a, b]$ stetigen Funktion f gleichmäßig gegen f streben, wenn das Feinheitsmaß der Zerlegung des Intervalls gegen Null strebt. Im Jahr 1901 zeigte jedoch Runge, dass dies für die Interpolationspolynome zu

$$f(x) = \frac{1}{1 + x^2}, \quad x \in [-5, 5],$$

bei gleichabständiger Wahl der Stützstellen nicht gilt, obwohl f sogar auf ganz $\mathbb{R}$ unendlich oft differenzierbar ist. Dieses Gegenbeispiel ist als Runge-Phänomen in die mathematische Literatur eingegangen (Abb. 6.4).

Faber [9] konnte dieses negative Resultat noch verschärfen. Zu jeder Folge von Stützstellen gibt es eine stetige Funktion f, sodass die zugehörigen Interpolationspolynome nicht gleichmäßig gegen f konvergieren. Andererseits gibt es nach dem Satz von Marcinkiewicz [16] zu jeder auf $[a, b]$ stetigen Funktion f eine Folge von Zerlegungen von $[a, b]$, für die die zugehörigen Interpolationspolynome gleichmäßig gegen f streben. Es ist jedoch kein Algorithmus bekannt, der zu einer gegebenen Funktion eine geeignete Folge von Stützstellen liefern würde.

Unter stärkeren Glattheitsvoraussetzungen an f ist die Situation günstiger (siehe Korollar 6.12 und Satz 6.18). Der nächste Satz dient der Vorbereitung der nachfolgenden Konvergenzdiskussion.

Satz 6.11 *Die Funktion* $f : [a, b] \to \mathbb{R}$ *sei stetig auf* $[a, b]$ *und* $(n+1)$-*mal differenzierbar in* (a, b). p_n *sei das Interpolationspolynom zu* $n + 1$ *paarweise verschiedenen Stützstellen* $x_0, x_1, \ldots, x_n$ *in* $[a, b]$.

Dann kann Interpolationsfehler wie bei der Taylor'schen Formel mithilfe eines Ableitungswerts dargestellt werden. Zu jedem $x \in [a, b]$ *existiert ein* $\xi \in (a, b)$ *mit*

$$R_n(x) = f(x) - p_n(x) = \frac{f^{(n+1)}(\xi)}{(n + 1)!} \prod_{i=0}^{n} (x - x_i). \tag{6.7}$$

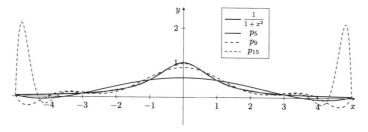

Abb. 6.4 p_n zu $\frac{1}{1+x^2}$ mit gleichabständigen Stützstellen in $[-5, 5]$

Beweis Für $x = x_i$, $i = 0, 1, \ldots, n$, ist $R_n(x) = 0$ und die Behauptung somit für jedes $\xi \in (a, b)$ richtig. Für ein beliebiges, aber festes $x \neq x_i$, $i = 0, 1, \ldots, n$, betrachten wir die Funktion

$$\varphi(t) := f(t) - p_n(t) - \frac{f(x) - p_n(x)}{\prod_{i=0}^{n}(x - x_i)} \prod_{i=0}^{n}(t - x_i),$$

für die

$$\varphi(x_i) = 0 \ \text{ für } \ i = 0, 1, \ldots, n$$

sowie

$$\varphi(x) = 0$$

gilt. In $[a, b]$ besitzt φ (mindestens) $n + 2$ paarweise verschiedene Nullstellen. Da φ nach Voraussetzung $n + 1$ mal differenzierbar ist, besitzt φ' nach dem Satz von Rolle (mindestens) $n + 1$ paarweise verschiedene Nullstellen in (a, b). Mit vollständiger Induktion folgt, dass $\varphi^{(n+1)}$ eine Nullstelle $\xi \in (a, b)$ besitzt. Wegen $p_n^{(n+1)} \equiv 0$ und

$$\frac{d^{n+1}}{d\,t^{n+1}} \prod_{i=0}^{n}(t - x_i) \equiv (n + 1)!$$

folgt

$$0 = \varphi^{(n+1)}(\xi) = f^{(n+1)}(\xi) - 0 - \frac{f(x) - p_n(x)}{\prod_{i=0}^{n}(x - x_i)} \cdot (n + 1)!,$$

woraus die Behauptung folgt. $\square$

Da das Produkt über die $x - x_i$ in (6.7) durch $(b - a)^{n+1}$ beschränkt ist und dieser Ausdruck langsamer wächst als die Fakultäten im Nenner, folgt aus Satz 6.11 sofort:

Korollar 6.12 *Ist f auf $[a, b]$ unendlich oft differenzierbar und sind die Ableitungen von f gleichmäßig beschränkt durch eine Schranke $M \geq 0$, sodass*

$$\left| f^{(k)}(x) \right| \leq M \text{ für alle } k \in \mathbb{N} \text{ und alle } x \in [a, b]$$

gilt, dann konvergiert die Folge der Interpolationspolynome von f für beliebige (insbesondere für gleichabständige) Stützstellen auf $[a, b]$ gleichmäßig gegen f.

Beispiel 6.13 Approximationsfehler der Polynom-Interpolation von $f(x) = \cos\left(\frac{\pi}{2}x\right)$, $x \in [-1, 1]$.

1. Für $x_0 = -1$, $x_1 = 1$, $x_2 = 0$ und $x_3 = \frac{2}{3}$ ist

$$p_3(x) = \frac{3}{20}x^3 - x^2 - \frac{3}{20}x + 1$$

(siehe Beispiel 6.10). Der zugehörige Interpolationsfehler im Intervall $[-1, 1]$ kann folgendermaßen abgeschätzt werden:

$$|R_3(x)| = \frac{\left|\cos\left(\frac{\pi}{2}\xi\right)\right|}{4!}\left(\frac{\pi}{2}\right)^4\left|(x+1)(x-1)(x-0)\right|\left|x - \frac{2}{3}\right|$$

$$\leq \frac{1}{24}\left(\frac{\pi}{2}\right)^4\frac{2}{3\sqrt{3}}\cdot\frac{4}{3} \approx 1.302\cdot 10^{-1}.$$

2. Mit der zusätzlichen Stützstelle $x_4 = -\frac{2}{3}$ gilt

$$|R_4(x)| = \frac{\left|-\sin\left(\frac{\pi}{2}\xi\right)\right|}{5!}\left(\frac{\pi}{2}\right)^5\left|(x+1)(x-1)(x-0)\right|\left|x^2 - \frac{4}{9}\right|$$

$$\leq \frac{1}{120}\left(\frac{\pi}{2}\right)^5\frac{2}{3\sqrt{3}}\cdot\frac{5}{9} \approx 1.704\cdot 10^{-2}.$$

$$\triangle$$

6.2.2 Polynom-Interpolation mit Tschebyschow-Stützstellen

Der Interpolationsfehler (6.7) hängt nicht nur von $f^{(n+1)}$ ab, sondern auch von der Lage der verwendeten Stützstellen. Wir bestimmen nun diejenigen Stützstellen $x_i \in [-1, 1]$, $i = 0, 1, \ldots, n$, für die

$$\max_{x\in[-1,1]}\left|\prod_{i=0}^{n}(x - x_i)\right|$$

minimal wird.

Beispiel 6.14 Der Fall $n = 1$ kann anschaulich behandelt werden. Unabhängig von x_0 und x_1 ist der Graph der Funktion $p(x) = (x - x_0)(x - x_1)$, $x \in [-1, 1]$, Teil einer nach oben geöffneten, nach links oder rechts sowie oben oder unten verschobenen Normalparabel. Der betragsmäßig größte Funktionswert wird entweder im Scheitelpunkt oder an den Randpunkten $x = \pm 1$ erreicht. Dieses Betragsmaximum wird offenbar minimal, wenn die Parabel symmetrisch zur y-Achse liegt, was für

$x_1 = -x_0$ erfüllt ist, und wenn der Abstand des Scheitels zur x-Achse so groß ist wie der Abstand der Randpunkte zur x-Achse, d. h. wenn

$$-x_0^2 = p(0) = -p(1) = x_0^2 - 1 \iff x_0 = \pm\frac{\sqrt{2}}{2}$$

gilt (Abb. 6.5).   △

Auch für $n > 1$ lassen sich die optimalen Stützstellen bestimmen. Eine wichtige Rolle spielen Tschebyschow-Polynome.

Definition 6.15 Für $n \in \mathbb{N}_0$ heißt die Funktion

$$T_n(t) := \cos(n \arccos t), \quad t \in [-1, 1],$$

Tschebyschow-Polynom 1. Art.

Der folgende Satz klärt, dass es sich bei den eingeführten Funktionen tatsächlich um Polynome handelt, und fasst ihre wichtigsten Eigenschaften zusammen (Abb. 6.6).

Abb. 6.5 Interpolation mit optimalen und mit nicht optimalen Stützstellen

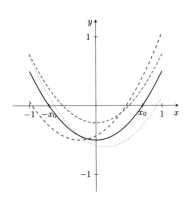

Abb. 6.6 T_n für $n = 0, \ldots, 5, x \in [-1, 1]$

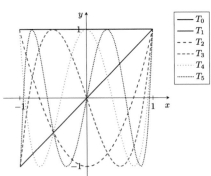

Satz 6.16 *Die Tschebyschow-Polynome besitzen die folgenden Eigenschaften:*

a) $T_n(\cos\theta) = \cos(n\theta)$ *für* $\theta \in [0, \pi]$.

b) Für $t \in [-1, 1]$ *gilt* $T_0(t) = 1$, $T_1(t) = t$. *Weiter gilt die Rekursionsformel*

$$T_{n+1}(t) = 2t\, T_n(t) - T_{n-1}(t), \quad n \in \mathbb{N}.$$

c) Der führende Koeffizient von T_n, $n \in \mathbb{N}$, *ist* 2^{n-1}.

d) $\max\limits_{t \in [-1,1]} |T_n(t)| = 1$.

e) T_n *besitzt* $n + 1$ *Extrema im Intervall* $[-1, 1]$:

$$T_n(s_{n,i}) = (-1)^i \quad f\ddot{u}r \quad s_{n,i} = \cos\left(\frac{i\pi}{n}\right), \quad i = 0, 1, \ldots, n.$$

f) T_n *besitzt* n *einfache Nullstellen im Intervall* $[-1, 1]$:

$$T_n(t_{n,i}) = 0 \quad f\ddot{u}r \quad t_{n,i} = \cos\left(\frac{(2i-1)\pi}{2n}\right), \quad i = 1, 2\ldots, n.$$

Beweis

von a) Für $\theta \in [0, \pi]$ gilt $\arccos(\cos\theta) = \theta$.

von b) $T_0(t) = \cos 0 = 1$, $T_1(t) = t$ nach a). Das Additionstheorem

$$\cos x + \cos y = 2\cos\left(\frac{x-y}{2}\right)\cos\left(\frac{x+y}{2}\right)$$

liefert für $t = \cos\theta$

$$2t\, T_n(t) - T_{n-1}(t) = 2\cos\theta\cos(n\theta) - \cos\big((n-1)\theta\big)$$

$$= 2\cos\left(\frac{(n+1)\theta - (n-1)\theta}{2}\right)\cos\left(\frac{(n+1)\theta + (n-1)\theta}{2}\right) - \cos\big((n-1)\theta\big)$$

$$= \cos\big((n+1)\theta\big) + \cos\big((n-1)\theta\big) - \cos\big((n-1)\theta\big) = T_{n+1}(t).$$

von c) Die Behauptung folgt aus der Rekursionsformel.

von d), e), f) Die Behauptungen folgen aus a). $\qquad\square$

Die Nullstellen der Tschebyschow-Polynome sind in Abb. 6.7 veranschaulicht. Sie sind die Abszissen gleichabständig auf dem Einheitskreis gelegener Punkte. Die Nullstellen liegen nicht gleichabständig im Intervall $[-1, 1]$, sondern sie häufen sich für große n an den Intervallenden. Sie minimieren die Fehlerschranke des Interpolationsfehlers.

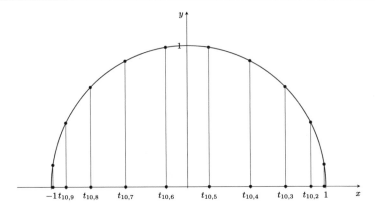

Abb. 6.7 Tschebyschow-Nullstellen für $n = 10$

Satz 6.17 *Für* $n \in \mathbb{N}_0$ *gilt:*

$$\min_{x_0,\ldots,x_n \in [-1,1]} \max_{t \in [-1,1]} \left| \prod_{i=0}^{n}(t - x_i) \right| = \max_{t \in [-1,1]} \left| \prod_{i=0}^{n}(t - t_{n+1,i+1}) \right|$$

$$= \max_{t \in [-1,1]} \frac{1}{2^n} T_{n+1}(t) = \frac{1}{2^n}. \qquad (6.8)$$

Beweis Das zweite Gleichheitszeichen in (6.8) folgt aus Satz 6.16 e), f). Noch zu zeigen ist das erste Gleichheitszeichen in (6.8).

Wir führen einen Widerspruchsbeweis und nehmen dazu an, es gebe ein Polynom p vom Grad $n + 1$ mit führendem Koeffizienten 1, für welches

$$\max_{t \in [-1,1]} |p(t)| < \frac{1}{2^n} \qquad (6.9)$$

gilt. Dann folgt für

$$q(t) := \frac{1}{2^n} T_{n+1}(t) - p(t)$$

an den Extremalstellen von T_{n+1} wegen (6.9)

$$q(s_{n+1,2i}) = \frac{1}{2^n} \underbrace{T_{n+1}(s_{n+1,2i})}_{+1} - \underbrace{p(s_{n+1,2i})}_{<1/2^n} > 0 \quad \text{für } i = 0, 1, \ldots, \left\lfloor \frac{n+1}{2} \right\rfloor$$

sowie

$$q(s_{n+1,2i+1}) = \frac{1}{2^n} \underbrace{T_{n+1}(s_{n+1,2i+1})}_{-1} - \underbrace{p(s_{n+1,2i+1})}_{>-1/2^n} < 0 \quad \text{für } i = 0, 1, \ldots, \left\lfloor \frac{n}{2} \right\rfloor.$$

Somit besitzt q in $[-1, 1]$ mindestens $n + 1$ Nullstellen. q ist aber nach Konstruktion ein Polynom vom Grad n, da sich die führenden Terme t^{n+1} in $\frac{1}{2^n} T_{n+1}$ und p aufheben. Hieraus folgt $q(t) \equiv 0$, im Widerspruch zur Annahme. $\qquad\square$

Ist anstelle von $[-1, 1]$ das Intervall $[a, b]$ gegeben, gilt Satz 6.17 für die transformierten Stützstellen

$$\psi(t_{n+1,i+1}), \quad i = 0, 1, \ldots, n,$$

mit der linearen Transformation

$$\psi(t) = \frac{1}{2}\left(a + t(b - a) + b\right), \quad t \in [-1, 1].$$

Es ist dann

$$\max_{x \in [a,b]} \left| \prod_{i=0}^{n} (x - \psi(t_{n+1,i+1})) \right| = \frac{(b - a)^{n+1}}{2 \cdot 4^n}.$$

Ist $x = \psi\left(\cos\left(\frac{2i\pi}{n+1}\right)\right)$ eine Extremstelle des letzten Ausdrucks, dann gilt für den Interpolationsfehler an der Stelle x bei dieser Wahl der Stützstellen

$$R_n(x) = \frac{f^{(n+1)}(\xi)}{(n+1)!} \frac{(b - a)^{n+1}}{2 \cdot 4^n} \quad \text{für ein } \xi \in (a, b).$$

Im Vergleich zum Approximationsfehler des Taylor-Polynoms $T_n(x; a)$ an der Stelle $x = b$,

$$R_{n,T_n}(b) = \frac{f^{(n+1)}(\eta)}{(n+1)!} (b - a)^{n+1} \quad \text{für ein } \eta \in (a, b),$$

erhält man bei der Polynom-Interpolation eine um den Faktor $2 \cdot 4^n$ reduzierte Fehlerdarstellung. Bereits für $n = 10$ ist die Fehlerschranke für die Polynom-Interpolation um sechs Zehnerpotenzen kleiner.

Bei Verwendung von Tschebyschow-Nullstellen wird das Ausbrechen der Interpolationspolynome am Rand unterdrückt (Abb. 6.8). Es gilt der folgende Konvergenzsatz, der in Anbetracht des oben erwähnten Satzes von Faber kaum verbessert werden kann.

Satz 6.18 *Ist f in $[a, b]$ Lipschitz-stetig, dann konvergiert die Folge der mit den Tschebyschow-Stützstellen gebildeten Interpolationspolynome auf $[a, b]$ gleichmäßig gegen f.*

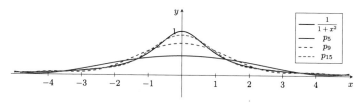

Abb. 6.8 p_n zu $\frac{1}{1+x^2}$ mit Tschebyschow-Stützstellen in $[-5, 5]$

6.2.3 Kondition der Polynom-Interpolation

Wir diskutieren nun die Kondition der Polynom-Interpolation, d.h. wir studieren den Einfluss von Datenfehlern auf das Interpolationspolynom. Sind an den Stellen x_i für $i = 0, 1, \dots, n$ Funktionswerte f_i und $\tilde{f}_i$ gegeben, gilt für die zugehörigen Interpolationspolynome p und $\tilde{p}$

$$\|p - \tilde{p}\|_\infty = \left\| \sum_{j=0}^{n} (f_j - \tilde{f}_j) L_j(x) \right\|_\infty \leq \max_{j=0}^{n} \left| f_j - \tilde{f}_j \right| \left\| \sum_{j=0}^{n} |L_j(x)| \right\|_\infty$$

$$= \|y - \tilde{y}\|_\infty \left\| \sum_{j=0}^{n} |L_j(x)| \right\|_\infty .$$

Der maximale Verstärkungsfaktor des Datenfehlers ist die Lebesgue-Konstante

$$\Lambda_n = \Lambda_n(x_0, x_1, \dots, x_n) := \left\| \sum_{j=0}^{n} |L_j(x)| \right\|_\infty ,$$

die wir in der nachfolgenden Rechnung nach unten abschätzen. Zur Vereinfachung betrachten wir das Intervall $I = [0, 1]$ und den Fall $n = 2k$ mit gleichabständigen Stützstellen $x_i = \dfrac{i}{2k}, i = 0, 1, \dots, 2k$.

Zunächst gilt trivialerweise

$$\Lambda_n = \left\| \sum_{j=0}^{2k} |L_j(x)| \right\|_\infty \geq \|L_k(x)\|_\infty \geq \left| L_k\left(1 - \frac{1}{4k}\right) \right| .$$

Aus

$$L_k(x) = \frac{\displaystyle\prod_{i=0}^{k-1} (x - x_i) \prod_{i=k+1}^{2k} (x - x_i)}{\displaystyle\prod_{i=0}^{k-1} (\frac{1}{2} - x_i) \prod_{i=k+1}^{2k} (\frac{1}{2} - x_i)} = \frac{\displaystyle\prod_{i=0}^{k-1} (2kx - i) \prod_{i=k+1}^{2k} (2kx - i)}{\displaystyle\prod_{i=0}^{k-1} (k - i) \prod_{i=k+1}^{2k} (k - i)}$$

und

$$\prod_{i=0}^{k-1} (2kx - i) \prod_{i=k+1}^{2k} (2kx - i) = \frac{1}{k(2x - 1)} \prod_{i=0}^{2k} (2kx - i) \quad \text{für } x \neq \frac{1}{2}$$

sowie

$$\prod_{i=0}^{k-1} (k - i) \prod_{i=k+1}^{2k} (k - i) = (-1)^k\, k!\, k!$$

erhalten wir

$$\left| L_k\left(1 - \frac{1}{4k}\right)\right| = \frac{1}{k!\,k!}\frac{1}{k - \frac{1}{2}}\prod_{i=0}^{2k}\left|2k - \frac{1}{2} - i\right| = \frac{1}{k!\,k!}\frac{1}{k - \frac{1}{2}}\frac{1}{4}\prod_{i=0}^{2k-2}\left(2k - \frac{1}{2} - i\right)$$

$$> \frac{1}{k!\,k!}\frac{1}{k}\frac{1}{4}\prod_{i=0}^{2k-2}\left(2k - 1 - i\right) = \frac{1}{4k}\frac{1}{k!\,k!}(2k-1)! = \frac{1}{8k^2}\binom{2k}{k}.$$

Die Binomialkoeffizienten erfüllen die aus der Stirling-Formel hergeleitete Abschätzung

$$\binom{2k}{k} > \frac{1}{2}\frac{4^k}{\sqrt{\pi k}},$$

welche auf

$$\left| L_k\left(1 - \frac{1}{4k}\right)\right| > \frac{1}{16k^2}\frac{4^k}{\sqrt{\pi k}} = \frac{2^{2k}}{(2k)^2\sqrt{16\pi k}}$$

führt. Setzt man wieder $n = 2k$, folgt für die Lebesgue-Konstante zu gleichabständigen Stützstellen schließlich

$$\Lambda_n^{\text{equi}} > \frac{2^n}{\sqrt{8\pi}\,n^{5/2}}.$$

Mit einer sorgfältigeren Analyse kann man

$$\Lambda_n^{\text{equi}} \approx \frac{2^{n+1}}{e\,n\ln n} \quad \text{für } n \to \infty$$

zeigen. Die Konditionszahl der Polynom-Interpolation mit gleichabständigen Stützstellen wächst exponentiell mit der Anzahl der Stützstellen. Für die Tschebyschow-Stützstellen lässt sich hingegegen

$$\Lambda_n^{\text{Tscheb}} < \frac{2}{\pi}\ln(n+1) + 1$$

beweisen. Diese Schranke ist gewissermaßen optimal, da man zeigen kann, dass für jede Wahl der Stützstellen ein $C > 0$ existiert, sodass

$$\Lambda_n > \frac{2}{\pi}\ln(n+1) - C \quad \text{für } n \to \infty$$

gilt.

Für nicht zu große Werte von n ist die Lebesgue-Konstante der Tschebyschow-Stützstellen klein, die zugehörige Polynominterpolation ist gut konditioniert. Z. B. für $n = 20$ gilt $\Lambda_{20}^{\text{Tscheb}} \approx 2.938$.

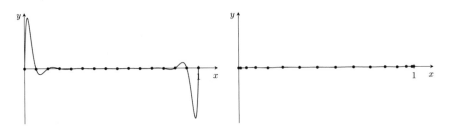

Abb. 6.9 Messfehlerbehaftete Polynom-Interpolation mit 16 gleichabständigen Stützstellen (links) bzw. Tschebyschow-Stützstellen (rechts)

Abb. 6.9 veranschaulicht die Auswirkung der Lebesgue-Konstanten auf die Verstärkung von Datenfehlern, die bei der Messung von Funktionswerten entstehen. Da der Interpolationsoperator linear ist, genügt es, kleine Messfehler bei der Interpolation der Nullfunktion zu betrachten. Bei gleichabständigen Stützstellen können die Fehler wegen der hohen Werte der Lebesgue-Konstanten zu starken Ausschlägen des Interpolationspolynoms führen, wohingegen bei Interpolation mit den Tschebyschow-Stützstellen nur moderate Fehlerverstärkung auftritt.

6.2.4 Hermite-Interpolation

Bei der Hermite-Interpolation sind an $m + 1$ Stützstellen $x_0, x_1, \ldots, x_m$ nicht nur Funktionswerte, sondern auch Werte von Ableitungen der zu interpolierenden Funktion f gegeben. Im Allgemeinen können an jeder Stützstelle unterschiedlich viele Ableitungswerte

$$f_i^{(k)}, \quad k = 0, 1, \ldots, n_i - 1, \quad i = 0, 1, \ldots, m,$$

gegeben sein. Entscheidend ist dabei nur, dass zu jeder Stelle, an der ein Ableitungswert festgelegt wird, auch die Werte aller Ableitungen niederer Ordnung vorgeschrieben werden. Gesucht ist ein Polynom

$$p(x) = c_0 + c_1 x + \cdots + c^n x^n$$

vom Höchstgrad

$$n := \left(\sum_{i=0}^{m} n_i \right) - 1,$$

welches die Interpolationsbedingungen

$$p^{(k)}(x_i) = f_i^{(k)} \quad \text{für } k = 0, 1, \ldots, n_i - 1, \; i = 0, 1, \ldots, m \qquad (6.10)$$

erfüllt. Wichtige Spezialfälle der Hermite-Interpolation sind

1. $m = 0, n_0 = n + 1$: $p(x) = T_n(x; x_0)$, Taylor-Approximation.
2. $m = n, n_i = 1$ für $i = 0, 1, \ldots, n$: Polynom-Interpolation.

Satz 6.19 *Die Hermite-Interpolation (6.10) ist eindeutig lösbar.*

Beweis

(i) Eindeutigkeit: Seien p_1, p_2 zwei Polynome mit der geforderten Eigenschaft. Dann gilt für $q := p_1 - p_2$:

$$q^{(k)}(x_i) = 0 \quad \text{für} \quad k = 0, 1, \ldots, n_i - 1, \ i = 0, 1, \ldots, m.$$

An jeder Stützstelle x_i besitzt das Polynom q vom Höchstgrad n also eine n_i-fache Nullstelle. Insgesamt besitzt q somit $n + 1$ Nullstellen, woraus $q(x) \equiv 0$ folgt.

(ii) Existenz: (6.10) beschreibt ein lineares Gleichungssystem für die gesuchten Polynomkoeffizienten $c_0, c_1, \ldots, c_n$. Im Fall

$$f_i^{(k)} = 0 \quad \text{für alle} \ k, \ i$$

ist (6.10) durch das Nullpolynom lösbar. Da die Lösung nach (i) eindeutig ist, muss die Koeffizientenmatrix invertierbar sein. Dann ist (6.10) aber für jede rechte Seite eindeutig lösbar. □

Satz 6.19 ist keineswegs selbstverständlich. Die naive Vorstellung, dass zu vorgegebenen $n + 1$ Funktions- und Ableitungswerten immer ein eindeutig bestimmtes Polynome vom Höchstgrad n existiert, das diese Werte annimmt, wird durch das folgende Beispiel widerlegt.

Beispiel 6.20

1. Es gibt kein kubisches Polynom

$$p(x) = ax^3 + bx^2 + cx + d,$$

das den Bedingungen

$$p(-1) = 0, \quad p(0) = 0, \quad p\left(\frac{5}{3}\right) = 0, \quad p'(1) = 1$$

genügt. 4 Bedingungen, um 4 Koeffizienten zu bestimmen, führen zum Widerspruch.

2. Es gibt unendlich viele kubische Polynome, die die Bedingungen

$$p(-1) = 0, \quad p(0) = 0, \quad p\left(\frac{5}{3}\right) = 0, \quad p'(1) = 0, \quad p'\left(-\frac{5}{9}\right) = 0$$

erfüllen. Hier genügen 5 Bedingungen nicht, um 4 Koeffizienten eindeutig zu bestimmen. △

Hermite-Interpolationspolynome lassen sich mit einem erweiterten Steigungsschema berechnen, in welches Ableitungswerte mithilfe mehrerer identischer Stützstellen eingetragen werden. Aus (6.6) und (6.7) erhält man

$$\delta f[x_0, \ldots, x_n, x] = \frac{f^{(n+1)}(\xi)}{(n+1)!}$$

für ein ξ in einem Intervall I, welches alle Stützstellen x_j und die Stelle x enthält. Der Grenzprozess

$$x \to x_0, \qquad x_j \to x_0, \quad j = 1, 2, \ldots, n,$$

liefert für $n+2$ Einträge x_0 die verallgemeinerte Steigung $(n+1)$-ter Ordnung

$$\delta f[x_0, \ldots, x_0] := \frac{f^{(n+1)}(x_0)}{(n+1)!},$$

also

$$\delta f[x_0, x_0] = f'(x_0), \quad \delta f[x_0, x_0, x_0] = \frac{f''(x_0)}{2!}, \quad \text{etc.}$$

Aus den bei der Hermite-Interpolation vorgegebenen Ableitungswerten werden so verallgemeinerte Steigungen definiert, welche an den zugehörigen Stellen in das Steigungsschema aus Abschn. 6.2 eingetragen werden. Bei ersten Ableitungen wird jede zugehörige Stützstelle als Paar zweier identischer Stützstellen behandelt, bei höheren Ableitungen als entsprechend mehrfache identische Stützstelle. Die noch fehlenden Steigungen werden danach wie früher berechnet. Das folgende Schema veranschaulicht dies für den Fall, dass an einer Stützstelle der Funktionswert und die erste Ableitung und an einer anderen Stützstelle der Funktionswert und die Werte der ersten und der zweiten Ableitung vorgegeben sind.

a	f_0				
		f'_0			
a	f_0		$\delta f[a,a,b] = \dfrac{\delta f[a,b]-f'_0}{b-a}$		
		$\delta f[a,b] = \dfrac{f_1-f_0}{b-a}$		$\delta f[a,a,b,b]$	
b	f_1		$\delta f[a,b,b] = \dfrac{f'_1-\delta f[a,b]}{b-a}$		$\delta f[a,a,b,b,b]$
		f'_1		$\delta f[a,b,b,b]$	
b	f_1		$\dfrac{f''_1}{2}$		
		f'_1			
b	f_1				

Aus dem erweiterten Steigungsschema liest man das Interpolationspolynom in der Newton'schen Darstellung ab. Bei Ableitungswerten treten die jeweiligen Stützstellen mehrfach auf.

Beispiel 6.21 Seien $[a, b] = [1, 2]$, $f_0 = 1$, $f_0' = 2$, $f_1 = 3$, $f_1' = 4$, $f_1'' = 10$ gegeben. Das erweiterte Steigungsschema

$$
\begin{array}{cc|cccc}
1 & 1 & & & & \\
  &   & 2 & & & \\
1 & 1 & & \dfrac{2-2}{2-1}=0 & & \\
  &   & \dfrac{3-1}{2-1}=2 & & \dfrac{2-0}{2-1}=2 & \\
2 & 3 & & \dfrac{4-2}{2-1}=2 & & \dfrac{3-2}{2-1}=1 \\
  &   & 4 & & \dfrac{5-2}{2-1}=3 & \\
2 & 3 & & 5 & & \\
  &   & 4 & & & \\
2 & 3 & & & &
\end{array}
$$

liefert das zugehörige Interpolationspolynom 4. Grades:

$$
\begin{aligned}
p_3(x) &= 1 + 2(x-1) + 0(x-1)(x-1) + 2(x-1)(x-1)(x-2) \\
&\quad + 1(x-1)(x-1)(x-2)(x-2) \\
&= x^4 - 4x^3 + 5x^2 - 1.
\end{aligned}
$$

$\triangle$

6.3 Spline-Interpolation

Spline-Interpolation verwendet stückweise Polynome zur Approximation einer unbekannten Funktion f, von der Messwerte an Stützstellen x_i, $i = 0, \ldots, n$, in einem Intervall $[a, b]$ gegeben sind. Es wird vorausgesetzt, dass die Randpunkte Stützstellen sind. Um die Darstellung zu vereinfachen, seien die Stützstellen in diesem Abschnitt OBdA der Größe nach sortiert:

$$a = x_0 < x_1 < \ldots < x_n = b.$$

Der Begriff Spline stammt aus dem Schiffbau. Dort bezeichnet er eine biegsame Latte, die zur Modellierung von Bootsrümpfen eingesetzt wird. Die von der Latte bekannte Materialeigenschaft, durch Biegung verursachte innere Spannung zu minimieren, wird durch geeignete Zusatzbedingungen auf mathematische Splines übertragen.

Stückweise Approximation besitzt den Vorteil, dass Störungen durch Messfehler eher auf kleine Teilintervalle beschränkt bleiben als bei der Polynom-Interpolation. Das Merkmal der näherungsweisen Krümmungsminimierung verhindert bei kubischen C^2-Splines das dramatische Ausbrechen, das bei Interpolationspolynomen auftreten kann. Nachteile stückweiser Approximation sind neben dem Fehlen eines durchgängigen Funktionsausdrucks, der eine einfache Beschreibung des zugrunde liegenden physikalischen Problems ermöglicht, eventuelle Glattheitsdefizite der Approximation an den Stützstellen.

Abgesehen vom einfachen Spezialfall der stückweise linearen Interpolation beschränkt sich unsere Diskussion auf kubische Splines. Für eine ausführliche Behandlung der Spline-Interpolation verweisen wir auf die Lehrbücher von de Boor [6] und Schumaker [23,24].

6.3.1   Stückweise lineare Interpolation

Bei der stückweise linearen Interpolation werden benachbarte Stützwerte durch Geradenstücke verbunden. Viele Computergraphikprogramme nutzen diese schlichte Approximation zur Darstellung von Kurven (Abb. 6.10).

Der so entstehende Polygonzug ℓ besitzt im Teilintervall $[x_i, x_{i+1}]$ die Gestalt

$$\ell(x) = f_i + \frac{f_{i+1} - f_i}{x_{i+1} - x_i}(x - x_i).$$

Zur Berechnung von ℓ an einer Stelle x werden nur die Stützwerte an den jeweils nächstgelegenen Stützstellen benötigt. Nach Konstruktion ist ℓ stetig. Ist die zu interpolierende Funktion f ebenfalls stetig und geht das Feinheitsmaß der Zerlegung Z des Intervalls $[a, b]$ gegen Null, gilt also

$$\lim_{n \to \infty} \max_i \{x_{i+1} - x_i\} = 0,$$

dann konvergiert ℓ gleichmäßig gegen f. Für hinreichend glatte Funktionen gilt:

Satz 6.22 *Die Funktion f sei im Intervall $[a, b]$ zweimal stetig differenzierbar. Es sei ℓ der lineare Spline (Polygonzug) zu gleichabständigen Stützstellen $x_i = a + ih$, $i = 0, 1, \dots, n$ zur Schrittweite $h = (b - a)/n$. Dann gilt:*

$$\|f - \ell\|_\infty \le \frac{1}{8}h^2 \|f''\|_\infty.$$

Abb. 6.10 Stückweise lineare Interpolation

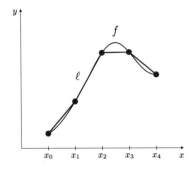

Beweis In $[x_i, x_{i+1}]$ liefert die Fehlerdarstellung (6.7) für das lineare Interpolationspolynom die Fehlerschranke

$$|f(x) - \ell(x)| = \frac{1}{2}\left|f''(\xi)\right| \underbrace{|(x - x_i)(x - x_{i+1})|}_{\leq h^2/4}.$$

□

6.3.2 Kubische C^1-Interpolation

Als Spezialfall der Hermite-Interpolation wurde in Beispiel 6.21 ein Polynom dritten Grades dadurch konstruiert, dass an zwei verschiedenen Stellen jeweils der Funktionswert und der Wert der ersten Ableitung vorgegeben wurden. Aus der Eindeutigkeit der Hermite-Interpolation (Satz 6.19) folgt:

Korollar 6.23 *Es sei $[a, b]$ ein beliebiges reelles Intervall und f_0, f_0', f_1, f_1' seien fest vorgegebene reelle Zahlen. Dann gibt es genau ein kubisches Polynom*

$$p_3(x) = c_0 + c_1 x + c_2 x^2 + c_3 x^3,$$

welches die Interpolationsbedingungen

$$p_3(a) = f_0, \quad p_3'(a) = f_0', \quad p_3(b) = f_1, \quad p_3'(b) = f_1'$$

erfüllt.

Eine stückweise Approximation einer Funktion durch Polynome dritten Grades kann man dadurch bestimmen, dass man an $n + 1$ Stützstellen x_i jeweils Funktionswert f_i und Ableitungswert f_i' vorgibt. Die so erhaltene Näherungsfunktion ist einmal stetig differenzierbar im gesamten Intervall $[x_0, x_n]$.

Korollar 6.24 *Sind an den Stützstellen $x_0, x_1, \ldots, x_n$ Funktionswerte $f_0, f_1, \ldots, f_n$ und Ableitungswerte $f_0', f_1', \ldots, f_n'$ vorgegeben, dann gibt es genau ein stückweises Polynom 3. Grades s, sodass*

$$s(x_i) = f_i, \quad s'(x_i) = f_i' \quad \text{für } i = 0, 1, \ldots, n$$

gilt. Nach Konstruktion ist s einmal stetig differenzierbar.

Für praktische Aufgabenstellungen ist diese Art der Approximation unbedeutend, da sich Ableitungen häufig nicht oder nur ungenau messen lassen. Außerdem ist für glatte Prozesse eine Approximation mit höheren Differenzierbarkeitseigenschaften sachgerechter. Im nächsten Abschnitt werden beide Defizite dadurch behoben, dass man sich mit der Vorgabe von Funktionswerten begnügt und die zur Berechnung der Polynomkoeffizienten benötigten Ableitungswerte im Innern des Approximationsintervalls nicht misst, sondern aus den gegebenen Daten geeignet bestimmt.

6.3.3   Kubische Spline-Interpolation (C^2-Interpolation)

Dem allgemeinen Sprachgebrauch folgend, bezeichnen wir mit kubischer Spline-Interpolation die Interpolation einer Funktion f durch stückweise Polynome dritten Grades unter der Zusatzbedingung, dass die Näherungsfunktion s zweimal stetig differenzierbar sein soll.

Bei $n + 1$ Stützstellen sind dabei $4n$ Polynomkoeffizienten zu bestimmen. Stetigkeit der Interpolation liefert $2n$ Bedingungen. Aus der Forderung der zweimaligen Differenzierbarkeit ergeben sich weitere $2n - 2$ Gleichungen. Die verbleibenden 2 Freiheitsgrade können durch unterschiedliche Ansätze festgelegt werden (Abb. 6.11).

Mit s_l bzw. s_r werden im Folgenden links- bzw. rechtsseitige Grenzwerte bezeichnet. Dann erhält man einen zweimal stetig differenzierbaren kubischen Spline mit den folgenden Bedingungen:

Interpolation:	$s_r(x_i) = f_i, \ i = 0, 1, \ldots, n - 1$:	n Bedingungen
	$s_l(x_i) = f_i, \ i = 1, 2, \ldots, n$:	n Bedingungen
Differenzierbarkeit:	$s_l'(x_i) = s_r'(x_i), \ i = 1, 2, \ldots, n - 1$: $n - 1$ Bedingungen	
Zweimalige Differenzierbarkeit:	$s_l''(x_i) = s_r''(x_i), \ i = 1, 2, \ldots, n - 1$: $n - 1$ Bedingungen	

Zusätzlich ist eine der folgenden Randbedingungen zu stellen:

(i) $s''(x_0) = 0, \ s''(x_n) = 0$:   natürliche Randbedingungen, natürlicher Spline,

(ii) $s'(x_0) = \alpha, \ s'(x_n) = \beta \ (\alpha, \beta \in \mathbb{R}$ geg.):   vollständige Randbedingungen, eingespannter Spline,

(iii) $s'(x_0) = s'(x_n), \ s''(x_0) = s''(x_n)$:   periodische Randbedingungen, periodischer Spline,

(iv) $s_l'''(x_1) = s_r'''(x_1), \ s_l'''(x_{n-1}) = s_r'''(x_{n-1})$:   not-a-knot Spline.

Die Randbedingungen (i) bis (iii) werden verwendet, wenn sie für das zugrunde liegende Problem sachgerecht sind und man im Fall (ii) die benötigten Randableitungen hinreichend genau messen kann. Ist dies nicht der Fall oder ist unbekannt, welche der Randbedingungen sachgerecht ist, hat man mit der Randbedingung (iv) die Möglich-

Abb. 6.11 Spline-Interpolation

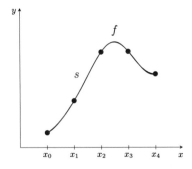

keit, fehlende Information durch Entfernen zweier Knoten auszugleichen, um eine eindeutig lösbare Aufgabenstellung zu erhalten.

Konstruiert wird der Spline dadurch, dass aus den gestellten Bedingungen ein lineares Gleichungssystem für die gesuchten Ableitungswerte aufgestellt wird. Die erste und die letzte Zeile der Koeffizientenmatrix und der rechten Seite hängen jeweils von der gewählten Randbedingung ab. In allen Fällen ist das lineare Gleichungssystem eindeutig lösbar. Mit den so bestimmten Ableitungswerten werden die Spline-Koeffizienten in jedem Teilintervall wie in Beispiel 6.21 durch spezielle Hermite-Interpolation berechnet.

Satz 6.25 *Gegeben seien Stützwerte $f_0, f_1, \ldots, f_n$ an $n + 1$ paarweise verschiedenen Stützstellen $x_0, x_1, \ldots, x_n$. Zusätzlich sei eine der obigen Randbedingungen (i) bis (iv) gestellt. Dann gibt es genau einen zweimal stetig differenzierbaren kubischen Spline, sodass*

$$s(x_i) = f_i \quad \text{für } i = 0, 1, \ldots, n$$

gilt und die gestellte Randbedingung erfüllt wird.

Beweis Wir führen den Beweis für den Fall (ii) des eingespannten Splines und gleichabständige Stützstellen. Die übrigen Fälle beweist man ähnlich.

1. Wenn an drei aufeinanderfolgenden Stützstellen x_{i-1}, x_i und x_{i+1} Funktionswerte f_{i-1}, f_i und f_{i+1} sowie Ableitungswerte f'_{i-1}, f'_i und f'_{i+1} bekannt sind, dann wird auf den Intervallen $[x_{i-1}, x_i]$ und $[x_i, x_{i+1}]$ jeweils ein kubisches Polynom $s_{i-1}(x)$ bzw. $s_i(x)$ eindeutig definiert. Die abschnittsweise definierte Funktion

$$s(x) := \begin{cases} s_{i-1}(x), & x \in [x_{i-1}, x_i] \\ s_i(x), & x \in [x_i, x_{i+1}] \end{cases}$$

ist für $x \in [x_{i-1}, x_{i+1}]$ stetig differenzierbar und als stückweises Polynom unendlich oft differenzierbar für $x \neq x_i$.

Mit der Schrittweite $h = x_i - x_{i-1} = x_{i+1} - x_i$ gilt

$$s_{i-1}(x) = \left(\frac{f'_i + f'_{i-1}}{h^2} - 2\frac{f_i - f_{i-1}}{h^3} \right)(x - x_i)^3$$
$$+ \left(\frac{2f'_i + f'_{i-1}}{h} - 3\frac{f_i - f_{i-1}}{h^2} \right)(x - x_i)^2$$
$$+ f'_i(x - x_i) + f_i, \quad x \in [x_{i-1}, x_i],$$

$$s_i(x) = \left(\frac{f'_i + f'_{i+1}}{h^2} + 2\frac{f_i - f_{i+1}}{h^3} \right)(x - x_i)^3$$

$$-\left(\frac{2f_i' + f_{i+1}'}{h} + 3\frac{f_i - f_{i+1}}{h^2}\right)(x - x_i)^2$$

$$+ f_i'(x - x_i) + f_i, \quad x \in [x_i, x_{i+1}],$$

was man durch Einsetzen der Interpolationsbedingungen bestätigt.

2. Zweimaliges Differenzieren ergibt

$$s_{i-1}''(x_i) = 2\left(\frac{2f_i' + f_{i-1}'}{h} - 3\frac{f_i - f_{i-1}}{h^2}\right),$$

$$s_i''(x_i) = -2\left(\frac{2f_i' + f_{i+1}'}{h} + 3\frac{f_i - f_{i+1}}{h^2}\right).$$

Die Funktion s ist genau dann an der Stelle x_i zweimal differenzierbar wenn

$$s_{i-1}''(x_i) = s_i''(x_i)$$

gilt. Einfaches Umformen liefert für die drei benachbarten Ableitungswerte die Beziehung

$$f_{i-1}' + 4f_i' + f_{i+1}' = \frac{3}{h}(f_{i+1} - f_{i-1}). \tag{6.11}$$

3. Einen auf dem gesamten Interpolationsintervall zweimal stetig differenzierbaren Spline erhält man dadurch, dass (6.11) an allen inneren Stützstellen x_i gefordert wird. Es entsteht ein eindeutig lösbares lineares Gleichungssystem für die gesuchten Ableitungswerte an den inneren Stützstellen. In der rechten Seite treten Differenzen der gegebenen Funktionswerte sowie die vorgegebenen Randableitungen f_0' und f_n' auf.

$$\begin{pmatrix} 4 & 1 & & & & \\ 1 & 4 & 1 & & & \\ & \cdot & \cdot & \cdot & & \\ & & \cdot & \cdot & \cdot & \\ & & & 1 & 4 & 1 \\ & & & & 1 & 4 \end{pmatrix} \cdot \begin{pmatrix} f_1' \\ \cdot \\ \cdot \\ \cdot \\ \cdot \\ f_{n-1}' \end{pmatrix} = \frac{3}{h} \begin{pmatrix} f_2 - f_0 \\ f_3 - f_1 \\ \cdot \\ \cdot \\ \cdot \\ f_n - f_{n-2} \end{pmatrix} - \begin{pmatrix} f_0' \\ 0 \\ \cdot \\ \cdot \\ 0 \\ f_n' \end{pmatrix}. \tag{6.12}$$

Die Koeffizientenmatrix dieses Gleichungssystems ist symmetrisch und positiv definit, also insbesondere invertierbar. Außerdem besitzt sie Tridiagonalgestalt, sodass das System in $O(n)$ Operationen durch Elimination gelöst werden kann. $\qquad\square$

Der dritte Beweisschritt stellt den ersten Rechenschritt bei der praktischen Konstruktion eines Splines dar. Aus den gegebenen Funktionswerten und Randbedingungen stellt man zuerst das lineare Gleichungssystem (6.12) für die gesuchten Ableitungen an den inneren Knoten auf. Mit den so berechneten Ableitungswerten bestimmt man auf jedem Teilintervall eine Funktionsdarstellung des Splines mithilfe des Steigungsschemas zur Hermite-Interpolation.

Beispiel 6.26 Berechnung des eingespannten Splines zu den Stützwerten

x_i	0	1	2	3
f_i	1	2	4	1
f_i'	2	–	–	–1

Zunächst sind die fehlenden Ableitungswerte f_1' und f_2' gesucht. Mit $h = 1$ folgen die Gleichungen

$$f_0' + 4f_1' + f_2' = 3(f_2 - f_0) \iff 4f_1' + f_2' = 7$$

$$f_1' + 4f_2' + f_3' = 3(f_3 - f_1) \iff f_1' + 4f_2' = -2$$

mit der Lösung $f_1' = 2$, $f_2' = -1$.

Im Intervall $[0, 1]$ liefert das Steigungsschema

$$
\begin{array}{ll|c|c|c|c}
0 & 1 & & & & \\
 & & 2 & & & \\
0 & 1 & & \dfrac{1-2}{1-0} = -1 & & \\
 & & \dfrac{2-1}{1-0} = 1 & & \dfrac{1-(-1)}{1-0} = 2 & \\
1 & 2 & & \dfrac{2-1}{1-0} = 1 & & \\
 & & 2 & & & \\
1 & 2 & & & & \\
\end{array}
$$

das Polynom

$$p_3(x) = 1 + 2x - 1x^2 + 2x^2(x - 1) = 2x^3 - 3x^2 + 2x + 1.$$

Die gleiche Rechnung in den Intervallen $[1, 2]$ und $[2, 3]$ ergibt

$$
s(x) = \begin{cases}
2x^3 - 3x^2 + 2x + 1, & x \in [0, 1], \\
-3x^3 + 12x^2 - 13x + 6, & x \in [1, 2], \\
4x^3 - 30x^2 + 71x - 50, & x \in [2, 3].
\end{cases}
$$

Man rechnet leicht nach, dass der Spline die gegebenen Werte annimmt und an den Stellen $x = 1$ und $x = 2$ zweimal stetig differenzierbar ist. $\triangle$

6.3.4 Minimierungseigenschaft

Der kubische Spline besitzt die folgende Minimierungseigenschaft:

Satz 6.27 *Die Funktion g sei zweimal stetig differenzierbar in $[a, b]$. Für $a = x_0 < x_1 < \cdots < x_n = b$ erfülle g die Interpolationsbedingungen*

$$g(x_i) = f_i, \quad i = 0, 1, \ldots, n$$

sowie eine der Randbedingungen (i) bis (iii). s sei der kubische Spline zu denselben Randbedingungen.

Dann gilt:

$$\int_a^b \left(g''(x)\right)^2 dx \geq \int_a^b \left(s''(x)\right)^2 dx.$$

Beweis Es ist

$$\int_a^b \left(g''(x)\right)^2 dx = \int_a^b \left(s''(x) + g''(x) - s''(x)\right)^2 dx = \int_a^b \left(s''(x)\right)^2 dx$$

$$+ \int_a^b \underbrace{\left(g''(x) - s''(x)\right)^2}_{\geq 0} dx + 2 \int_a^b s''(x)\left(g''(x) - s''(x)\right) dx.$$

Mit partieller Integration ergibt sich

$$\int_a^b s''(x)\left(g''(x) - s''(x)\right) dx = \sum_{i=0}^{n-1} \int_{x_i}^{x_{i+1}} s''(x)\left(g''(x) - s''(x)\right) dx$$

$$= \sum_{i=0}^{n-1} \left(s''(x)\left(g'(x) - s'(x)\right)\Big|_{x_i}^{x_{i+1}} - \int_{x_i}^{x_{i+1}} \underbrace{s'''(x)}_{=\,\text{const.}}\left(g'(x) - s'(x)\right) dx \right)$$

$$= \underbrace{s''(b)\left(g'(b) - s'(b)\right) - s''(a)\left(g'(a) - s'(a)\right)}_{=\,0\ \text{für RBen (i), (ii) oder (iii)}}$$

$$- \sum_{i=0}^{n-1} s'''(x) \underbrace{\left(g(x) - s(x)\right)}_{=\,0\ \text{für } x_i \text{ und } x_{i+1}} dx \Big|_{x_i}^{x_{i+1}}$$

$$= 0,$$

woraus die Behauptung folgt.   □

Bemerkung 6.28 Für eine zweimal stetig differenzierbare Funktion f ist die Krümmung der Kurve $y = f(x)$ im Kurvenpunkt $\left(x, f(x)\right)$ gegeben durch

$$\kappa(x) = \frac{f''(x)}{\left(1 + \left(f'(x)\right)^2\right)^{3/2}}.$$

Die Vernachlässigung des Nenners motiviert die nur näherungsweise korrekte Feststellung, dass der kubische Spline krümmungsminimierend interpoliert.   ◊

6.3.5 Interpolationsfehler der kubischen Spline-Interpolation

Im Gegensatz zur Polynom-Interpolation konvergiert die Spline-Interpolation einer auf dem Intervall $[a, b]$ hinreichend glatten Funktion f gleichmäßig gegen f, wenn das Feinheitsmaß der Zerlegung von $[a, b]$ gegen Null strebt. Allerdings ist dieser Sachverhalt nicht einfach zu zeigen. Die meisten Konvergenzsätze in der Literatur sind an unterschiedliche technische Voraussetzungen geknüpft. Wir geben daher nur Konvergenzaussagen für zwei Spezialfälle an. Zusätzliche Konvergenzresultate sowie Hinweise auf weiterführende Literatur findet man unter anderem in [21].

Satz 6.29

(i) Sei $f \in C^4([a, b])$. s sei der zugehörige eingespannte kubische Spline zu den vollständigen Randbedingungen $s'(a) = f'(a)$, $s'(b) = f'(b)$ bei gleichabständigen Stützstellen mit Schrittweite h. Dann gilt:

$$\|f - s\|_\infty \leq \frac{5 \left\| f^{(4)} \right\|_\infty}{384} h^4.$$

Dabei bezeichnet $\|.\|_\infty$ die Maximumnorm in $C([a, b])$: $\|g\|_\infty = \max\limits_{x \in [a,b]} |g(x)|$.

(ii) Sei $f \in C^4([a, b])$ mit $f''(a) = f''(b) = 0$. s sei der zugehörige natürliche kubische Spline bei gleichabständigen Stützstellen mit Schrittweite h. Dann gilt:

$$\|s - f\|_\infty \leq \left\| f^{(4)} \right\|_\infty h^4,$$

$$\|s' - f'\|_\infty \leq 2 \left\| f^{(4)} \right\|_\infty h^3,$$

$$\|s'' - f''\|_\infty \leq 2 \left\| f^{(4)} \right\|_\infty h^2,$$

$$\|s''' - f'''\|_\infty \leq 2 \left\| f^{(4)} \right\|_\infty h \quad (x \neq x_i).$$

Satz 6.29 (ii) beinhaltet gleichmäßige Konvergenz des natürlichen Splines und seiner ersten drei Ableitungen gegen die entsprechenden Ableitungen von $f \in C^4([a, b])$. Unter der schwächeren Voraussetzung $f \in C^2([a, b])$ kann man immerhin noch zeigen, dass die kubischen Splines der Typen (i) bis (iii) für $h \to 0$ gleichmäßig gegen f konvergieren und dass dabei gleichmäßige Konvergenz der Ableitungen dieser Splines gegen die Ableitung von f vorliegt.

6.3.6 Kondition der kubischen Spline-Interpolation

Datenfehler wirken sich bei der Spline-Interpolation in erster Linie auf die Berechnung der Ableitungswerte an den inneren Knoten aus. Die anschließende Konstruktion der kubischen Interpolationspolynome zwischen den Knoten ist gut konditioniert.

Im Fall gleichabständiger Stützstellen werden die Ableitungswerte durch Lösen des linearen Gleichungssystems (6.12) bestimmt. Man zeigt leicht die Konditionsschranke

$$\kappa_2(A) = \frac{\lambda_{max}}{\lambda_{min}} \leq 3.$$

Auch im Fall nicht gleichabständiger Stützstellen ist A eine symmetrische und positiv definite Tridiagonalmatrix. Die Kondition hängt dann von der Lage der Stützstellen ab. Solange diese nicht zu ungleichmäßig verteilt sind, bleibt die Kondition von A klein und die Spline-Interpolation unabhängig von der Anzahl der Stützstellen gut konditioniert.

6.3.7 Anwendung: Spline-Interpolation geschlossener ebener Kurven

Von einer geschlossenen ebenen Kurve K mit unbekannter Parameterdarstellung

$$K : \begin{cases} x(t) \\ y(t) \end{cases} , \quad t \in [0, T],$$

seien $n + 1$ Punkte

$$(x_i, y_i) = \big(x(t_i), y(t_i)\big), \quad i = 0, 1, \ldots, n$$

so gegeben, dass

$$0 = t_0 < t_1 < \cdots < t_{n-1} < t_n = T$$

gilt. Insbesondere ist $(x_0, y_0) = (x_n, y_n)$. Gesucht ist eine Approximation von K. Wir lösen diese Aufgabe durch eine näherungsweise Parameterdarstellung von K mithilfe von periodischen kubischen Splines. Genauer werden sowohl die x- als auch die y-Koordinate der Parameterdarstellung von K jeweils durch einen kubischen Spline approximiert.

Eine gute Approximation der Kurve K erfordert eine geeignete Wahl des Kurvenparameters der Spline-Parameterdarstellung. In Anwendungen muss man aber davon ausgehen, dass für den Kurvenparameter t keine Messwerte vorliegen und dass man die exakte Bogenlänge von K, welche sich zur Parametrisierung eignen würde, nicht aus den Messwerten berechnen kann. Ersatzweise verwenden wir deshalb die Bogenlänge des Polygonzugs durch die gegebenen Kurvenpunkte.

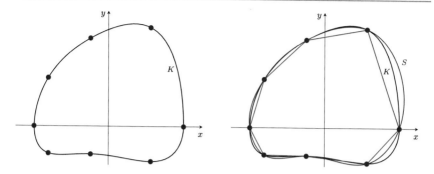

Abb. 6.12 Spline-Interpolation einer geschlossenen Kurve. Im rechten Bild ist auch der Polygonzug abgebildet, dessen Bogenlänge in der Parameterdarstellung verwendet wird

Die Gesamtlänge dieses Polygonzugs sei L. Für $\tau \in [0, L]$ bestimmen wir zwei Splines $s_x(\tau)$ und $s_y(\tau)$, sodass

$$s_x(\tau_i) = x_i, \quad s_y(\tau_i) = y_i \quad \text{für } i = 0, 1, \ldots, n$$

gilt. Dabei bezeichnet τ_i die Bogenlänge des Polygonzugs von (x_0, y_0) bis zum Kurvenpunkt (x_i, y_i). Die Differenz $\tau_{i+1} - \tau_i$ entspricht dem Euklid'schen Abstand zwischen den benachbarten Kurvenpunkten (x_{i+1}, y_{i+1}) und (x_i, y_i). Da K geschlossen ist, sind periodische Randbedingungen für s_x und s_y sachgemäß. Die Kurve K wird schließlich die Parameterdarstellung

$$S: \begin{cases} x = s_x(\tau) \\ y = s_y(\tau) \end{cases}, \quad \tau \in [0, L],$$

approximiert (Abb. 6.12).

6.4 Trigonometrische Interpolation

In diesem Abschnitt soll eine periodische Funktion auf $\mathbb{R}$ interpoliert werden. Ohne Beschränkung der Allgemeinheit nehmen wir die Periode 2π an, was durch eine lineare Transformation immer erreicht werden kann. Polynome und Splines sind für diese Aufgabenstellung unnatürlich. Die für die Approximation verwendeten Funktionen sollen selbst periodisch sein, womit sich trigonometrische Polynome

$$t_m(x) := \alpha_0 + \sum_{j=1}^{m} \left(\alpha_j \cos(jx) + \beta_j \sin(jx) \right) \tag{6.13}$$

anbieten.

Die gesuchten Koeffizienten α_j und β_j in (6.13) sind eindeutig bestimmt, wenn Stützwerte f_i an $n := 2m + 1$ paarweise verschiedenen Stützstellen im Intervall $[0, 2\pi)$ vorgegeben werden. Für die gleichabständigen Stützstellen

$$x_i = \frac{i\pi}{n}, \quad i = 0, 1, \ldots, 2m, \tag{6.14}$$

ist diese Approximation unter dem Namen diskrete Fourier-Transformation (DFT) bekannt.

Die Berechnung der Interpolante wird für die Stützstellen (6.14) besonders einfach, wenn man anstelle von (6.13) den Ansatz

$$t_m(x) = \frac{\alpha_0}{\sqrt{n}} + \sum_{j=1}^{m} \left(\alpha_j \frac{\sqrt{2}\cos(jx)}{\sqrt{n}} + \beta_j \frac{\sqrt{2}\sin(jx)}{\sqrt{n}} \right) \tag{6.15}$$

verwendet. Die Interpolationsbedingung

$$t_m(x_i) = f_i \quad \text{für } i = 0, 1, \ldots, 2m$$

liefert ein lineares Gleichungssystem

$$Az = y \tag{6.16}$$

mit den Vektoren

$$y = (f_0, \ldots, f_{2m})^T, \quad z = (\alpha_0, \alpha_1, \ldots, \alpha_m, \beta_1, \ldots, \beta_m)^T,$$

und der Matrix $A = (a_{ij})_{i,j=0,1,\ldots,2m}$, wobei

$$a_{i0} = \frac{1}{\sqrt{n}}, \qquad\qquad i = 0, 1, \ldots, 2m,$$

$$a_{ij} = \frac{\sqrt{2}\cos(jx_i)}{\sqrt{n}}, \quad i = 0, 1, \ldots, 2m, \quad j = 1, 2, \ldots, m,$$

$$a_{i,m+j} = \frac{\sqrt{2}\sin(jx_i)}{\sqrt{n}}, \quad i = 0, 1, \ldots, 2m, \quad j = 1, 2, \ldots, m$$

gelten. Mit elementarer, aber langwieriger Rechnung, die bekannte Eigenschaften der komplexen Einheitswurzeln benutzt, zeigt man, dass die Spaltenvektoren a_k von A orthonormal sind. Also ist $A^{-1} = A^T$ und das lineare Gleichungssystem (6.16) lässt sich durch Multiplikation mit A^T von links lösen:

$$z = A^T \cdot y.$$

Die Koeffizienten in (6.15) lauten

$$\alpha_0 = a_0^T y = \sum_{i=0}^{2m} \frac{1}{\sqrt{n}} f_i,$$

$$\alpha_j = a_j^T y = \sum_{i=0}^{2m} \frac{\sqrt{2}\cos(jx_i)}{\sqrt{n}} f_i, \quad j = 1, 2, \ldots, m,$$

$$\beta_j = a_{m+j}^T y = \sum_{i=0}^{2m} \frac{\sqrt{2}\sin(jx_i)}{\sqrt{n}} f_i, \quad j = 1, 2, \ldots, m.$$

Ist m eine Zweierpotenz, kann die Berechnung der Koeffizienten durch die schnelle Fourier-Transformation (FFT) mit dem Aufwand $O(m \log m)$ erfolgen.

Beispiel 6.30 Im Fall $m = 1$, $n = 3$ gilt:

$$A = \begin{pmatrix} \frac{1}{\sqrt{3}} & \sqrt{\frac{2}{3}}\cos 0 & \sqrt{\frac{2}{3}}\sin 0 \\ \frac{1}{\sqrt{3}} & \sqrt{\frac{2}{3}}\cos\frac{2\pi}{3} & \sqrt{\frac{2}{3}}\sin\frac{2\pi}{3} \\ \frac{1}{\sqrt{3}} & \sqrt{\frac{2}{3}}\cos\frac{4\pi}{3} & \sqrt{\frac{2}{3}}\sin\frac{4\pi}{3} \end{pmatrix} = \begin{pmatrix} \frac{1}{\sqrt{3}} & \sqrt{\frac{2}{3}} & 0 \\ \frac{1}{\sqrt{3}} & -\frac{1}{\sqrt{6}} & \frac{1}{\sqrt{2}} \\ \frac{1}{\sqrt{3}} & -\frac{1}{\sqrt{6}} & -\frac{1}{\sqrt{2}} \end{pmatrix}.$$

Sind an den Stellen $x_0 = 0$, $x_1 = \frac{2\pi}{3}$, $x_2 = \frac{4\pi}{3}$ die Funktionswerte $f_0 = 1$, $f_1 = 2$, $f_2 = 3$ gegeben, dann ergibt sich das interpolierende trigonometrische Polynom aus (Abb. 6.13)

Abb. 6.13 Trigonometrische Interpolation

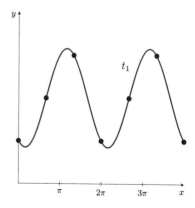

$$\alpha_0 = \frac{1}{\sqrt{3}}(f_0 + f_1 + f_2) = \frac{1}{\sqrt{3}}(1 + 2 + 3) = 2\sqrt{3},$$

$$\alpha_1 = \frac{\sqrt{2}}{\sqrt{3}}\left(\cos(0)f_0 + \cos\left(\frac{2\pi}{3}\right)f_1 + \cos\left(\frac{4\pi}{3}\right)f_2\right)$$

$$= \frac{\sqrt{2}}{\sqrt{3}}\left(1 \cdot 1 - \frac{1}{2} \cdot 2 - \frac{1}{2} \cdot 3\right) = -\frac{\sqrt{3}}{\sqrt{2}},$$

$$\beta_1 = \frac{\sqrt{2}}{\sqrt{3}}\left(\sin(0)f_0 + \sin\left(\frac{2\pi}{3}\right)f_1 + \sin\left(\frac{4\pi}{3}\right)f_2\right)$$

$$= \frac{\sqrt{2}}{\sqrt{3}}\left(0 \cdot 1 + \frac{\sqrt{3}}{2} \cdot 2 - \frac{\sqrt{3}}{2} \cdot 3\right) = -\frac{1}{\sqrt{2}}$$

zu

$$t_1(x) = 2 - \cos x - \frac{1}{\sqrt{3}}\sin x.$$

$\triangle$

6.5   Approximation nach der Methode der kleinsten Quadrate

In Anwendungen sind manchmal zu einem bekannten linearen oder nichtlinearen Zusammenhang zwischen Größen gewisse Parameter gesucht, welche durch Messungen bestimmt werden sollen. Beispielsweise kann man beim schiefen Wurf, der unter Vernachlässigung von Luftwiderstand und anderen unbedeutenden Störtermen entlang einer Parabel verläuft, durch Messungen der Flughöhe zu verschiedenen Zeitpunkten den Abwurfwinkel und die Abwurfgeschwindigkeit bestimmen. Carl Friedrich Gauß nutzte die Methode, um die zukünftige Position des von Giuseppe Piazzi am 1. Januar 1801 entdeckten, bald danach aber hinter der Sonne verborgenen Himmelskörpers Ceres vorherzusagen, wodurch dieser am 7. Dezember 1801 wieder gefunden werden konnte und Gauß mit einem Schlag in der wissenschaftlichen Welt berühmt wurde.

Bei der linearen Ausgleichsrechnung nach der Methode der kleinsten Quadrate (englisch: least-squares method) sind m Messwerte $y_1, y_2, \ldots, y_m$ an nicht notwendigerweise verschiedenen Stützstellen $x_1, x_2, \ldots, x_m$ in einem Intervall $[a, b]$ gegeben. Außerdem wird eine funktionale Beziehung zwischen den x_i und den y_i in der Form

$$q(x) = \sum_{j=1}^{n} s_j \, f_j(x)$$

Abb. 6.14 Methode der
kleinsten Quadrate

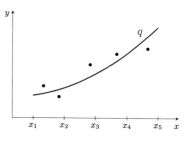

Abb. 6.15 Fehlerquadrate

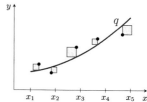

mit bekannten, fest vorgegebenen Ansatzfunktionen f_j und gesuchten Parametern s_j, $j = 1, \ldots, n$, vermutet. Dabei gilt $m > n$, sodass das lineare Gleichungssystem (Abb. 6.14)

$$As = y, \quad A = (a_{ij}) \in \mathbb{R}^{m \times n}, \quad a_{ij} = f_j(x_i), \qquad (6.17)$$

welches aus der Interpolationsbedingung

$$q(x_i) = \sum_{j=1}^{n} f_j(x_i)s_j \overset{!}{=} y_i, \quad i = 1, 2, \ldots, m, \qquad (6.18)$$

entsteht, überbestimmt ist. Die Näherungslösung q wird dann mit der in Abschn. 3.6.1 beschriebenen Methode der kleinsten Quadrate bestimmt. Gauß verwendete diese Art der Minimierung aufgrund wahrscheinlichkeitstheoretischer Überlegungen. Eine ausführliche Herleitung des zugehörigen Satzes von Gauß-Markov wird in [14, Kap. 21] gegeben.

Die quadratischen Abweichungen von der Interpolationsbedingung (6.18) durch q sind in Abb. 6.15 veranschaulicht. Die Parameter der Funktion q werden so bestimmt, dass die Gesamtfläche der aufsummierten Fehlerquadrate aller Stützstellen minimal wird:

$$\sum_{i=1}^{m} \big(y_i - q(x_i) \big)^2 \overset{!}{=} \min. \qquad (6.19)$$

Die Normalgleichungen, mit denen überbestimmte lineare Gleichungssysteme in Abschn. 3.6.1 gelöst wurden, können aus der Minimierungsbedingung (6.19) hergeleitet werden. Wir führen dies im folgenden Beispiel exemplarisch vor.

Abb. 6.16 Ausgleichsgerade

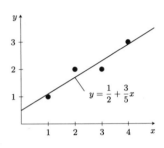

$$y = \frac{1}{2} + \frac{3}{5}x$$

Beispiel 6.31 Von einer Feder liegen die folgenden Messwerte vor:

Zugkraft x_i	1	2	3	4
Auslenkung y_i	1	2	2	3

Der physikalische Hintergrund ist hier durch das Hooke'sche Gesetz gegeben. Für die Auslenkung y einer Feder, die durch eine hinreichend kleine Kraft x hervorgerufen wird, gilt

$$y = s_1 + s_2 x,$$

wobei s_1 die Ruhelage der Feder und s_2 den Kehrwert der Federkonstante bezeichnet.

Gesucht ist eine Ausgleichsgerade, die (6.19) erfüllt (Abb. 6.16). Dies entspricht dem Ansatz $n = 2$, $f_1(x) = 1$, $f_2(x) = x$,

$$q(x) = s_1 + s_2 x.$$

Zu bestimmen sind die optimalen Parameterwerte s_1 und s_2, d. h. gesucht ist das Minimum der Funktion

$$h(s_1, s_2) := \sum_{i=1}^{4} \big(y_i - (s_1 + s_2 x_i)\big)^2$$

bezüglich s_1 und s_2.

Die Funktion h ist differenzierbar. Notwendig für einen Extremwert ist

$$\frac{\partial h}{\partial s_1}(s_1, s_2) = \sum_{i=1}^{4} 2\big(y_i - (s_1 + s_2 x_i)\big) \cdot (-1) \overset{!}{=} 0,$$

$$\frac{\partial h}{\partial s_2}(s_1, s_2) = \sum_{i=1}^{4} 2\big(y_i - (s_1 + s_2 x_i)\big) \cdot (-x_i) \overset{!}{=} 0.$$

Diese Bedingungen lassen sich vektoriell schreiben:

$$\begin{pmatrix} 4 & \sum_{i=1}^{4} x_i \\ \sum_{i=1}^{4} x_i & \sum_{i=1}^{4} x_i^2 \end{pmatrix} \cdot \begin{pmatrix} s_1 \\ s_2 \end{pmatrix} = \begin{pmatrix} \sum_{i=1}^{4} y_i \\ \sum_{i=1}^{4} x_i y_i \end{pmatrix},$$

bzw.

$$\begin{pmatrix} 1 & 1 & 1 & 1 \\ x_1 & x_2 & x_3 & x_4 \end{pmatrix} \begin{pmatrix} 1 & x_1 \\ 1 & x_2 \\ 1 & x_3 \\ 1 & x_4 \end{pmatrix} \cdot \begin{pmatrix} s_1 \\ s_2 \end{pmatrix} = \begin{pmatrix} 1 & 1 & 1 & 1 \\ x_1 & x_2 & x_3 & x_4 \end{pmatrix} \begin{pmatrix} y_1 \\ y_2 \\ y_3 \\ y_4 \end{pmatrix}.$$

Die Extremwertberechnung liefert somit das Normalgleichungssystem

$$A^T A \begin{pmatrix} s_1 \\ s_2 \end{pmatrix} = A^T b \tag{6.20}$$

für die Koeffizientenmatrix und rechte Seite

$$A = (a_{ij}) := \left(f_j(x_i) \right) = \begin{pmatrix} 1 & x_1 \\ 1 & x_2 \\ 1 & x_3 \\ 1 & x_4 \end{pmatrix}, \quad b := \begin{pmatrix} y_1 \\ y_2 \\ y_3 \\ y_4 \end{pmatrix}$$

des überbestimmten linearen Gleichungssystems (6.17). Dies gilt auch im Fall von mehr als zwei Ansatzfunktionen.

Für die gegebenen Stützstellen und Messwerte lautet (6.20)

$$\begin{pmatrix} 4 & 10 \\ 10 & 30 \end{pmatrix} \cdot \begin{pmatrix} s_1 \\ s_2 \end{pmatrix} = \begin{pmatrix} 8 \\ 23 \end{pmatrix}.$$

Die eindeutige Lösung ist

$$\begin{pmatrix} s_1 \\ s_2 \end{pmatrix} = \begin{pmatrix} \frac{1}{2} \\ \frac{3}{5} \end{pmatrix}.$$

$\triangle$

Bemerkung 6.32

1. Im Fall $m = n$, $f_j(x) = x^{j-1}$ für $j = 1, 2, \ldots, n$, liefert die Methode der kleinsten Quadrate das Interpolationspolynom.

2. Falls die Spaltenvektoren von A linear unabhängig sind, ist die Matrix $A^T A$ invertierbar und die Normalgleichungen (6.20) sind eindeutig lösbar. Werden viele Messwerte oder Ansatzfunktionen verwendet, kann A schlecht konditioniert sein. Dann löst man anstelle von (6.20) das überbestimmte lineare Gleichungssystem

$$As = b$$

mit der reduzierten QR-Zerlegung von A, wie in Abschn. 3.6.1 beschrieben.

3. Die Forderung der linearen Unabhängigkeit der Spaltenvektoren von A ist eine Bedingung an die Basisfunktionen und an die verwendeten Stützstellen. Notwendig ist, dass die Basisfunktionen linear unabhängig sind. Im Allgemeinen ist dies noch nicht hinreichend. Falls z.B. eine der Basisfunktionen m verschiedene Nullstellen besitzt und man diese Nullstellen als Stützstellen wählt, ist die zugehörige Spalte von A eine Nullspalte und der Rang von A somit kleiner als n. In diesem Fall muss man entweder andere Ansatzfunktionen oder andere Stützstellen wählen.

4. Im Gegensatz zu Polynom- und Spline-Interpolation eignet sich die Methode der kleinsten Quadrate auch zur Extrapolation, sofern die Ansatzfunktionen problemgerecht gewählt werden.   ◇

Der Erfolg der Methode der kleinsten Quadrate hängt wesentlich davon ab, dass die den Daten zugrundeliegende funktionale Abhängigkeit zwischen x- und y-Werten durch die Ansatzfunktionen richtig erfasst wird. Die Methode der kleinsten Quadrate ist zweckmäßig, um unbekannte Parameter in einer ansonsten korrekten Modellierung zu identifizieren. Sie kann die Modellierung aber nicht ersetzen. Man sollte die Methode der kleinsten Quadrate nicht blindlings anwenden, ohne die Daten und die berechnete Ausgleichsfunktion graphisch zu visualisieren.

Das Potential für Fehlinterpretationen wurde von dem englischen Statistiker Francis Anscombe anhand des von ihm konstruierten Anscombe-Quartetts demonstriert [1]. Dieses besteht aus vier verschiedenen Datensätzen mit je elf Punktepaaren (x_i, y_i) mit nahezu identischen statistischen Kennzahlen. Die Mittelwerte und Varianzen von x und y sowie die Korrelationskoeffizienten zwischen x und y stimmen jeweils auf mindestens zwei Nachkommastellen überein. Mit einer Genauigkeit von zwei bzw. drei Nachkommastellen besitzen alle Datensätze die Ausgleichsgerade

$$y = \frac{1}{2}x + 3.$$

Die Graphiken in Abb. 6.17 legen nahe, dass die Abhängigkeit zwischen x und y durch die Ausgleichsgerade nicht korrekt modelliert wird. Falls im ersten Datensatz ein linearer Zusammenhang zwischen x und y besteht, wird er durch große Messfehler überlagert. Beim zweiten Datensatz liegen die Messpunkte offensichtlich auf einer Parabel. Der dritte Datensatz deutet zwar auf eine bestehende lineare Abhängigkeit hin, aber die Steigung der Ausgleichsgeraden wird durch einen Ausreißer verfälscht. Im vierten Datensatz ist es erneut ein Ausreißer, der einen vermeintlich linearen Zusammenhang zwischen x und y suggeriert.

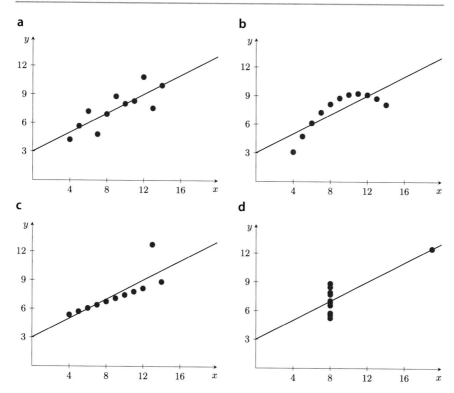

Abb. 6.17 **a** Anscombe I, **b** Anscombe II, **c** Anscombe III und **d** Anscombe IV

6.6 Nichtlineare Ausgleichsrechnung

Bei der nichtlinearen Ausgleichsrechnung hängt die zu gegebenen Messwerten $y_1, y_2, \ldots, y_m$ gesuchte Funktion $f = f(x; s)$ nichtlinear von Parametern $s_1, s_2, \ldots, s_n$ ab. Analog zur Methode der kleinsten Quadrate im linearen Fall fassen wir die Parameter in einem Vektor s zusammen und definieren den Residuenvektor

$$r = (r_i), \quad r_i := y_i - f(x_i; s), \quad i = 1, 2, \ldots, m.$$

Gesucht sind diejenigen Parameterwerte, für die

$$g(s) := \frac{1}{2} \|r\|_2^2 = \frac{1}{2} r^T r = \frac{1}{2} \sum_{i=1}^{m} r_i^2 \overset{!}{=} \min \tag{6.21}$$

gilt. Der Faktor $\frac{1}{2}$ vereinfacht einige der nachfolgenden Formeln.

Löst man das aus (6.21) entstehende nichtlineare Gleichungssystem für die gesuchten Parameterwerte mit dem Newton-Verfahren, führt dies zu einer sehr aufwändigen Rechnung. Durch Vernachlässigung von Termen, die aufgrund heuristischer Überlegungen klein sein sollten, gelangt man zum Gauß-Newton-Verfahren, in welchem in jedem Iterationsschritt statt eines linearen Gleichungssystems ein lineares Ausgleichsproblem zu lösen ist. Weitere Verfahren zur nichtlinearen Ausgleichsrechnung findet man beispielsweise in [13].

6.6.1   Newton-Verfahren

Zunächst stellen wir die beteiligten Funktionen zusammen und führen einige Bezeichnungen ein. Gegeben ist die vom Parametervektor s abhängige Funktion $f : \mathbb{R}^n \to \mathbb{R}$. Der Residuenvektor r ist eine Funktion $r : \mathbb{R}^n \to \mathbb{R}^m$, jede Komponente des Residuenvektors ist eine reellwertige Funktion $r_i : \mathbb{R}^n \to \mathbb{R}$ und die zu minimierende reellwertige Funktion bezeichnen wir mit $g : \mathbb{R}^n \to \mathbb{R}$. Die Jacobi-Matrix von r wird mit $J(s)$ bezeichnet, die Hesse-Matrix der i-ten Komponente r_i mit $H_i(s)$ und die Hesse-Matrix von g mit $H_g(s)$.

Beispiel 6.33 Gegeben seien die aus einem radioaktiven Zerfallsprozess stammenden Funktionswerte

x_i	1	2	3	4
y_i	0.683	0.091	0.012	0.002

Gesucht sind die Parameter s_1 und s_2 im Ansatz

$$f(x; s) := s_1 e^{s_2 x}.$$

Der Residuenvektor ist

$$r = (y_1 - s_1 e^{x_1 s_2},\ y_2 - s_1 e^{x_2 s_2},\ y_3 - s_1 e^{x_3 s_2},\ y_4 - s_1 e^{x_4 s_2})^T$$

mit der zugehörigen Jacobi-Matrix

$$J(s) = \left(\frac{\partial r}{\partial s}\right) = \begin{pmatrix} -e^{x_1 s_2} & -x_1 s_1 e^{x_1 s_2} \\ -e^{x_2 s_2} & -x_2 s_1 e^{x_2 s_2} \\ -e^{x_3 s_2} & -x_3 s_1 e^{x_3 s_2} \\ -e^{x_4 s_2} & -x_4 s_1 e^{x_4 s_2} \end{pmatrix}.$$

Die zu minimierende Funktion g ist

$$g(s) := \frac{1}{2} \sum_{i=1}^{4} \left(y_i - s_1 e^{x_i s_2}\right)^2.$$

$\triangle$

Zur Erfüllung der notwendigen Bedingung für eine Minimalstelle von g ist eine Nullstelle der Ableitung von g gesucht. Mit der Kettenregel folgt

$$\nabla_s g = J(s)^T r.$$

Um eine Nullstelle der Ableitung von g mit dem Newton-Verfahren zu berechnen, benötigt man die zweite Ableitung von g. Diese ist gegeben durch

$$H_g(s) = J(s)^T J(s) + \sum_{i=1}^{m} r_i(s) H_i(s).$$

Beispiel 6.34 In Beispiel 6.33 gilt:

$$H_g(s) = \left(\frac{\partial^2 g}{\partial s^2} \right)$$

mit

$$\frac{\partial g}{\partial s_1} = -\sum_{i=1}^{4} (y_i - s_1 e^{x_i s_2}) e^{x_i s_2}, \qquad \frac{\partial g}{\partial s_2} = -\sum_{i=1}^{4} (y_i - s_1 e^{x_i s_2}) s_1 x_i e^{x_i s_2},$$

$$\frac{\partial^2 g}{\partial s_1^2} = \sum_{i=1}^{4} e^{2 x_i s_2}, \qquad \frac{\partial^2 g}{\partial s_1 \partial s_2} = \sum_{i=1}^{4} (2 s_1 e^{x_i s_2} - y_i) x_i e^{x_i s_2},$$

$$\frac{\partial^2 g}{\partial s_2^2} = \sum_{i=1}^{4} (2 s_1 e^{x_i s_2} - y_i) s_1 x_i^2 e^{x_i s_2}.$$

Weiter ist

$$J(s)^T J(s) = \begin{pmatrix} \sum\limits_{i=1}^{4} e^{2 x_i s_2} & \sum\limits_{i=1}^{4} x_i s_1 e^{2 x_i s_2} \\ \sum\limits_{i=1}^{4} x_i s_1 e^{2 x_i s_2} & \sum\limits_{i=1}^{4} x_i^2 s_1^2 e^{2 x_i s_2} \end{pmatrix}$$

sowie

$$H_i(s) = \left(\frac{\partial^2 r_i}{\partial s^2} \right) = \left(\frac{\partial^2 (y_i - s_1 e^{x_i s_2})}{\partial (s_1, s_2)^2} \right) = \begin{pmatrix} 0 & -x_i e^{x_i s_2} \\ -x_i e^{x_i s_2} & -x_i^2 e^{x_i s_2} \end{pmatrix}.$$

In der Tat gilt

$$H_g(s) = J(s)^T J(s) + \sum_{i=1}^{m} r_i(s) H_i(s).$$

$\triangle$

Das Newton-Verfahren zur Berechnung einer Nullstelle von $\nabla_s g$ lautet

$$H_g(s^{(k)}) \cdot \left(s^{(k+1)} - s^{(k)}\right) = -\nabla_s g(-s^{(k)}).$$

Man beachte, dass das Newton-Verfahren hier auf die erste Ableitung von g angewandt wird und daher die Jacobi-Matrix der Iterationsfunktion der zweiten Ableitung von g, also der Hesse-Matrix H_g entspricht. In den Bezeichnungen von oben ist die Iteration

$$\left(J(s^{(k)})^T J(s^{(k)}) + \sum_{i=1}^{m} r_i(s^{(k)}) H_i(s^{(k)})\right) \cdot \left(s^{(k+1)} - s^{(k)}\right) = -J(s^{(k)})^T r(s^{(k)})$$

(6.22)

zu lösen. Es handelt sich um ein lineares Gleichungssystem für die gesuchte Newton-Korrektur $s^{(k+1)} - s^{(k)}$.

6.6.2   Gauß-Newton-Verfahren

Die Berechnung der Hesse-Matrizen in (6.22) ist aufwendig. Außerdem wird jede Hesse-Matrix mit einer Residuumkomponente multipliziert, welche in der Nähe der Lösung klein sein sollte. Sofern das Verfahren konvergiert, sollte der Einfluss der Summe in (6.22) vernachlässigbar sein. Im Gauß-Newton-Verfahren zur Lösung der nichtlinearen Ausgleichsaufgabe wird diese Summe gestrichen und stattdessen die Iteration

$$\left(J(s^{(k)})^T J(s^{(k)})\right) \cdot \left(s^{(k+1)} - s^{(k)}\right) = -J(s^{(k)})^T r(s^{(k)})$$

(6.23)

durchgeführt. Das auf diesem Weg erhaltene lineare Gleichungssystem für die Newton-Korrektur $s^{(k+1)} - s^{(k)}$ ist das Normalgleichungssystem zum linearen Ausgleichsproblem

$$J(s^{(k)}) \left(s^{(k+1)} - s^{(k)}\right) = -r(s^{(k)}).$$

(6.24)

Das überbestimmte lineare Gleichungssystem (6.24) kann bei guter Kondition der Matrix $J(s^{(k)})$ durch das Normalgleichungssystem (6.23) gelöst werden. Bei schlechter Kondition können Konvergenzprobleme auftreten, auch wenn (6.23) mit der reduzierten QR-Zerlegung von $J(s^{(k)})$ aufgelöst wird.

6.7   Zusammenfassung und Ausblick

Polynom- und Spline-Interpolation gehören mit der Methode der kleinsten Quadrate zu den wichtigsten universell einsetzbaren Approximationsverfahren. Zur Approximation periodischer Prozesse eignet sich speziell trigonometrische Interpolation.

Sind viele Interpolationspunkte gegeben, tritt bei der Polynom-Interpolation mit gleichabständigen Stützstellen das Runge-Phänomen, das Ausbrechen des Interpolationspolynoms an den Rändern des Approximationsintervalls, auf. Man kann dies

durch eine Verschiebung der Stützstellen bekämpfen, falls diese in der zugrundelie-
genden Anwendung frei gewählt werden können, oder durch Ausweichen auf die
Spline-Interpolation.

Will man eine Funktion rekonstruieren, bei der gewisse Parameterwerte gesucht
sind, von denen die Funktion linear abhängt, dann ist die Methode der kleinsten
Quadrate das Mittel der Wahl. Hier ist es sogar möglich, Messfehler durch die Rechnung auszumitteln, wohingegen sie bei der Polynom-Interpolation oft fatal verstärkt
werden. Das Gauß-Newton-Verfahren zur Behandlung nichtlinearer Ausgleichspro-
bleme ist leider nicht ebenso universell erfolgreich. Bei schlechter Kondition der
Funktionalmatrix greift man besser zum Levenberg-Marquard-Verfahren.

Polynome werden auch nichtinterpolatorisch zur Approximation verwendet, wie
bei den Bézier-Kurven, die mithilfe von Bernstein-Polynomen konstruiert werden.
In der Signalverarbeitung werden häufig Wavelets als Basisfunktionen zur Approximation eingesetzt.

Ebenfalls populär ist rationale Approximation, speziell die Padé-Approximation.
Im Gegensatz zu Polynomen sind rationale Funktionen in der Lage, auch Funktionen
mit Polstellen gut anzunähern. Dies ist besonders bei der Approximation komplex-
wertiger Funktionen von großem Interesse.

Numerische Integration

Manche Anwendungsprobleme lassen sich auf die Berechnung eines bestimmten Integrals zurückführen. Dabei kann die Schwierigkeit auftreten, dass keine Stammfunktion des Integranden bekannt ist oder dass der Integrand nicht elementar integrierbar ist. Wichtige Beispiele mit nicht integrierbaren Integranden sind die Berechnung der Gauß'schen Fehlerfunktion

$$\mathrm{erf}(x) := \frac{2}{\sqrt{\pi}} \int_0^\pi e^{-x^2} dx$$

oder die Auswertung elliptischer Integrale wie

$$E(\varphi, k) := \int_0^\varphi \sqrt{1 - k^2 \sin^2 x} \, dx.$$

Aufgabe der numerischen Integration, die auch numerische Quadratur genannt wird, ist die Bestimmung eines Näherungswerts für

$$F = \int_a^b f(x) \, dx \tag{7.1}$$

aus Funktionswerten f_j an $n + 1$ an paarweise verschiedenen Stützstellen x_j, $j = 0, \ldots, n$, im Intervall $[a, b]$. In Anwendungen, in denen für den Integranden kein Rechenausdruck gegeben ist, werden die Funktionswerte durch Messwerte ersetzt (Abb. 7.1).

© Der/die Autor(en), exklusiv lizenziert an Springer-Verlag GmbH, DE, ein Teil von Springer Nature 2024
M. Neher, *Numerische Mathematik*,
https://doi.org/10.1007/978-3-662-68815-1_7

Abb. 7.1 Numerisch
definierte Fläche

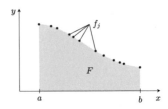

7.1   Approximation durch Rechtecke und Trapeze

Die Idee, das bestimmte Integral (7.1) durch einfache Flächen anzunähern, besitzt
eine lange Tradition. Bereits in der Antike, über 2000 Jahre vor dem Hauptsatz der
Differential- und Integralrechnung, wurden krummlinig berandete Flächen mit der
im 4. Jahrhundert vor Christus von Eudoxos von Knidos entwickelten Exhaustions-
methode durch geradlinig berandete Flächen approximiert, deren Inhalt berechnet
werden konnte. Auch die Definition des Riemann-Integrals beruht auf der Approximation durch spezielle geradlinig berandete Flächen, nämlich Rechtecke.

Bei der Mittelpunktregel wird der gesuchte Flächeninhalt durch die Fläche des
Rechtecks mit Breite $b - a$ und Höhe $f\left(\dfrac{a+b}{2}\right)$ genähert:

$$\int_a^b f(x)\,dx \approx (b - a) f\left(\frac{a+b}{2}\right). \tag{7.2}$$

Dies ist die einfachste aller Quadraturformeln (Abb. 7.2).

Die Trapezregel bestimmt den Flächeninhalt des Trapezes durch die vier Eck-
punkte der Fläche (7.1) zur Approximation:

$$\int_a^b f(x)\,dx \approx (b - a)\left(\frac{1}{2} f(a) + \frac{1}{2} f(b)\right). \tag{7.3}$$

Der Näherungswert der Mittelpunktregel entspricht der Fläche unter einem interpolierenden konstanten Polynom. Bei der Trapezregel kommt ein lineares Interpolationspolynom zum Einsatz. Daraus lässt sich ein allgemeines Approximationsprin-
zip ableiten: Man ersetzt f durch ein Interpolationspolynom und integriert dieses
(Abb. 7.3).

Abb. 7.2 Mittelpunktregel

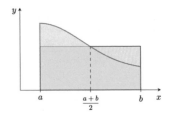

Abb. 7.3 Trapezregel

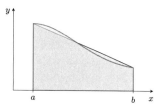

7.2 Quadratur durch Polynom-Interpolation

Interpolationspolynome wurden in Abschn. 6.2 eingeführt. Ist p_n das Lagrange'sche Interpolationspolynom von f zu den Stützstellen $x_0, x_1, \ldots, x_n$ in $[a, b]$, dann gilt

$$\int_a^b p_n(x)\, dx = \int_a^b \sum_{j=0}^n f(x_j) L_j(x)\, dx = \sum_{j=0}^n f(x_j) \int_a^b L_j(x)\, dx.$$

Die Basispolynome L_j hängen nicht von f ab. Setzt man

$$w_j := \frac{1}{b-a} \int_a^b L_j(x)\, dx, \tag{7.4}$$

dann wird das Integral des Interpolationspolynoms zur gewichteten Summe von Funktionswerten von f:

$$\int_a^b p_n(x)\, dx = (b-a) \sum_{j=0}^n w_j\, f(x_j).$$

Der Nutzen der Division durch $b - a$ bei der Berechnung der Gewichte w_j wird später ersichtlich.

Definition 7.1 Für $n + 1$ paarweise verschiedene Stützstellen $x_j \in [a, b]$ und die Gewichte w_j aus (7.4) heißt der lineare Operator $\mathcal{I}_n : C[a, b] \to \mathbb{R}$ definiert durch

$$\mathcal{I}_n(f) := (b-a) \sum_{j=0}^n w_j\, f(x_j) \tag{7.5}$$

Quadraturformel. Die Stützstellen x_j werden auch als Knoten bezeichnet.

Der zugehörige Quadraturfehler $E_n(f)$ ist definiert durch

$$E_n(f) := \int_a^b f(x)\, dx - (b-a) \sum_{j=0}^n w_j\, f(x_j).$$

Falls f selbst ein Polynom vom Höchstgrad n ist, gilt in (7.5) Gleichheit. Der maximale Polynomgrad, bis zu dem eine Quadraturformel exakt integriert, wird als Genauigkeitsgrad oder Exaktheitsgrad der Quadraturformel bezeichnet. Gemäß Konstruktion besitzt eine auf Polynom-Interpolation basierende Quadraturformel mit $n + 1$ Stützstellen und den Gewichten aus (7.4) mindestens den Genauigkeitsgrad n. Aufgrund der Linearität von Summe und Integral gilt:

1. Falls $\mathcal{I}_n(f)$ zwei Funktionen f und g exakt integriert, gilt dies auch für jede Linearkombination von f und g.
2. $\mathcal{I}_n(f)$ besitzt genau dann den Genauigkeitsgrad d, wenn $\mathcal{I}_n(f)$ die Monome $1, x, \ldots, x^d$ exakt integriert, nicht aber das Monom x^{d+1}.

Beispiel 7.2 Die Trapezregel

$$\int_a^b f(x)\, dx \approx (b-a)\left(\frac{1}{2}f(a) + \frac{1}{2}f(b)\right)$$

besitzt den Genauigkeitsgrad 1, denn für die Monome 1 und x gilt

$$\int_a^b 1\, dx = b - a = (b-a)\left(\frac{1}{2}f(a) + \frac{1}{2}f(b)\right),$$

$$\int_a^b x\, dx = \frac{1}{2}(b^2 - a^2) = (b-a)\left(\frac{1}{2}f(a) + \frac{1}{2}f(b)\right),$$

wohingegen das Monom x^2 im Fall $b \neq a$

$$\int_a^b x^2\, dx = \frac{1}{3}(b^3 - a^3) = \frac{1}{2}(b-a)(a^2 + b^2) - \frac{1}{6}(b-a)^3$$

$$\neq (b-a)\left(\frac{1}{2}f(a) + \frac{1}{2}f(b)\right)$$

erfüllt.   △

Der Genauigkeitsgrad d von $\mathcal{I}_n(f)$ bleibt erhalten, wenn man das Integrationsintervall affin-linear auf ein anderes Intervall abbildet, sodass sich die relativen Abstände der Stützstellen zueinander nicht ändern, und die Gewichte beibehält. Wir zeigen dies für die Transformation von $[0, 1]$ auf $[a, b]$ (siehe Abb. 7.4).

Gegeben sei

$$\mathcal{I}_n(f) = \sum_{j=0}^{n} w_j\, f(x_j)$$

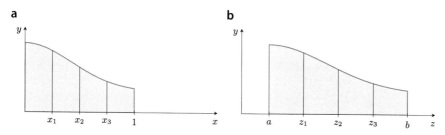

Abb. 7.4 a Ausgangsfläche und **b** Transformierte Fläche

mit Stützstellen $x_j \in [0, 1]$, Gewichten w_j und Genauigkeitsgrad d. Für $0 \le k \le d$ folgt mit der Substitution $z = a + (b - a)x$

$$\sum_{j=0}^{n} w_j x_j^k = \int_0^1 x^k \, dx = \frac{1}{b-a} \int_a^b \left(\frac{z-a}{b-a} \right)^k dz$$

und somit

$$\int_a^b \left(\frac{z-a}{b-a} \right)^k dz = (b-a) \sum_{j=0}^{n} w_j x_j^k = (b-a) \sum_{j=0}^{n} w_j \left(\frac{z_j - a}{b-a} \right)^k. \tag{7.6}$$

Die Polynome $q_k(z) := \left(\frac{z-a}{b-a} \right)^k$, $k = 0, 1, \ldots, d$, werden nach (7.6) durch

$$\mathcal{J}_n(f) = (b-a) \sum_{j=0}^{n} w_j \, f(z_j)$$

über $[a, b]$ exakt integriert. Da jedes Polynom vom Höchstgrad d als Linearkombination der q_k dargestellt werden kann, folgt die Behauptung.

Eine wichtige Konsequenz der Transformationsinvarianz ist die Unabhängigkeit der Gewichte vom Integrationsintervall. Für jede fest gewählte relative Lage der Stützstellen zueinander können die Gewichte im Intervall $[0, 1]$ berechnet werden.

7.3   Newton-Cotes-Formeln

Die Newton-Cotes-Formeln erhält man mit gleichabständigen Stützstellen in (7.5). Abgeschlossene Newton-Cotes-Formeln verwenden neben inneren Punkten auch die beiden Randpunkte a und b als Stützstellen der Quadraturformel, offene Newton-Cotes-Formeln nur innere Punkte. Die Mittelpunktregel (7.2) mit einer Stützstelle ist die einzige offene Newton-Cotes-Formel, die praktisch eingesetzt wird. Offene Newton-Cotes-Formeln mit mehreren Stützstellen sind aufwendiger als vergleichbare abgeschlossene Formeln oder sie sind numerisch instabil.

Beispiel 7.3 Konstruktion der abgeschlossenen Newton-Cotes-Formel für $n = 2$.

Für $n = 2$ sind die Randpunkte a und b sowie der Mittelpunkt des Integrationsintervalls Stützstellen. Die drei Interpolationspunkte definieren eine Parabel, welche exakt integriert wird. Die entstehende Quadraturformel heißt Simpson-Regel oder Kepler'sche Fassregel (Abb. 7.5).

Setzt man $h := \frac{1}{2}(b - a)$, erhält man aus der Integration der zu den Stützstellen gehörenden Lagrange'schen Basispolynome L_j die Gewichte

$$
\begin{aligned}
w_0 &= \frac{1}{2h} \int_a^{a+2h} \frac{\big(x - (a + h)\big)\big(x - (a + 2h)\big)}{(-h) \cdot (-2h)}\, dx \\
&= \frac{1}{4h^3} \int_0^{2h} (x^2 - 3hx + 2h^2)\, dx = \frac{1}{6},
\end{aligned}
$$

$$
w_1 = \frac{1}{2h} \int_a^{a+2h} \frac{(x - a)\big(x - (a + 2h)\big)}{h \cdot (-h)}\, dx = -\frac{1}{2h^3} \int_0^{2h} (x^2 - 2hx)\, dx = \frac{4}{6},
$$

$$
w_2 = \frac{1}{2h} \int_a^{a+2h} \frac{(x - a)\big(x - (a + h)\big)}{2h \cdot h}\, dx = \frac{1}{4h^3} \int_0^{2h} (x^2 - hx)\, dx = \frac{1}{6},
$$

und somit die Quadraturformel

$$
\int_a^b f(x)\, dx \approx \frac{b - a}{6} \left(f(a) + 4f\left(\frac{a + b}{2}\right) + f(b) \right).
$$

$\triangle$

Für größere Werte von n werden die Gewichte analog berechnet. Tab. 7.1 enthält die ersten vier abgeschlossenen Newton-Cotes-Formeln.

Beispiel 7.4 Approximation von $\int_0^1 e^{-x^2}\, dx \approx 0.746824$ mit Newton-Cotes-Formeln.

1. Mit der Trapezregel erhält man die Näherung

$$
\int_0^1 e^{-x^2}\, dx \approx \frac{1}{2} f(0) + \frac{1}{2} f(1) \approx 0.683940.
$$

Abb. 7.5 Simpson-Regel

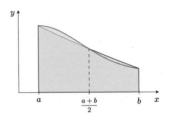

Tab. 7.1 Abgeschlossene Newton-Cotes-Formeln

n	Name	Gewichte	Genauigkeitsgrad; Fehlerschranke
1	Trapezregel	$\frac{1}{2}, \frac{1}{2}$	$1;\ \frac{1}{12}(b-a)^3 \max\limits_{x \in [a,b]} \left\| f''(x) \right\|$
2	Simpson-Regel	$\frac{1}{6}, \frac{4}{6}, \frac{1}{6}$	$3;\ \frac{1}{2880}(b-a)^5 \max\limits_{x \in [a,b]} \left\| f^{(4)}(x) \right\|$
3	3/8-Regel (Pulcherima)	$\frac{1}{8}, \frac{3}{8}, \frac{3}{8}, \frac{1}{8}$	$3;\ \frac{1}{6480}(b-a)^5 \max\limits_{x \in [a,b]} \left\| f^{(4)}(x) \right\|$
4	Milne-Regel	$\frac{7}{90}, \frac{32}{90}, \frac{12}{90}, \frac{32}{90}, \frac{7}{90}$	$5;\ \frac{1}{1935360}(b-a)^7 \max\limits_{x \in [a,b]} \left\| f^{(6)}(x) \right\|$

2. Die Simpson-Regel ergibt

$$\int_0^1 e^{-x^2}\,dx \approx \frac{1}{6}f(0) + \frac{4}{6}f\left(\frac{1}{2}\right) + \frac{1}{6}f(1) \approx 0.747180.$$

Hier ist der relative Fehler schon kleiner als 1 %.

3. Bei der Milne-Regel ist die Approximation durch eine Linearkombination aus fünf Funktionswerten von f noch genauer:

$$\int_0^1 e^{-x^2}\,dx \approx \frac{7}{90}f(0) + \frac{32}{90}f\left(\frac{1}{4}\right) + \frac{12}{90}f\left(\frac{1}{2}\right) + \frac{32}{90}f\left(\frac{3}{4}\right) + \frac{7}{90}f(1)$$

$$\approx 0.746834.$$

$\triangle$

Die nächsten drei Sätze beschreiben Eigenschaften der Newton-Cotes-Formeln, welche sich aus bekannten Eigenschaften der Polynom-Interpolation ableiten lassen. Für die Gewichte gilt:

Satz 7.5

1. *Die Summe der Gewichte jeder Newton-Cotes-Formel ist 1.*
2. *Die Gewichte jeder Newton-Cotes-Formel sind symmetrisch, d. h. es gilt*

$$w_j = w_{n-j}, \quad j = 0, 1, \ldots, n, \ n \in \mathbb{N}.$$

Beweis

von 1.: Jede Newton-Cotes-Formel integriert die konstante Funktion $f(x) \equiv 1$ exakt. Also gilt mit (7.5)

$$1 = \frac{1}{b-a}\int_a^b 1\,dx = \sum_{j=0}^n w_j.$$

von 2.:   Es sei $n \in \mathbb{N}$ und $0 \leq j \leq n$. Für die zugehörigen Lagrange'schen Basispolynome mit gleichabständigen Stützstellen gilt $L_{n-j}(x) = L_j(a + b - x)$. Mit der Substitution $t = a + b - x$ folgt

$$w_{n-j} = \frac{1}{b-a} \int_a^b L_{n-j}(x)\,dx = \frac{1}{b-a} \int_a^b L_j(a + b - x)\,dx$$

$$= \frac{1}{b-a} \int_b^a L_j(t) \cdot (-1)\,dt = \frac{1}{b-a} \int_a^b L_j(t)\,dt = w_j.$$

$\square$

Wie schon im letzten Abschnitt bemerkt wurde, besitzt eine interpolatorische Quadraturformel mit $n + 1$ Stützstellen mindestens den Genauigkeitsgrad n. Bei den Newton-Cotes-Formeln erhöht sich der Genauigkeitsgrad für gerades n um Eins.

Satz 7.6 (Genauigkeitsgrad der abgeschlossenen Newton-Cotes-Formeln)

1. *Für $n \in \mathbb{N}$ integrieren die abgeschlossenen Newton-Cotes-Formeln alle Polynome bis zum Grad n exakt.*
2. *Für gerades $n \in \mathbb{N}$ integrieren die abgeschlossenen Newton-Cotes-Formeln alle Polynome bis zum Grad $n + 1$ exakt.*

Beweis Nur die zweite Aussage ist noch zu beweisen. Es sei $n = 2k$ und $0 \leq j \leq 2k$. Die Gewichte der Newton-Cotes-Formeln sind unabhängig vom gewählten Integrationsintervall und symmetrisch. Wählt man speziell $[a, b] = [-1, 1]$, dann gilt $x_{2k-j} = -x_j$ sowie $w_{2k-j} = w_j$. Für jede ungerade Funktion f folgt

$$\mathcal{I}_{2k}(f) = (b-a)\left(\sum_{j=0}^{k-1} w_j\,f(x_j) + w_k\,\underbrace{f(0)}_{=0} + \sum_{j=k+1}^{2k} w_j\,f(x_j) \right)$$

$$= (b-a)\left(\sum_{j=0}^{k-1} w_j\,f(x_j) + 0 + \sum_{j=0}^{k-1} w_{2k-j}\,f(x_{2k-j}) \right)$$

$$= (b-a)\sum_{j=0}^{k-1} w_j\,\big(f(x_j) + \underbrace{f(-x_j)}_{=-f(x_j)} \big) = 0 = \int_{-1}^{1} f(x)\,dx.$$

Insbesondere wird das Polynom x^{2k+1} exakt integriert. $\square$

Bemerkung 7.7 Man kann zeigen, dass die Aussagen in Satz 7.6 optimal sind [21]. Polynome höheren Grades als angegeben werden durch die Newton-Cotes-Formeln im Allgemeinen nicht mehr exakt integriert. Die abgeschlossenen Newton-Cotes-Formeln für $n = 2k$ oder $n = 2k + 1$ besitzen den Genauigkeitsgrad $2k + 1$.   ◇

Zuletzt geben wir eine Fehlerabschätzung des Quadraturfehlers an, welche auf dem Interpolationsfehler beruht.

Satz 7.8 (Fehlerabschätzung für die Newton-Cotes-Formeln) *Es sei $n \in \mathbb{N}$. Die Funktion f sei auf dem Intervall $[a, b]$ $(n + 1)$-mal stetig differenzierbar. Dann gilt für den Quadraturfehler*

$$E_n(f) = \int_a^b f(x)\, dx - (b - a) \sum_{j=0}^n w_j\, f(x_j)$$

die Abschätzung

$$|E_n(f)| \le \frac{\| f^{(n+1)} \|_\infty}{(n + 1)!} \int_a^b \left| \prod_{j=0}^n (x - x_j) \right| dx. \tag{7.7}$$

Beweis Aufgrund der Definition der Gewichte w_j ist

$$E_n(f) = \int_a^b \big(f(x) - p_n(x) \big)\, dx, \tag{7.8}$$

wobei p_n das Interpolationspolynom von f zu den Stützstellen der Newton-Cotes-Formel bezeichnet. Die Behauptung folgt durch Einsetzen des Approximationsfehlers der Polynom-Interpolation (siehe Satz 6.11) in (7.8). □

Das Integral in (7.7) kann leicht berechnet werden. Für die Trapezregel $(n = 1)$ gilt beispielsweise

$$\int_a^b |(x - a)(x - b)|\, dx = - \left[\frac{x^3}{3} - (a + b)\frac{x^2}{2} + abx \right]_{x=a}^b = \frac{1}{6}(b - a)^3,$$

woraus

$$|E_1(f)| \le \frac{1}{12}(b - a)^3 \| f'' \|_\infty \tag{7.9}$$

folgt. Für $n > 1$ kann man die Fehlerabschätzung (7.7) durch elementare, aber langwierige Rechnung verbessern. Die dadurch erzielbaren Fehlerterme sind in Tab. 7.1 angegeben.

Beispiel 7.9 Die zweite Ableitung des Integranden aus Beispiel 7.4 ist

$$f''(x) = (4x^2 - 2)e^{x^2}, \quad \max_{x \in [0,1]} |f''(x)| = 2.$$

Damit gilt für den Trapezwert T die Fehlerabschätzung

$$\left| \int_0^1 e^{-x^2}\, dx - T \right| \le \frac{1}{6}.$$

Bei der Simpson-Regel folgt für den Simpson-Wert S aus

$$\max_{x \in [0,1]} \left| f^{(4)}(x) \right| = 12$$

die Fehlerschranke

$$\left| \int_0^1 e^{-x^2}\, dx - S \right| \le \frac{1}{240}.$$

$\triangle$

7.4   Summierte Newton-Cotes-Formeln

Nach den bisherigen Ausführungen könnte man vermuten, dass hinreichend viele Stützstellen genügen, um eine genaue Quadraturformel zu erhalten. Dies ist leider nicht so. Die Interpolationspolynome, insbesondere diejenigen zu gleichabständigen Stützstellen, konvergieren häufig nicht gleichmäßig gegen f (siehe Abschn. 6.2.1). In diesem Fall liefern die Newton-Cotes-Formeln für große Werte von n keine zuverlässigen Näherungswerte für die gesuchten Integrale mehr.

Abgesehen vom analytischen Konvergenzproblem sind die Newton-Cotes-Formeln für $n \ge 10$ auch numerisch unbrauchbar. Für $n = 8$ und $n \ge 10$ treten in den Newton-Cotes-Formeln negative Gewichte auf, welche bei der numerischen Auswertung von (7.5) zu Auslöschung führen. Die Summe der Gewichte ist zwar Eins, aber nach dem Satz von Kusmin, den wir hier ohne Beweis angeben, gilt

$$\lim_{n \to \infty} \sum_{j=0}^n \left| w_j \right| \to \infty.$$

Die numerische Auswertung der Newton-Cotes-Formeln wird dadurch für große n instabil.

Werden für eine gute Approximation viele Stützstellen benötigt, teilt man den Integrationsbereich daher in mehrere Teilintervalle auf und verwendet auf jedem Teilintervall eine Newton-Cotes-Formel niederer Ordnung. Bei der Zerlegung von $I = [a, b]$ in m äquidistante Teilintervalle entstehen so $mn + 1$ Teilungspunkte

$$x_j = a + jh, \quad j = 0, 1, \ldots, mn, \quad h = \frac{b - a}{mn}.$$

Die Stützstellen $x_0, x_n, x_{2n}, \ldots, x_{mn}$ trennen die Teilintervalle. Die übrigen Stützstellen bezeichnen innere Punkte dieser Teilintervalle. Funktionswerte an den Inter-
vallgrenzen der Teilintervalle berechnet man nur einmal und addiert die zugehörigen
Gewichte an diesen Stellen, was auf summierte Quadraturformeln führt (Abb. 7.6 und
7.7).

Für $n = 1$ liefert die Unterteilung von $[a, b]$ mit $m + 1$ gleichabständigen Stützstellen $x_j = a + jh$, $j = 0, 1, \ldots, m$, mit Schrittweite $h = (b - a)/m$ die summierte
Trapezregel

$$\int_a^b f(x)\,dx = \sum_{j=0}^{m-1} \int_{x_j}^{x_{j+1}} f(x)\,dx \approx \sum_{j=0}^{m-1} \frac{h}{2}\big(f(x_j) + f(x_{j+1})\big)$$

$$= \frac{h}{2}\big(f(x_0) + 2f(x_1) + \cdots + 2f(x_{m-1}) + f(x_m)\big) =: T_f(h).$$

Das gleiche Vorgehen bei der summierten Simpson-Regel ($n = 2$) mit Schrittweite
$h = \dfrac{b - a}{2m}$ ergibt

$$\int_a^b f(x)\,dx \approx \frac{h}{3}\Big(f(a) + 4f(a + h) + 2f(a + 2h) + 4f(a + 3h) + 2f(a + 4h) + \ldots$$

$$+ 4f(a + (2m - 3)h) + 2f(a + (2m - 2)h)$$

$$+ 4f(a + (2m - 1)h) + f(b)\Big).$$

Beispiel 7.10 Approximation von $\int_0^1 e^{-x^2}\,dx \approx 0.746824$ mit der summierten Trapezregel und der summierten Simpson-Regel mit Schrittweite $h = \dfrac{1}{4}$.

Abb. 7.6 Summierte
Trapezregel

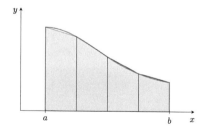

Abb. 7.7 Gewichte der
summierten Simpson-Regel

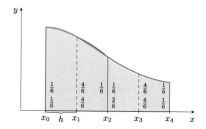

1. Die summierte Trapezregel liefert

$$\int_0^1 e^{-x^2}\,dx \approx \frac{1}{4}\left(\frac{1}{2}f(0) + f\left(\frac{1}{4}\right) + f\left(\frac{1}{2}\right) + f\left(\frac{3}{4}\right) + \frac{1}{2}f(1)\right) \approx 0.742984.$$

2. Die summierte Simpson-Regel verbessert den Näherungswert zu

$$\int_0^1 e^{-x^2}\,dx \approx \frac{1}{12}\left(f(0) + 4f\left(\frac{1}{4}\right) + 2f\left(\frac{1}{2}\right) + 4f\left(\frac{3}{4}\right) + f(1)\right) \approx 0.746855.$$

Der Fehler beträgt nur $3.1 \cdot 10^{-5}$.   △

Die Fehlerabschätzungen der summierten Regeln sind von den einfachen Quadraturformeln vererbt. Die Fehlerterme werden auf jedem Teilintervall bestimmt und aufsummiert. Für die summierte Trapezregel gilt

$$\left|\int_a^b f(x)\,dx - T_f(h)\right| \leq \sum_{i=0}^{m-1} \frac{1}{12}h^3\,\|f''\|_\infty = \frac{m}{12}h^3\,\|f''\|_\infty = \frac{(b-a)}{12}h^2\,\|f''\|_\infty, \quad (7.10)$$

sofern der Integrand zweimal stetig differenzierbar ist. Die summierte Trapezregel konvergiert quadratisch in Bezug auf die Schrittweite h. Analog folgen aus Tab. 7.1 die Fehlerordnung 4 für die summierte Simpson-Regel und die summierte 3/8-Regel sowie die Fehlerordnung 6 für die summierte Milne-Regel.

Bemerkung 7.11 Die summierte Trapezregel ist die Methode der Wahl für die Integration periodischer Funktionen. Besitzt $f \in C^{2m+1}(\mathbb{R})$ die Periode $b-a$, dann gilt für den Quadraturfehler einer Integration über eine volle Periode mit der summierten Trapezregel mit Schrittweite $h = \dfrac{b-a}{n}$ für beliebiges $n \in \mathbb{N}$ anstelle von (7.10) [8, Bem. 9.17]:

$$\left|\int_a^b f(x)\,dx - T_f(h)\right| = O\left(h^{2m+2}\right).$$

Für unendlich oft differenzierbare periodische Funktionen kann unter gewissen Voraussetzungen sogar die exponentielle Abnahme des Fehlers gezeigt werden [25, Satz 7.3].   ◇

Beispiel 7.12 Die Approximation des Integrals

$$\int_0^1 \sqrt{1 + \sin^2(\pi x)}\,dx \approx 1.216006723424980$$

mit der summierten Trapezregel mit Schrittweite $h = \dfrac{1}{2^n}$ liefert die folgenden Näherungswerte:

n	T_n	Fehler
0	1	$2.160 \cdot 10^{-1}$
1	1.207106781186547	$8.900 \cdot 10^{-3}$
2	1.215925826289068	$8.090 \cdot 10^{-5}$
3	1.216006699983867	$2.344 \cdot 10^{-8}$
4	1.216006723424974	$6.217 \cdot 10^{-15}$

Der Fehler wird bei Halbierung der Schrittweite nicht nur geviertelt, sondern ungefähr quadriert. $\triangle$

7.5   Extrapolation mit dem Romberg-Verfahren

Eine summierte Quadraturformel mit niederer Fehlerordnung erfordert im Allgemeinen viele Funktionswerte für einen genauen Näherungswert eines gesuchten Integrals. Kennt man die Anzahl der benötigten Funktionswerte für eine gewünschte Genauigkeit nicht vorab, ist es praktikabel, iterativ Quadraturnäherungen für eine wachsende Anzahl von Stützstellen zu bestimmen, bis sich die berechneten Werte nicht mehr signifikant ändern.

Im Fall summierter Trapeznäherungen ist es offenbar geschickt, die Anzahl der verwendeten Teilintervalle iterativ zu verdoppeln, damit man bereits berechnete Funktionswerte bei der verfeinerten Unterteilung wieder verwenden kann (Abb. 7.8). Man startet mit der Trapeznäherung für das Ausgangsintervall $[a, b]$, also mit 2^0 Teilintervallen der Länge $h_0 = (b - a)/2^0$. Im n-ten Halbierungsschritt werden 2^n Teilintervalle der Länge $h_n = (b - a)/2^n$ verwendet. Die zugehörigen summierten Trapeznäherungen werden im Folgenden mit T_n bezeichnet.

Beispiel 7.13 Berechnung von

$$\int_1^2 \frac{dx}{x} = \ln 2 = 0.6931471806\ldots$$

mit summierten Trapeznäherungen. Alle Zwischenergebnisse werden auf sechs Nachkommastellen gerundet.

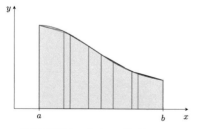
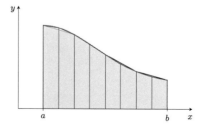

5 statt 4 Teilintervalle: 4 neue Funktionswerte.   8 statt 4 Teilintervalle: 4 neue Funktionswerte.

Abb. 7.8 Verfeinerung von Trapeznäherungen

Mit den Schrittweiten $h_0 = 1$, $h_n = \frac{h_0}{2^n} = \frac{1}{2^n}$ folgt:

$$T_0 = h_0 \left(\frac{f(1)}{2} + \frac{f(2)}{2} \right) = \frac{1}{2} + \frac{1}{4} = \frac{3}{4} = 0.75,$$

$$T_1 = h_1 \left(\frac{f(1)}{2} + f\left(\frac{3}{2}\right) + \frac{f(2)}{2} \right)$$

$$= \frac{1}{2} \underbrace{h_0 \left(\frac{f(1)}{2} + \frac{f(2)}{2} \right)}_{T_0} + \frac{1}{2} \underbrace{h_0 f\left(\frac{3}{2}\right)}_{=:M_0} = \frac{1}{2}\left(T_0 + \frac{2}{3} \right) \approx \frac{1}{2}(0.75 + 0.666667)$$

$$\approx 0.708334,$$

$$T_2 = h_2 \left(\frac{f(1)}{2} + f\left(\frac{5}{4}\right) + f\left(\frac{3}{2}\right) + f\left(\frac{7}{4}\right) + \frac{f(2)}{2} \right)$$

$$= \frac{1}{2} \underbrace{h_1 \left(\frac{f(1)}{2} + f\left(\frac{3}{2}\right) + \frac{f(2)}{2} \right)}_{T_1} + \frac{1}{2} \underbrace{h_1 \left(f\left(\frac{5}{4}\right) + f\left(\frac{7}{4}\right) \right)}_{=:M_1} = \frac{1}{2}\left(T_1 + \frac{24}{35} \right)$$

$$\approx 0.697025,$$

$$M_2 = h_2 \left(f\left(\frac{9}{8}\right) + f\left(\frac{11}{8}\right) + f\left(\frac{13}{8}\right) + f\left(\frac{15}{8}\right) \right) \approx 0.691220,$$

$$T_3 = \frac{1}{2}(T_2 + M_2) \approx 0.694123.$$

Die Hilfsvariablen M_n enthalten die summierten Funktionswerte der im $n+1$-ten Halbierungsschritt neu hinzukommenden Stützstellen.

Für dieses Beispiel gilt wegen $b - a = 1$, $h_3 = \frac{1}{8}$ und $\|f''\|_\infty = \left\|\frac{2}{x^3}\right\|_\infty = 2$ die Fehlerabschätzung

$$\left| \int_1^2 \frac{dx}{x} - T_3 \right| \leq \frac{1}{12} \cdot \frac{1}{64} \cdot 2 = \frac{1}{384},$$

also ist

$$\ln 2 \in \left[T_3 - \frac{1}{384}, T_3 + \frac{1}{384} \right] = [0.691517, 0.696725].$$

Will man den Wert von $\ln 2$ mit dieser Methode auf mindestens fünf Dezimalstellen genau bestimmen, ist ein $n \in \mathbb{N}$ gesucht, sodass

$$\left| \int_1^2 \frac{dx}{x} - T_n \right| \leq \frac{1}{2} 10^{-5} \tag{7.11}$$

gilt. Die Fehlerabschätzung

$$\frac{1}{12} \cdot \frac{1}{4^n} \cdot 2 \overset{!}{\leq} \frac{1}{2} 10^{-5}$$

liefert

$$n \geq \frac{\ln(100000) - \ln 3}{\ln 4} = 7.51\ldots.$$

Für $n = 8$ ist (7.11) erfüllt, d.h. T_8 ist eine auf (mindestens) fünf Dezimalstellen genaue Näherung von $\ln 2$. Der wahre Fehler wird von (7.11) nur geringfügig überschätzt. Die Fehlerschranke wird bereits von T_7, nicht jedoch von T_6 unterschritten. Die Berechnung von T_8 erfordert $2^8 + 1 = 257$ Funktionswerte von f, die Berechnung von T_7 immerhin noch $2^7 + 1 = 129$ Funktionswerte von f. △

Für hinreichend glatte Integranden lassen sich unterschiedliche Trapeznäherungen durch geschickte Bildung von Linearkombinationen verbessern. Dies reduziert den Aufwand, der zur Erzielung einer gewünschten Genauigkeit notwendig ist. Im Vergleich zur aufwendigen Funktionsauswertung von f ist die Berechnung einer Linearkombination zweier Zahlen für die Gesamtrechenzeit vernachlässigbar.

Ausgangspunkt der folgenden Überlegungen ist die asymptotische Entwicklung der summierten Trapezregel nach Potenzen von h^2.

Satz 7.14 *Es sei* $f \in C^{2r+2}([a,b])$, $r \geq 0$, *sowie* $h = \frac{1}{m}(b - a)$. *Dann gilt für die summierte Trapezregel*

$$T_f(h) = \frac{h}{2}\left(f(x_0) + 2 \sum_{j=1}^{m-1} f(x_j) + f(x_m) \right)$$

die folgende Darstellung:

$$T_f(h) = \int_a^b f(x)\,dx + \sum_{j=1}^{r} c_j h^{2j} + R_r(h) \tag{7.12}$$

mit von h unabhängigen Konstanten c_j, $j = 1, 2, \ldots, r$, und dem Fehlerterm $R_r(h)$, für welchen Zahlen h_0, $C > 0$ existieren, sodass

$$|R_r(h)| \leq C h^{2r+2} \quad \text{für} \;\; 0 \leq h \leq h_0$$

gilt.

Beweis Siehe z.B. [21, Abschn. 6.9]. □

Setzt man in (7.12) neben h auch $\frac{h}{2}$ ein, erhält man

$$T_f(h) = \int_a^b f(x)\,dx + c_1 h^2 + c_2 h^4 + \cdots + c_r h^{2r} + R_r(h), \tag{7.13}$$

$$T_f\left(\frac{h}{2}\right) = \int_a^b f(x)\,dx + \frac{1}{4}c_1 h^2 + \frac{1}{16}c_2 h^4 + \cdots + \frac{1}{4^r}c_r h^{2r} + R_r\left(\frac{h}{2}\right). \tag{7.14}$$

Multiplikation von (7.14) mit 4 und Subtraktion von (7.13) ergibt

$$4T_f\left(\frac{h}{2}\right) - T_f(h) = 3\int_a^b f(x)\,dx - \frac{3}{4}c_2h^4 - \frac{15}{16}c_3h^6 - \cdots - \left(1 - \frac{1}{4^r}\right)c_rh^{2r}$$
$$+ 4R_r\left(\frac{h}{2}\right) - R_r(h).$$

Berechnet man (für beliebiges h) aus den summierten Trapezwerten $T_f\left(\frac{h}{2}\right)$ und $T_f(h)$ den Wert

$$\widetilde{T}_f\left(\frac{h}{2}\right) := \frac{4\,T_f\left(\frac{h}{2}\right) - T_f(h)}{3},$$

dann ist $\widetilde{T}_f\left(\frac{h}{2}\right)$ ebenfalls eine Näherung des gesuchten Integrals. $\widetilde{T}_f\left(\frac{h}{2}\right)$ besitzt die asymptotische Fehlerentwicklung

$$\widetilde{T}_f\left(\frac{h}{2}\right) = \int_a^b f(x)\,dx + \widetilde{c}_2h^4 + \cdots + \widetilde{c}_rh^{2r} + \widetilde{R}_r(h)$$

mit von h unabhängigen Konstanten $\widetilde{c}_j$, $j = 2, 3, \ldots, r$, bei der der Quadraturfehler mit der vierten Potenz von h gegen Null strebt.

Eine gewichtete Mittelwertbildung kann analog auf die Werte $\widetilde{T}_f\left(\frac{h}{4}\right)$ und $\widetilde{T}_f\left(\frac{h}{2}\right)$ angewandt werden. Sofern f hinreichend oft differenzierbar ist, gilt für

$$\widetilde{\widetilde{T}}_f\left(\frac{h}{4}\right) =: \frac{16\,\widetilde{T}_f\left(\frac{h}{4}\right) - \widetilde{T}_f\left(\frac{h}{2}\right)}{15}$$

die asymptotische Fehlerentwicklung

$$\widetilde{\widetilde{T}}_f\left(\frac{h}{4}\right) = \int_a^b f(x)\,dx + \widetilde{\widetilde{c}}_3h^6 + \cdots + \widetilde{\widetilde{c}}_rh^{2r} + \widetilde{\widetilde{R}}_r(h),$$

bei der die Konvergenzgeschwindigkeit erneut um den Faktor h^2 verbessert wurde.

Das Romberg-Verfahren zur Konvergenzbeschleunigung bei der numerischen Integration mit der Trapezregel setzt die beschriebene Methode fort. Man definiert für $n = 0, 1, \ldots$

$$h_n := \frac{b-a}{2^n}, \quad T_{n,0} := T_f(h_n)$$

und berechnet ohne zusätzliche Funktionswerte von f rekursiv die Linearkombinationen

$$T_{n,k} = \frac{4^k \cdot T_{n,k-1} - T_{n-1,k-1}}{4^k - 1}, \quad n = 1, 2, \ldots, \quad k = 1, 2, \ldots, n.$$

Die Werte $T_{n,k}$ werden in einem Dreieckschema aus Zeilen und Spalten angeordnet, wobei die Zählung mit Null beginnt und die Trapeznäherungen $T_{n,0}$ die nullte Spalte bilden. Praktisch führt man die Berechnung zeilenweise so lange durch, bis entweder Konvergenz erkennbar ist oder ein Maximalaufwand überschritten wird. Für hinreichend oft differenzierbare Integranden konvergiert jede Spalte des Romberg-Schemas mit zwei Potenzen von h schneller gegen das gesuchte Integral als die vorangehende Spalte (Tab. 7.2).

Beispiel 7.15 Approximation von $\int_1^2 \dfrac{dx}{x}$ mit dem Romberg-Schema.

Die Trapeznäherungen T_0, T_1, T_2 und T_3 der ersten Spalte wurden in Beispiel 7.13 berechnet. Bei der Berechnung der übrigen Werte werden wieder alle Zwischenergebnisse auf sechs Nachkommastellen gerundet (Tab. 7.3).

$T_{3,3}$ stimmt (ebenso wie $T_{8,0}$) auf fünf Dezimalstellen mit dem exakten Wert des Integrals überein. Während die Berechnung von $T_{8,0}$ aber 257 Funktionswerte von f erfordert, werden für $T_{3,3}$ nur $2^3 + 1 = 9$ Funktionswerte von f benötigt. △

Tab. 7.2 Romberg-Schema

0. Spalte	1. Spalte	2. Spalte	3. Spalte
$T_0 = T_{0,0}$			
$T_1 = T_{1,0}$	$\dfrac{4}{}$ / 3: $T_{1,1} = \dfrac{4^1 \cdot T_{1,0} - T_{0,0}}{4^1 - 1}$		
$T_2 = T_{2,0}$	$\dfrac{4}{}$ / 3: $T_{2,1} = \dfrac{4^1 \cdot T_{2,0} - T_{1,0}}{4^1 - 1}$	$\dfrac{16}{}$ / 15: $T_{2,2} = \dfrac{4^2 \cdot T_{2,1} - T_{1,1}}{4^2 - 1}$	
$T_3 = T_{3,0}$	$\dfrac{4}{}$ / 3: $T_{3,1} = \dfrac{4^1 \cdot T_{3,0} - T_{2,0}}{4^1 - 1}$	$\dfrac{16}{}$ / 15: $T_{3,2} = \dfrac{4^2 \cdot T_{3,1} - T_{2,1}}{4^2 - 1}$	$\dfrac{64}{}$ / 63: $T_{3,3} = \dfrac{4^3 \cdot T_{3,2} - T_{2,2}}{4^3 - 1}$

Tab. 7.3 Approximation eines Integrals mit dem Romberg-Schema

0. Spalte	1. Spalte	2. Spalte	3. Spalte
$T_{0,0} = 0.750000$			
$T_{1,0} = 0.708334$	$\dfrac{4}{}$ / 3: $T_{1,1} = 0.694445$		
$T_{2,0} = 0.697025$	$\dfrac{4}{}$ / 3: $T_{2,1} = 0.693255$	$\dfrac{16}{}$ / 15: $T_{2,2} = 0.693176$	
$T_{3,0} = 0.694123$	$\dfrac{4}{}$ / 3: $T_{3,1} = 0.693156$	$\dfrac{16}{}$ / 15: $T_{3,2} = 0.693149$	$\dfrac{64}{}$ / 63: $T_{3,3} = 0.693149$

7.6   Gauß-Quadratur

Bei der Polynom-Interpolation hatten sich äquidistante Stützstellen als nachteilig
erwiesen. Dieser Nachteil hatte sich auf die Newton-Cotes-Formeln übertragen. In
diesem Abschnitt wird ein auf Gauß zurückgehender Ansatz zur numerischen Integration mit nicht äquidistanten Stützstellen entwickelt.

Zu einem gegebenen Intervall $[a, b]$ sind bei der Gauß-Quadratur für ein $n \in \mathbb{N}$
Stützstellen $x_1, x_2, \ldots, x_n \in [a, b]$ und reelle Gewichte $w_1, w_2, \ldots, w_n$ gesucht,
sodass die Quadraturformel

$$\int_a^b f(x)\,dx \approx \sum_{j=1}^n w_j f(x_j) \tag{7.15}$$

einen möglichst hohen Genauigkeitsgrad besitzt. Ohne zusätzliche Überlegungen
können wir eine etwas allgemeinere Aufgabenstellung betrachten, bei der das auszuwertende Integral noch eine Gewichtsfunktion enthält.

Definition 7.16 Eine nichtnegative, auf (a, b) stückweise stetige und über $[a, b]$
integrierbare Funktion, die höchstens endlich viele Nullstellen besitzt, heißt
Gewichtsfunktion.

Wichtige Beispiele für Gewichtsfunktionen sind die triviale Gewichtsfunktion $\varrho \equiv 1$
oder die unbeschränkte Gewichtsfunktion

$$\varrho(x) = \frac{1}{\sqrt{(x-a)(b-x)}}.$$

Anstelle von (7.15) betrachten wir im Folgenden

$$\int_a^b \varrho(x) f(x)\,dx \approx \sum_{j=1}^n w_j f(x_j) \tag{7.16}$$

mit einer vorgegebenen Gewichtsfunktion ϱ. Die Quadraturformel (7.15) entsteht
aus (7.16) für die konstante Gewichtsfunktion $\varrho \equiv 1$.

Im Vergleich zur interpolatorischen Quadraturformel (7.5) wurde die Notation
in zweierlei Hinsicht geändert. Erstens beginnt die Indizierung der Stützstellen hier
nicht bei Null, sondern bei Eins. Dies vereinfacht die Darstellung der nachfolgenden
Sachverhalte. Zweitens tritt vor der Summe nicht mehr der Vorfaktor $(b - a)$ auf.
Die im Folgenden berechneten Gewichte hängen vom gewählten Intervall $[a, b]$ und
der Gewichtsfunktion ϱ ab. Die Summe der Gewichte ist im Allgemeinen nicht mehr
auf Eins normiert, sondern es gilt

$$\sum_{j=1}^n w_j = \int_a^b \varrho(x)\,dx.$$

Unter Beachtung der Transformationregeln für Integrale sind die neuen Quadraturformeln trotzdem universell einsetzbar. Die bessere Alternative ist, eine gegebene
Integrationsaufgabe auf ein Referenzintervall zu transformieren, für das Stützstellen
und Gewichte tabelliert sind.

Die eigentliche Konstruktionsaufgabe der Quadraturformel (7.16) besteht in
der Bestimmung der gesuchten Stützstellen x_j. Sind diese gefunden, können die
Gewichte analog zu (7.4) durch Integration der zugehörigen Lagrange'schen Basispolynome L_j berechnet werden. Hier gilt

$$w_j = \int_a^b \varrho(x) L_j(x)\,dx, \quad j = 1, 2, \ldots, n. \tag{7.17}$$

Beispiel 7.17 Es sei $[a, b] = [0, 1]$, $\varrho \equiv 1$, $n = 2$. Wir bestimmen zwei Stützstellen
x_1, $x_2 \in [0, 1]$ sowie zwei Gewichte w_1, w_2, sodass

$$\int_0^1 p(x)\,dx = w_1 p(x_1) + w_2 p(x_2) \tag{7.18}$$

Polynome bis zum Höchstgrad 3 exakt integriert.

Wegen der Linearität von (7.18) bezüglich p genügt es, (7.18) für die Monome
1, x, x^2, x^3 zu erfüllen. Dieser Ansatz führt auf das folgende nichtlineare Gleichungssystem:

$$p(x) = 1: \quad w_1 + w_2 = 1 \tag{7.19}$$

$$p(x) = x: \quad w_1 x_1 + w_2 x_2 = \frac{1}{2} \tag{7.20}$$

$$p(x) = x^2: \quad w_1 x_1^2 + w_2 x_2^2 = \frac{1}{3} \tag{7.21}$$

$$p(x) = x^3: \quad w_1 x_1^3 + w_2 x_2^3 = \frac{1}{4} \tag{7.22}$$

Dieses Gleichungssystem lässt sich explizit lösen. Die Linearkombination

$$x_1 x_2 \cdot (7.19) - (x_1 + x_2) \cdot (7.20) + (7.21)$$

liefert

$$x_1 x_2 - \frac{1}{2}(x_1 + x_2) + \frac{1}{3} = w_1\big(x_1 x_2 - (x_1 + x_2)x_1 + x_1^2\big) + w_2\big(x_1 x_2 - (x_1 + x_2)x_2 + x_2^2\big) = 0. \tag{7.23}$$

Ebenso folgt aus $x_1 x_2 \cdot (7.20) - (x_1 + x_2) \cdot (7.21) + (7.22)$

$$\frac{1}{2} x_1 x_2 - \frac{1}{3}(x_1 + x_2) + \frac{1}{4} = w_1 x_1 (x_1 x_2 - (x_1 + x_2)x_1 + x_1^2)$$
$$+ w_2 x_2 (x_1 x_2 - (x_1 + x_2)x_2 + x_2^2) = 0. \tag{7.24}$$

(7.23) und (7.24) bilden ein lineares Gleichungssystem für $x_1 + x_2$ und $x_1 x_2$ mit der eindeutigen Lösung $x_1 + x_2 = 1$, $x_1 x_2 = \frac{1}{6}$. Nach Einsetzen von $x_2 = 1 - x_1$ in die zweite Gleichung erhält man eine quadratische Gleichung für x_1, aus der sich schließlich die Stützstellen

$$ x_1, x_2 = \frac{1}{2} \pm \frac{\sqrt{3}}{6}. $$

ergeben. Die Gewichte w_1 und w_2 können gemäß (7.17) berechnet werden. Alternativ erhält man nach Einsetzen der Werte von x_1 und x_2 in (7.19) und (7.20) ein eindeutig lösbares lineares Gleichungssystem für w_1 und w_2 mit der Lösung

$$ w_1 = w_2 = \frac{1}{2}. $$

$$ \triangle $$

Die heuristische Lösungsmethode dieses Beispiels soll nun durch einen systematischen Algorithmus zur Berechnung der Stützstellen ersetzt werden. Dazu führen wir Systeme von Orthogonalpolynomen ein.

7.6.1 Orthogonale Polynome

Definition 7.18 Auf einem Intervall $[a, b]$ bezeichne $\Pi = \Pi[a, b]$ den Vektorraum der reellen Polynome sowie $\Pi_n = \Pi_n[a, b]$ den Vektorraum der reellen Polynome vom Höchstgrad n. ϱ sei eine gegebene Gewichtsfunktion. Dann wird durch

$$ < p, q > := \int_a^b \varrho(x) p(x) q(x) \, dx $$

ein Skalarprodukt auf Π bzw. Π_n mit induzierter Norm

$$ \| p \| := \sqrt{< p, p >} $$

eingeführt. Zwei Polynome p und q heißen orthogonal, wenn

$$ < p, q > = 0 $$

gilt. Das orthogonale Komplement von Π_n (bezüglich Π) ist

$$ \Pi_n^{\perp} := \{ q \in \Pi \mid < p, q > = 0 \text{ für alle } p \in \Pi_n \}. $$

$\Pi_n^{\perp}$ ist wie Π_n ein linearer Unterraum von Π.

Für jede Gewichtsfunktion ϱ kann man eine Folge von Orthogonalpolynomen konstruieren, die eine Orthogonalbasis von Π bilden, indem man Gram-Schmidt-Orthogonalisierung auf die Monome $1, x, x^2, \ldots$ anwendet:

$$p_0 := 1,$$

$$p_n := x^n - \sum_{j=0}^{n-1} \frac{<x^n, p_j>}{\|p_j\|^2} p_j, \quad n = 1, 2, \ldots. \tag{7.25}$$

Nach Konstruktion ist p_n ein Polynom vom Grad n mit führendem Koeffizienten 1. Außerdem gilt $p_n \in \Pi_{n-1}^\perp$. Die beiden letztgenannten Eigenschaften charakterisieren p_n eindeutig.

Der nächste Satz reduziert die Anzahl an Skalarprodukten, die zur Berechnung der p_n benötigt werden.

Satz 7.19 *Die Orthogonalpolynome aus (7.25) genügen der Drei-Term-Rekursion*

$$p_0 = 1, \quad p_1 = x - \beta_0,$$
$$p_{n+1} = (x - \beta_n)p_n - \gamma_n^2 p_{n-1}, \quad n = 1, 2, \ldots. \tag{7.26}$$

mit

$$\beta_n = \frac{<x\,p_n, p_n>}{\|p_n\|^2}, \quad n = 0, 1, \ldots, \qquad \gamma_n = \frac{\|p_n\|}{\|p_{n-1}\|}, \quad n = 1, 2, \ldots.$$

Beweis Wir zeigen die Behauptung mit vollständiger Induktion. Für p_0 ist nichts zu zeigen, für p_1 stimmt die angegebene Darstellung mit (7.25) überein. Dies liefert den Induktionsanfang.

Als Induktionsvoraussetzung dürfen wir annehmen, dass ein $N \geq 1$ existiert, für welches die durch (7.26) definierten Polynome für $n = 0, 1, \ldots, N$ mit den Polynomen aus (7.25) übereinstimmen. Im Induktionsschluss zeigen wir, dass das Polynom

$$q := (x - \beta_N)p_N - \gamma_N^2 p_{N-1}$$

mit dem Polynom p_{N+1} aus (7.25) übereinstimmt.

Nach Konstruktion ist q ein Polynom vom Grad $N + 1$ mit führendem Koeffizienten 1. Da es nur ein solches Polynom in $\Pi_N^\perp$ gibt (nämlich p_{N+1}), ist die Behauptung gezeigt, wenn wir nachgewiesen haben, dass q zu allen Polynomen p_n, $n = 0, 1, \ldots, N$, orthogonal ist.

Sei zunächst $r \in \Pi_{N-2}$ beliebig. Dann gilt:

$$<q, r> = <xp_N, r> - \beta_N \underbrace{<p_N, r>}_{=0} - \gamma_N^2 \underbrace{<p_{N-1}, r>}_{=0} = \underbrace{<p_N, xr>}_{=0} = 0,$$

d. h. es ist $q \in \Pi_{N-2}^\perp$.

Für $n = N - 1$ gilt:

$$< q, p_{N-1} > = < xp_N, p_{N-1} > -\beta_N \underbrace{< p_N, p_{N-1} >}_{=0} - \frac{< p_N, p_N >}{< p_{N-1}, p_{N-1} >}$$

$$< p_{N-1}, p_{N-1} >$$

$$= < p_N, xp_{N-1} > - < p_N, p_N > = < p_N, \underbrace{xp_{N-1} - p_N}_{\in \Pi_{N-1}} > = 0,$$

d. h. es ist $q \in \Pi_{N-1}^\perp$.
   Für $n = N$ gilt:

$$< q, p_N > = < xp_N, p_N > -\beta_N < p_N, p_N > -\gamma_N^2 \underbrace{< p_{N-1}, p_N >}_{=0}$$

$$= \beta_N \|p_N\|^2 - \beta_N \|p_N\|^2 = 0,$$

womit schließlich auch $q \in \Pi_N^\perp$ gezeigt ist. $\square$

Beispiel 7.20 Legendre-Polynome.
   Es sei $I = [a, b] = [-1, 1]$ und $\varrho(x) \equiv 1$. Gesucht sind die zugehörigen Orthogonalpolynome mit der Normierungsbedingung $p_n(1) = 1$. Diese Polynome heißen Legendre-Polynome (Abb. 7.9).
   Gram-Schmidt-Orthogonalisierung der Monome liefert

$$p_0(x) = 1, \quad p_1(x) = x, \quad p_2(x) = \frac{1}{2}(3x^2 - 1),$$

$$p_3(x) = \frac{1}{2}(5x^3 - 3x), \quad p_4(x) = \frac{1}{8}(35x^4 - 30x^2 + 3).$$

Mit vollständiger Induktion beweist man die Drei-Term-Rekursion

$$(n + 1)p_{n+1}(x) = (2n + 1)xp_n(x) - np_{n-1}(x), \quad n = 1, 2, \ldots.$$

$\triangle$

Die Nullstellen von Orthogonalpolynomen besitzen eine wichtige Eigenschaft:

Satz 7.21 *Es sei $(p_k)_{k=0}^\infty$ eine Folge von Orthogonalpolynomen, welche durch Orthogonalisierung der Monome wie in (7.25) mithilfe einer Gewichtsfunktion ϱ auf einem Intervall $[a, b]$ entstanden ist. Dann gilt: Die Nullstellen $x_1, x_2, \ldots, x_n$ des Orthogonalpolynoms p_n sind einfach und liegen alle im offenen Intervall (a, b).*

Abb. 7.9 Legendre-Polynome

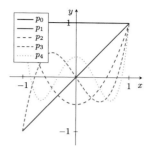

Beweis Es seien

$$a < x_1 < x_2 < \cdots < x_m < b \qquad (0 \le m \le n)$$

diejenigen Nullstellen von p_n, welche in (a, b) liegen und ungerade Vielfachheit besitzen. Dann ist

$$q_m(x) := \prod_{j=1}^{m} (x - x_j)$$

ein Polynom vom Grad m und das Polynom

$$p_n(x) \cdot q_m(x)$$

besitzt auf $[a, b]$ keine Nullstelle mit Vorzeichenwechsel. Auf ganz $[a, b]$ gilt entweder $p_n q_m \ge 0$ oder $p_n q_m \le 0$. Da $p_n q_m$ nur an endlich vielen Stellen verschwindet, folgt

$$< p_n, q_m > = \int_a^b \varrho(x) p_n(x) q_m(x) \, dx \ne 0.$$

Da p_n zu allen Polynomen vom Höchstgrad $n - 1$ orthogonal ist, muss q_m (mindestens) den Grad n besitzen. Daraus folgt die Behauptung. $\qquad\square$

7.6.2 Stützstellen und Gewichte bei der Gauß-Quadratur

Die Stützstellen bei der Gauß-Quadratur sind eindeutig bestimmt. Es sind die Nullstellen der im letzten Abschnitt eingeführten Orthogonalpolynome. Genauer gilt:

Satz 7.22 *Es sei* $[a, b]$ *ein reelles Intervall und* ϱ *eine Gewichtsfunktion auf* $[a, b]$. *Für* $n \in \mathbb{N}$ *seien* $x_1, x_2, \ldots, x_n \in [a, b]$ *paarweise verschiedene Zahlen sowie* $w_1, w_2, \ldots, w_n \in \mathbb{R}$ *beliebige Gewichte. Für* $j = 1, 2, \ldots, n$ *seien*

$$L_j(x) := \prod_{\substack{i=1 \\ i \ne j}}^{n} \frac{(x - x_i)}{(x_j - x_i)}$$

die zu $x_1, x_2, \ldots, x_n$ gehörenden Lagrange'schen Basispolynome.
Dann gilt

$$\int_a^b \varrho(x)p(x)\,dx = \sum_{j=1}^n w_j p(x_j) \quad \textit{für alle} \ \ p \in \Pi_{2n-1} \qquad (7.27)$$

genau dann, wenn die folgenden Bedingungen erfüllt sind:

(i) $x_1, x_2, \ldots, x_n$ sind die Nullstellen des n-ten Orthogonalpolynoms aus (7.25).
(ii) Die Gewichte lauten

$$w_j = \ <L_j, 1> \ = \int_a^b \varrho(x)L_j(x)\,dx \quad \textit{für} \ \ j = 1, 2, \ldots, n.$$

Beweis

(i) ist notwendig: Es gelte (7.27) und es sei

$$q(x) := \prod_{i=1}^n (x - x_i).$$

Da q in Π_n liegt, gilt für $m = 0, 1, \ldots, n - 1$ wegen (7.27)

$$<q, x^m> \ = \ <qx^m, 1> \ = \sum_{j=1}^n w_j x_j^m \cdot \underbrace{q(x_j)}_{=0} = 0,$$

d. h. es gilt $q \in \Pi_{n-1}^\perp$. Nach Konstruktion besitzt q den führenden Koeffizienten 1, also muss $q = p_n$ gelten.
(ii) ist notwendig: Es gelte (7.27). Dann folgt für $k = 1, 2, \ldots, n$:

$$<L_k, 1> \ = \sum_{j=1}^n w_j \underbrace{L_k(x_j)}_{=\delta_{jk}} = w_k.$$

(i) und (ii) sind hinreichend: Es sei $p \in \Pi_{2n-1}$ ein beliebiges Polynom. Nach Polynomdivision lässt sich p darstellen als

$$p = q \cdot p_n + r$$

mit Polynomen $q, r \in \Pi_{n-1}$. Sind (i) und (ii) erfüllt, folgt wegen $p_n(x_j) = 0$

$$p(x_j) = r(x_j) \quad \text{für} \ \ j = 1, 2, \ldots, n.$$

Also gilt

$$r(x) = \sum_{j=1}^{n} r(x_j) L_j(x) = \sum_{j=1}^{n} p(x_j) L_j(x)$$

und somit

$$< p, 1 > = < q p_n, 1 > + < r, 1 > = \underbrace{< q, p_n >}_{=0} + < r, 1 >$$

$$= \sum_{j=1}^{n} p(x_j) < L_j, 1 >.$$

$\square$

Bemerkung 7.23

1. Wegen $L_k^2 \in \Pi_{2n-2}$ folgt aus (7.27):

$$\underbrace{< L_k, L_k >}_{>0} = < L_k^2, 1 > = \sum_{j=1}^{n} w_j \underbrace{L_k^2(x_j)}_{=\delta_{jk}} = w_k,$$

d. h. bei der Gauß-Quadratur sind alle Gewichte positiv.

2. Satz 7.22 sagt aus, dass der Genauigkeitsgrad der Gauß-Quadratur (7.27) mindestens $2n - 1$ ist. Dass die Gauß-Quadratur keinen höheren Genauigkeitsgrad besitzt, zeigt das Beispiel

$$p(x) := \prod_{i=1}^{n} (x - x_i)^2.$$

p ist ein Polynom vom Grad $2n$, es ist $p(x) \geq 0$ und $\int_a^b \varrho(x) p(x) \, dx > 0$, aber $p(x_j) = 0$ für alle j und somit auch

$$\sum_{j=1}^{n} w_j p(x_j) = 0.$$

3. Zur Auswertung der Summe in (7.27) werden n Funktionswerte von f benötigt. Eine aus n Funktionswerten von f gebildete Newton-Cotes-Formel benötigt den gleichen Aufwand zur Auswertung, besitzt aber höchstens den Genauigkeitsgrad n.

$\Diamond$

Beispiel 7.24 Es sei $[a, b] = [0, 1]$, $\varrho \equiv 1$, $n = 2$. Wir berechnen die Nullstellen und Gewichte der zugehörigen Gauß-Quadratur mit Satz 7.19. Aus $p_0 = 1$ folgt

$$\beta_0 = \frac{<x, 1>}{<1, 1>} = \frac{1}{2}, \quad p_1(x) = x - \frac{1}{2}.$$

Hieraus werden β_1 und γ_1^2 berechnet:

$$\beta_1 = \frac{<xp_1, p_1>}{<p_1, p_1>} = \frac{\int_0^1 \left(x^3 - x^2 + \frac{1}{4}x\right) dx}{\int_0^1 \left(x^2 - x + \frac{1}{4}\right) dx} = \frac{\frac{1}{4} - \frac{1}{3} + \frac{1}{8}}{\frac{1}{3} - \frac{1}{2} + \frac{1}{4}} = \frac{1}{2},$$

$$\gamma_1^2 = \frac{<p_1, p_1>}{<p_0, p_0>} = \frac{1}{12}.$$

Die Nullstellen von

$$p_2(x) = \left(x - \frac{1}{2}\right) p_1(x) - \frac{1}{12} p_0(x) = \left(x - \frac{1}{2}\right)^2 - \frac{1}{12} = x^2 - x + \frac{1}{6}$$

sind

$$x_1, x_2 = \frac{1}{2} \mp \frac{\sqrt{3}}{6},$$

woraus man die Gewichte

$$w_1 = \int_0^1 \frac{x - x_2}{x_1 - x_2} dx = \frac{1}{2}, \quad w_2 = \int_0^1 \frac{x - x_1}{x_2 - x_1} dx = \frac{1}{2}$$

erhält. Der Genauigkeitsgrad dieser Quadraturformel ist $2n - 1 = 3$ (vgl. Beispiel 7.17).   △

Für die Gauß-Quadratur kann man eine ähnliche Fehlerabschätzung wie für die Newton-Cotes-Formeln herleiten [21].

Satz 7.25 *Es sei $f \in C^{2n}\big([a, b]\big)$ und $G_n(f)$ bezeichne die Gauß-Quadraturformel mit n Knoten und Gewichtsfunktion ϱ. Das Normquadrat des zugehörigen Orthogonalpolynoms p_n mit führendem Koeffizienten Eins sei*

$$\omega_n^2 = <p_n, p_n> = \int_a^b \varrho(x)\, p_n^2(x)\, dx.$$

Dann gilt

$$\left| \int_a^b \varrho(x)\, f(x)\, dx - G_n(f) \right| \le \frac{\omega_n^2 \, \|f^{(2n)}\|_\infty}{(2n)!}. \tag{7.28}$$

Beispiel 7.26 Für die Gauß-Quadratur mit Gewichtsfunktion $\varrho \equiv 1$ auf $[a, b] = [0, 1]$ ist

$$\omega_2^2 = \int_0^1 p_2^2(x)\,dx = \frac{1}{180}.$$

Ist $f \in C^4([a, b])$, gilt somit

$$\left| \int_0^1 f(x)\,dx - G_2(f) \right| \leq \frac{\|f^{(4)}\|_\infty}{4320}.$$

Gauß-Quadratur von $\int_0^1 \frac{dx}{x^2 + 1} = \frac{\pi}{4} \approx 0.785398$ (vgl. Beispiele 7.4 und 7.10) mit $n = 2$ und $x_{1/2} = \frac{1}{2} \mp \frac{\sqrt{3}}{6}$ liefert die Approximation

$$\int_0^1 \frac{dx}{x^2 + 1} \approx \frac{1}{2} \left(\frac{1}{x_1^2 + 1} + \frac{1}{x_2^2 + 1} \right) \approx 0.786885.$$

Aus $\|f^{(4)}\|_\infty = 24$ folgt die Einschließung

$$\frac{\pi}{4} \in \left[0.786885 - \frac{1}{180}, 0.786885 + \frac{1}{180} \right] \subseteq [0.7813, 0.7925].$$

$\triangle$

Bemerkung 7.27

1. In der Fehlerabschätzung (7.28) tritt die $(2n)$-te Ableitung von f, nicht aber die Gewichtsfunktion ϱ auf. Bei Integranden mit großen Ableitungen kann man die Fehlerschranke durch eine geschickte Wahl der Gewichtsfunktion verbessern, indem man ungünstiges Verhalten von f abdividiert und in die Gewichtsfunktion auslagert.

2. Eine praktische Schwierigkeit bei der Gauß-Quadratur besteht in der Berechnung der Nullstellen der Orthogonalpolynome. Für große Werte von n ist dies numerisch aufwendig. Allerdings müssen die Gewichte für jede Gewichtsfunktion nur einmal berechnet werden. Anschließend können die Werte in Tabellen gespeichert werden.

3. Wie bei den Newton-Cotes-Formeln kann man die Gauß-Quadratur auch summiert anwenden. Dies ist für große Integrationsbereiche eventuell vorteilhafter als die Berechnung einer Gauß-Quadraturformel für einen sehr großen Wert von n.

4. Um für ein Integral über einem großen Integrationsbereich oder mit einem Integranden, der sich im Integrationsintervall unterschiedlich verhält, einen guten Näherungswert zu berechnen, unterteilt man das Integrationsintervall adaptiv mithilfe geeigneter Fehlerschätzer. Zur Aufwandsminimierung strebt man an, bei der

Fehlerschätzung dieselben Stützstellen zu verwenden wie zur Berechnung der Näherungswerte. Dies ist bei der Gauß-Quadratur schwieriger zu realisieren als bei den Newton-Cotes-Formeln. Unterteilt man zur Fehlerkontrolle ein Intervall, auf dem eine Approximation mit Gauß-Quadratur bestimmt wurde, ändern sich alle Stützstellen, sodass man die bereits berechneten Funktionswerte des Integranden nicht wiederverwenden kann. Mit speziellen Ansätzen von Kronrod lässt sich dieser Mangel beheben (Gauß-Kronrod-Quadratur). $\Diamond$

7.7   Zusammenfassung und Ausblick

Zur eindimensionalen numerischen Integration stehen mit den summierten Newton-Cotes-Formeln und der Gauß-Quadratur Verfahren zur Verfügung, die sich in vielen Anwendungen bewährt haben. Mit geeigneten Transformationen lassen sich damit auch uneigentliche Integrale behandeln, sofern die Integranden ausreichend glatt sind und die Integrale ausreichend schnell konvergieren.

Eine Alternative zur Gauß-Quadratur ist die Clenshaw-Curtis-Quadratur, bei der die Extremstellen $s_{n,i} = \cos\left(\frac{i\pi}{n}\right)$, $i = 0, 1, \ldots, n$, der Tschebyschow-Polynome aus Abschn. 6.2.2 als Stützstellen verwendet werden. Wie bei der Gauß-Quadratur sind alle Gewichte positiv, wodurch die Auswertung für eine beliebige Anzahl von Stützstellen stabil bleibt. Bei geeigneter Implementierung ist der Aufwand der Clenshaw-Curtis-Quadratur geringer als bei der Gauß-Quadratur, bei in vielen Fällen vergleichbarem Integrationsfehler [26].

Zusätzliche Herausforderungen stellen sich bei der mehrdimensionalen Integration. Auf Rechteckgebiete lassen sich die eindimensionalen Quadraturformeln mithilfe des Satzes von Fubini unmittelbar erweitern. Für unregelmäßig geformte Gebiete – dazu zählen schon Dreiecke – ist die Übertragung erheblich schwieriger. Außerdem steigt der Aufwand exponentiell mit der Dimension.

8 Gleitpunktrechnung, Kondition, Stabilität

8.1 Gleitpunktzahlen

In Abschn. 1.2 hatten wir Gleitpunktzahlen eingeführt. Wir diskutieren nun, wie diese Zahlen auf einem Computer gespeichert werden. Halten wir die Basis b und die Mantissenlänge l fest, werden die folgenden Informationen zu einer Gleitpunktzahl benötigt:

1. Das Vorzeichen der Zahl,
2. die Mantisse,
3. das Vorzeichen des Exponenten,
4. die Ziffern des Exponenten.

Mit einem kleinen Trick kann man die separate Speicherung des Vorzeichens des Exponenten umgehen. Man speichert auf dem Rechner in der Praxis nur nichtnegative Exponenten mit l_e Stellen zur Basis b, interpretiert die gespeicherte Zahl aber so, dass vom Exponenten ein fester Basiswert subtrahiert wird.

Beispiel 8.1 Gegeben sei das dezimale normalisierte Gleitpunktsystem $S_{\text{norm}}(10, 4, -5, 4)$ mit vier dezimalen Mantissenstellen und einer Dezimalstelle für den Exponenten nach dem folgenden Schema:

| ± | e | m₁ | m₂ | m₃ | m₄ |

$$\pm \quad e \quad m_1 \quad m_2 \quad m_3 \quad m_4 \qquad e, m_1, m_2, m_3, m_4 \in \{0, 1, \ldots, 9\}.$$

Vom gespeicherten Wert e wird bei der Umrechnung in eine Zahl der feste Basiswert 5 abgezogen. Normalisierte Gleitpunktzahlen besitzen in $S_{\text{norm}}(10, 4, -5, 4)$ die Darstellung

$$\pm m_1.m_2 m_3 m_4 \cdot 10^{e-5} \quad (m_1 \neq 0, \ 0 \leq e \leq 9).$$

© Der/die Autor(en), exklusiv lizenziert an Springer-Verlag GmbH, DE, ein Teil von Springer Nature 2024
M. Neher, *Numerische Mathematik*,
https://doi.org/10.1007/978-3-662-68815-1_8

Die kleinste darstellbare positive normalisierte Gleitpunktzahl ist

$$\text{mininorm} = 1.000 \cdot 10^{-5}$$

(gespeichert wird $e = 0$), die größte ist

$$\text{maxreal} = 9.999 \cdot 10^{4}$$

(gespeichert wird $e = 9$).   △

Mit einem zweiten Trick kann man die Menge der darstellbaren Gleitpunktzahlen vergrößern, ohne zusätzlichen Speicherplatz bereitstellen zu müssen. Besonders vorteilhaft ist es, dass dabei die Lücke zwischen der Null und der kleinsten positiven Gleitpunktzahl verkleinert wird. Dazu verzichtet man bei Zahlen, die mit dem kleinsten Exponentenwert gespeichert sind, auf die Normalisierungsbedingung $m_1 \geq 1$ und interpretiert die gespeicherten Ziffern der Mantisse als Nachkommastellen einer nicht normalisierten Gleitpunktzahl. Damit im Gleitpunktsystem keine Lücke entsteht, muss man dann auch die Exponentenanpassung geringfügig ändern.

Beispiel 8.2 Wir betrachten das dezimale Gleitpunktsystem $\mathcal{T} := S(10, 4, -5, 4)$ mit vier dezimalen Mantissenstellen und einer Dezimalstelle für den Exponenten. Für $1 \leq e \leq 9$ interpretieren wir die gespeicherte Zahl z wie in $S_{\text{norm}}(10, 4, -5, 4)$:

$$z = \pm m_1.m_2 m_3 m_4 \cdot 10^{e-5} \quad (m_1 \neq 0,\ 1 \leq e \leq 9).$$

Die kleinste darstellbare positive normalisierte Gleitpunktzahl ist nun

$$\text{mininorm} = 1.000 \cdot 10^{-4}$$

(gespeichert wird $e = 1$), die größte ist wie in $S_{\text{norm}}(10, 4, -5, 4)$ die Zahl

$$\text{maxreal} = 9.999 \cdot 10^{4}$$

(gespeichert wird $e = 9$).

Für $e = 0$ stellt der gespeicherte Wert die nicht normalisierte Gleitpunktzahl

$$z = \pm 0.m_1 m_2 m_3 m_4 \cdot 10^{e-4} \quad (e = 0)$$

dar. Die Zahl Null wird durch $e = m_1 = m_2 = m_3 = m_4 = 0$ dargestellt. Die kleinste darstellbare positive nicht normalisierte Gleitpunktzahl ist

$$\text{minreal} = 0.0001 \cdot 10^{-4} = 1.0 \cdot 10^{-8},$$

die größte nicht normalisierte Gleitpunktzahl $0.9999 \cdot 10^{-4}$ schließt an mininorm an. Im Vergleich zu $S_{\text{norm}}(10, 4, -5, 4)$ ist die kleinste positive Gleitpunktzahl in $\mathcal{T}$ um drei Zehnerpotenzen kleiner.

Man beachte insbesondere, dass bei der Neuinterpretation der Zahlen mit Exponentenwert $e = 0$ in $\mathcal{T}$ im Vergleich zu $S_{\text{norm}}(10, 4, -5, 4)$ keine Zahl verloren geht. Die gespeicherten Mantissenwerte m_1, m_2, m_3, m_4 repräsentieren in $S_{\text{norm}}(10, 4, -5, 4)$ für $e = 0$ die Zahl

$$m_1.m_2m_3m_4 \cdot 10^{-5},$$

in $\mathcal{T}$ die identische Zahl

$$0.m_1m_2m_3m_4 \cdot 10^{-4}.$$

$\triangle$

Auf heutigen Computern sind Gleitpunktzahlen zur Basis $b = 2$ (Dualzahlen, Binärzahlen) entsprechend dem IEEE 754 Double-Standard üblich:

Eine solche Gleitpunktzahl besteht aus 64 Bits (ein Bit = 0 oder 1):

- dem Vorzeichenbit (Bit 63, „+" oder „−")
- 11 Exponentenbits (Bits 52–62)
- 52 Mantissenbits (Bits 0–51)

Zur Umrechnung der gespeicherten Bitfolge in eine Zahl werden die folgenden Konventionen verwendet:

- Der Exponent $e = 2^{11} - 1 = 2047$ wird nur für Ausnahmefälle ($m = 0$: signed infinity; $m \neq 0$: NaN = not a number) benutzt.
- Für $1 \leq e \leq 2046$ werden vom Exponenten 1023 subtrahiert; für $e = 0$ werden 1022 subtrahiert.
- Für $1 \leq e \leq 2046$ werden die Mantissenbits als Nachkommastellen der Zahl

$$1.m \cdot 2^{(e-1023)}$$

interpretiert. Bei normalisierten dualen Gleitpunktzahlen ist die führende Ziffer immer eine 1, welche nicht gespeichert wird.
- $e = 0$, $m = 0$ stellt die Zahl 0 dar.
- $e = 0$, $m \neq 0$ stellt die Zahl

$$0.m \cdot 2^{-1022}$$

dar. Dies sind die nicht normalisierten Gleitpunktzahlen im sogenannten Unterlaufbereich.

Die auf dem Rechner darstellbaren Zahlen heißen Maschinenzahlen.
Somit ergibt sich der folgende Bereich darstellbarer Zahlen:

- Größte darstellbare positive normalisierte Gleitpunktzahl (maxreal):

$$2^{1024} - 2^{1023-52} \approx 1.798 \cdot 10^{308}.$$

- Kleinste darstellbare positive normalisierte Gleitpunktzahl (mininorm):

$$2^{-1022} \approx 2.225 \cdot 10^{-308}.$$

- Kleinste darstellbare positive nicht normalisierte Gleitpunktzahl (minreal):

$$2^{-1022-52} \approx 4.941 \cdot 10^{-324}.$$

Das IEEE 754 Double-Format ist gegeben durch

$$\text{IEEE 754 Double} = S(2, 53, -1022, 1024).$$

Für die praktischen Beispiele benutzen wir im Folgenden das übersichtlichere normalisierte Gleitpunktsystem $S = S_{\text{norm}}(10, 4, -9, 9)$.

8.2 Gleitpunktarithmetik

Ein normalisiertes Gleitpunktsystem enthält nur endlich viele Zahlen. Nicht exakt darstellbare Zahlen werden zur Speicherung auf dem Computer gerundet. Dies gilt auch für die Ergebnisse arithmetischer Verknüpfungen von Maschinenzahlen, sofern sie nicht exakt darstellbar sind.

Bezeichnet $\mathcal{R}$ die Menge der Maschinenzahlen, dann ist jede Rundung $\Diamond$ eine Abbildung von $\mathbb{R}$ nach $\mathcal{R}$. Um eine Rundungsfehleranalyse zu ermöglichen, setzen wir für alle Rechnungen mit Gleitpunktzahlen die Existenz einer Konstante eps, der Maschinengenauigkeit, mit der folgenden Eigenschaft voraus: Für jedes x mit $|x| \in [\text{mininorm}, \text{maxreal}]$ gibt es ein ε mit

$$\Diamond x = x(1 + \varepsilon), \quad |\varepsilon| < \text{eps}. \tag{8.1}$$

Für den relativen Rundungsfehler, der bei der Speicherung von x auf dem Rechner entsteht, gilt unter diesen Annahmen

$$\frac{|\Diamond x - x|}{|x|} \leq \text{eps}.$$

Wir verwenden im Folgenden ausschließlich die Rundung $\square : \mathbb{R} \to \mathcal{R}$, die $x \in \mathbb{R}$ auf die nächstgelegene Maschinenzahl $\square x \in \mathcal{R}$ abbildet. Gibt es zwei Maschinenzahlen, die den gleichen Abstand von x besitzen, wird auf die betragsgrößere Zahl gerundet. Für $\square$ ist (8.1) mit

$$\text{eps} = \frac{1}{2} \min\{x \geq \text{minreal} \mid 1 + x \in \mathcal{R}\}.$$

erfüllt. Im IEEE 754-Standard gilt beispielsweise $\text{eps} = 2^{-53}$, in $\mathcal{S}$ besitzt eps den Wert $\frac{1}{2} \cdot 10^{-3}$.

Die Summe, das Produkt oder der Quotient zweier Maschinenzahlen ist nicht zwingend wieder eine Maschinenzahl. Der IEEE 754-Standard verlangt, dass das Ergebnis jeder Grundoperation auf dem Rechner mit $\square$ zur nächstgelegenen Maschinenzahl zu runden ist. Sind x und y Maschinenzahlen und bezeichnet $\boxdot$ die Realisierung der arithmetischen Grundoperation $\circ$ auf dem Rechner, muss für $\circ \in \{+, -, \cdot, /\}$ gelten:

$$\underbrace{x \boxdot y}_{\in \mathcal{R}} := \square(\underbrace{x \circ y}_{\in \mathbb{R}}).$$

Arithmetische Grundoperationen können auf dem Rechner dann folgendermaßen beschrieben werden:

$$x \boxdot y = (x \circ y)(1 + \varepsilon) \quad \text{mit} \quad |\varepsilon| \leq \text{eps}. \tag{8.2}$$

Bei der Stabilitätsanalyse von Algorithmen nehmen wir im Folgenden an, dass eine ähnliche Eigenschaft auch für die üblichen auf dem Rechner verfügbaren Standardfunktionen (Wurzel, Exponentialfunktion, trigonometrische Funktionen, …) gilt. Ist f eine Standardfunktion, $\tilde{f}$ die auf dem Rechner implementierte Prozedur zur Berechnung von f und x eine Maschinenzahl, für die $|f(x)|$ im Intervall [mininorm, maxreal] liegt, soll die Genauigkeitsbedingung

$$\tilde{f}(x) = f(x)(1 + \varepsilon) \quad \text{mit} \quad |\varepsilon| \leq \text{eps}$$

erfüllt sein.

8.2.1 Fehlerfortpflanzung bei den arithmetischen Grundoperationen

Wir haben bereits im Abschn. 1.3 bemerkt, dass in Gleitpunktarithmetik sowohl das Assoziativgesetz bezüglich Addition und Multiplikation als auch das Distributivgesetz verletzt werden können. In diesem Abschnitt untersuchen wir, wie sich

vorhandene Fehler in den Maschinenzahlen $\tilde{x}$ und $\tilde{y}$ durch die arithmetischen Grundoperationen fortpflanzen. In der Diskussion der Genauigkeit von Gleitpunktberech-
nungen ist diese Frage von großer praktischer Bedeutung. Die Forderung (8.2) regelt
nur, wie groß der bei einer einzelnen Gleitpunktoperation neu entstehende Fehler
höchstens sein darf. Sie macht aber keine Aussage über die Verstärkung von bereits
enthaltenen Fehlern in den Maschinenzahlen, welche z. B. durch Rundung bei der
Abspeicherung oder in früheren Rechenoperationen entstanden sein können.

Gegeben seien zwei Zahlen $x, y \in \mathbb{R}$ sowie ihre Gleitpunktnäherungen

$$\tilde{x} := \Box x = x(1 + \varepsilon_x), \quad \tilde{y} := \Box y = y(1 + \varepsilon_y), \quad |\varepsilon_x|, |\varepsilon_y| \leq \mathrm{eps}.$$

Dann gilt für die arithmetischen Verknüpfungen von $\tilde{x}$ und $\tilde{y}$:

1. Multiplikation:

$$\tilde{x}\tilde{y} = x(1+\varepsilon_x)y(1+\varepsilon_y) = xy(1+\varepsilon_x+\varepsilon_y+\varepsilon_x\varepsilon_y) \approx xy(1+\varepsilon_x+\varepsilon_y) =: xy(1+\varepsilon_{xy})$$

mit

$$\varepsilon_{xy} \approx \varepsilon_x + \varepsilon_y, \quad |\varepsilon_{xy}| \lesssim 2\,\mathrm{eps}.$$

Die übliche, wenn auch mathematisch fragwürdige Notation $\lesssim$ bedeutet hier,
dass die Relation $\leq$ höchstens in der Größenordnung von eps^2 verletzt wird. Die
relativen Fehler von x und y werden bei der Multiplikation ungefähr addiert.
Weiter gilt für das gerundete Ergebnis der Multiplikation

$$\Box(\tilde{x}\tilde{y}) = xy(1 + \varepsilon_{xy})(1 + \varepsilon) \approx xy(1 + \varepsilon_x + \varepsilon_y + \varepsilon) =: xy(1 + \varepsilon_{\Box(xy)})$$

mit $|\varepsilon_{\Box(xy)}| \lesssim 3\,\mathrm{eps}$.

2. Division:

$$\frac{\tilde{x}}{\tilde{y}} = \frac{x(1 + \varepsilon_x)}{y(1 + \varepsilon_y)} = \frac{x}{y}(1+\varepsilon_x)(1-\varepsilon_y+\varepsilon_y^2-+\ldots) \approx \frac{x}{y}(1+\varepsilon_x-\varepsilon_y) =: \frac{x}{y}(1+\varepsilon_{\frac{x}{y}})$$

mit $\left|\varepsilon_{\frac{x}{y}}\right| \lesssim 2\,\mathrm{eps}$. Analog erhält man

$$\Box\left(\frac{\tilde{x}}{\tilde{y}}\right) = \frac{x}{y}(1 + \varepsilon_{\Box(\frac{x}{y})}), \quad \left|\varepsilon_{\Box(\frac{x}{y})}\right| \lesssim 3\,\mathrm{eps}.$$

3. Addition:

$$\tilde{x} + \tilde{y} = x(1 + \varepsilon_x) + y(1 + \varepsilon_y) = x + y + x\varepsilon_x + y\varepsilon_y$$
$$= (x + y)(1 + \frac{x}{x + y}\varepsilon_x + \frac{y}{x + y}\varepsilon_y) =: (x + y)(1 + \varepsilon_{x+y}).$$

Haben x und y gleiche Vorzeichen, dann gilt

$$\left|\frac{x}{x+y}\right| \le 1, \quad \left|\frac{y}{x+y}\right| \le 1, \quad |\varepsilon_{x+y}| \le 2\,\text{eps},$$

sodass die relativen Fehler von x und y höchstens addiert werden. Eine problematische Situation tritt jedoch ein, wenn x und y verschiedene Vorzeichen besitzen. Im Fall $x \approx -y$ kommt es zur Auslöschung und ε_{x+y} kann beliebig groß werden. Dies wurde schon in Abschn. 1.3 thematisiert.

Die beschriebene Fehlerfortpflanzung kann selbst in einfachen Berechnungen negativ wirken. Wir illustrieren dies im folgenden Beispiel.

Beispiel 8.3 Einfluss von Rundungsfehlern auf das Ergebnis einer Gleitpunktrechnung. Ungültige Ziffern sind *kursiv* dargestellt.

Bei der numerische Differentiation

$$f'(x) \approx \frac{f(x+h) - f(x)}{h}$$

treten zwei Fehler auf: der analytische Fehler in der Größenordnung von h nach dem Satz von Taylor sowie die Auslöschung durch Differenzbildung benachbarter gerundeter Funktionswerte. Um den analytischen Fehler zu minimieren, sollte ein kleiner Wert für h gewählt werden. Für kleine Werte von h vergrößert sich jedoch der Effekt der Auslöschung.

Zahlenbeispiel: $f(x) = \sqrt{x}$, $x = 1$: $f'(1) = \frac{1}{2} = 5.000 \cdot 10^{-1}$. In $\mathcal{S}$ erhält man:

$h = 1 :$ $\square(\sqrt{2} \boxminus 1)\boxslash 1 = (\square 1.4142\ldots \boxminus 1) = 1.414 - 1 = 4.140 \cdot 10^{-1}$
(der analytische Fehler ist sehr groß),

$h = 0.1 :$ $\square(\sqrt{1.1} \boxminus 1)\boxslash 0.1 = (\square 1.0488\ldots \boxminus 1)\boxslash 0.1 = (1.049 \boxminus 1)\boxslash 0.1$
$= 4.900 \cdot 10^{-1}$ (der analytische Fehler ist groß),

$h = 0.01 :$ $\square(\sqrt{1.01} \boxminus 1)\boxslash 0.01 = (\square 1.00498\ldots \boxminus 1)\boxslash 0.01$
$= (1.005 \boxminus 1)\boxslash 0.01 = 5.000 \cdot 10^{-1}$
(der analytische Fehler ist klein, die Auslöschung ist noch moderat),

$h = 0.001 :$ $\square(\sqrt{1.001} \boxminus 1)\boxslash 0.001 = (\square 1.00049\ldots \boxminus 1)\boxslash 0.01$
$= (1.000 \boxminus 1)\boxslash 0.001 = 0$
(der analytische Fehler ist sehr klein, aber die Auslöschung wirkt katastrophal).

Man kann zeigen, dass bei der numerischen Differentiation die Wahl $h = 2\sqrt{\text{eps}/f''(x)}$ optimal ist. Für größere Werte von h überwiegt der analytische Fehler, für kleinere Werte von h dominiert die Auslöschung. $\triangle$

Auslöschung kann man mit Mitteln der Rechnerarithmetik bekämpfen, indem man auf dem Computer Register bereitstellt, in denen Zwischenergebnisse von Berechnungen mit höherer Genauigkeit gespeichert werden. Derartige Register sind allerdings teuer und stehen dem Anwender nicht auf jedem Rechner zur Verfügung. Manchmal kann man Auslöschung aber beseitigen, indem man den auszuwertenden Ausdruck geeignet umformt.

Beispiel 8.4 Vermeidung von Auslöschung.

1. Bei der quadratischen Gleichung

$$x^2 - 2px + q = 0 \iff x_{1/2} = p \pm \sqrt{p^2 - q}$$

tritt im Fall $p^2 \gg |q|$ Auslöschung bei der Berechnung der betragskleineren Nullstelle auf, siehe Beispiel 1.2. Andererseits gilt für die Nullstellen x_1 und x_2 nach dem Satz von Vieta

$$x_1 x_2 = q.$$

Ohne Auslöschung kann man die negative Nullstelle x_1 in Beispiel 1.2 mit der Lösungsformel berechnen und anschließend $x_2 := \frac{q}{x_1}$ setzen. Im Vergleich zur naiven Berechnung von x_2 erfordert dies eine zusätzliche Division:

$$x_1 = -1.000 \cdot 10^1 \boxminus \Box(\sqrt{1.005 \cdot 10^2}) = -1.000 \cdot 10^1 \boxminus \Box(10.024\ldots)$$

$$= -1.000 \cdot 10^1 \boxminus 1.002 \cdot 10^1 = -2.002 \cdot 10^1,$$

$$x_2 = -5.000 \cdot 10^{-1} \boxslash (-2.002 \cdot 10^1) = \Box(0.024975\ldots) = 2.498 \cdot 10^{-2}.$$

2. Geht man von exakten Maschinenzahlen x und y aus, ist die Differenz $x - y$ im Fall $x \approx y$ ebenfalls eine Maschinenzahl. Die Differenz $x - y$ wird dann fehlerfrei berechnet, obwohl Auslöschung auftritt. Kritisch bleibt dagegen die Berechnung von Ausdrücken der Bauart $f(x) - f(y)$, wenn die Funktionswerte gerundet berechnet werden. Einige typische Umformungen zur Bekämpfung von Auslöschung sind:

a) $\sqrt{x} - \sqrt{y} = \dfrac{x - y}{\sqrt{x} + \sqrt{y}}.$

   Z. B. $x = 4.48$, $y = 4.47$:

$$\Box\sqrt{x} \boxminus \Box\sqrt{y} = \Box 2.1166\ldots \boxminus \Box 2.1142\ldots = 2.117 \boxminus 2.114 = \mathit{3.000 \cdot 10^{-3}},$$

$$(x \boxminus y) \boxslash (\Box\sqrt{x} \boxplus \Box\sqrt{y}) = 0.01 \boxslash 4.231 = \Box 0.0023635\ldots = 2.364 \cdot 10^{-3}.$$

b) $\ln x - \ln y = \ln \dfrac{x}{y} = \ln\left(1 + \dfrac{x-y}{y}\right) \approx \dfrac{x-y}{y}$ (Taylor-Entwicklung für $x \approx y$).

Z. B. $x = 4.48$, $y = 4.47$:

$(\square \ln x) \boxminus (\square \ln y) = \square 1.4996\ldots \boxminus \square 1.4973\ldots = 1.500 \boxminus 1.497 = 3.000 \cdot 10^{-3}$,

$\square \ln(x \boxslash y) = \square \ln(\square 1.0022\ldots) = \square \ln(1.002) = \square 0.0019980\ldots = 1.998 \cdot 10^{-3}$,

$(x \boxminus y) \boxslash y = 0.01 \boxslash 4.47 = \square 0.0022371\ldots = 2.237 \cdot 10^{-3}$.

Exakt: $\square(\ln 4.48 - \ln 4.47) = 2.235 \cdot 10^{-3}$.

c) $\cos x - \cos y = 2 \sin \dfrac{x+y}{2} \sin \dfrac{y-x}{2}$.

Z. B. $x = 4.48$, $y = 4.47$:

$(\square \cos x) \boxminus (\square \cos y) = \square(-0.23030\ldots) \boxminus \square(-0.24002\ldots)$

$= -0.2303 \boxminus (-0.2400) = 9.700 \cdot 10^{-3}$,

$2 \boxdot \left(\square \sin \dfrac{x \boxplus y}{2}\right) \boxdot \left(\square \sin \dfrac{y \boxminus x}{2}\right) = 2 \boxdot \left(\square \sin(4.475)\right) \boxdot \left(\square \sin(-0.005)\right)$

$= 2 \boxdot \left(\square(-0.97195\ldots)\right) \boxdot \left(\square(-0.0049999\ldots)\right)$

$= 2 \boxdot 0.9720 \boxdot 0.005 = 9.720 \cdot 10^{-3}$. $\triangle$

8.3   Die Kondition eines mathematischen Problems

Rundungsfehler und ihre Fortpflanzung sind nicht die einzige Fehlerquelle numerischer Berechnungen. Häufig enthalten die Eingangsdaten einer praktischen Aufgabenstellung Messfehler oder Fehler, die auf Vereinfachungen in der Modellierung zurückgehen. Diese Fehler sind mit den Mitteln der Numerischen Mathematik nicht zu bekämpfen. Vor der numerischen Behandlung sollte man daher prüfen, wie sich kleine Störungen des gestellten Problems auf die Lösung auswirken.

Gegeben ist die folgende Situation:

$$\text{Eingangsdaten} \xrightarrow{f} \text{Ergebnis.}$$

Kondition misst die Abhängigkeit des Ergebnisses von kleinen Störungen in den Eingangsdaten.

8.3.1   Fehlerfortpflanzung

Wir untersuchen die Fehlerfortpflanzung für hinreichend glatte Funktionen. Ist f unstetig, können auch kleine Fehler in den Eingangsdaten große Fehler im Ergebnis verursachen. Solche schlecht gestellten Probleme betrachten wir hier nicht.

Für den durch eine kleine Störung Δx verursachten relativen Fehler von $f(x)$ gilt:

1. Die Funktion $f : D \subseteq \mathbb{R} \to \mathbb{R}$ sei stetig differenzierbar. Mit $y = f(x), y + \Delta y = f(x + \Delta x)$ folgt

$$\Delta y = f(x + \Delta x) - f(x) = f'(\xi)\Delta x$$

für ein ξ zwischen x und $x + \Delta x$. Der relative Fehler des Ergebnisses erfüllt

$$\frac{\Delta y}{y} = \frac{f'(\xi)\Delta x}{f(x)} = \frac{xf'(\xi)}{f(x)}\frac{\Delta x}{x} \approx \frac{xf'(x)}{f(x)}\frac{\Delta x}{x}.$$

2. Ist $f : D \subseteq \mathbb{R}^n \to \mathbb{R}^m$ stetig differenzierbar, gilt für $y_i = f_i(x_1, x_2, \ldots, x_n)$, $i = 1, 2, \ldots, m$, analog

$$\Delta y_i = f_i(x + \Delta x) - f_i(x) \approx \sum_{j=1}^{n} \Delta x_j \frac{\partial f_i}{\partial x_j}(x).$$

Die Abschätzung

$$|\Delta y_i| \lesssim \sum_{j=1}^{n} |\Delta x_j| \left|\frac{\partial f_i}{\partial x_j}(x)\right| \leq \left(\max_{k=1}^{n} |\Delta x_k|\right) \sum_{j=1}^{n} \left|\frac{\partial f_i}{\partial x_j}(x)\right| \leq \|\Delta x\|_\infty \left\|\left(\frac{\partial f_i}{\partial x_j}(x)\right)\right\|_\infty$$

ergibt die Fehlerschranke

$$\frac{\|\Delta y\|_\infty}{\|y\|_\infty} \lesssim \frac{\|x\|_\infty \left\|\left(\frac{\partial f_i}{\partial x_j}(x)\right)\right\|_\infty}{\|f(x)\|_\infty} \frac{\|\Delta x\|_\infty}{\|x\|_\infty}.$$

Dabei haben wir die Zeilensummennorm in naheliegender Weise für nicht quadratische Matrizen verallgemeinert.

Definition 8.5

1. Die Funktion $f : D \subseteq \mathbb{R} \to \mathbb{R}$ sei stetig differenzierbar. Dann heißt

$$\kappa_f(x) := (\text{cond } f)(x) := \left|\frac{xf'(x)}{f(x)}\right|$$

(relative) Kondition von f an der Stelle x.

2. Ist $f : D \subseteq \mathbb{R}^n \to \mathbb{R}^m$ stetig differenzierbar, dann heißt

$$\kappa_f(x) := (\operatorname{cond} f)(x) := \frac{\|x\|_\infty \left\|\left(\frac{\partial f_i}{\partial x_j}(x)\right)\right\|_\infty}{\|f(x)\|_\infty} \tag{8.3}$$

(relative) Kondition von f an der Stelle x. Anstelle der Maximumnorm können äquivalent andere verträgliche Normen verwendet werden.

Die Kondition ist eine Eigenschaft des Problems (der Funktion), nicht eines Lösungsverfahrens (eines Algorithmus). Anschaulich beschreibt die Kondition eines Problem, wie stark sich Änderungen von Eingangsdaten auf die exakte Lösung des Problems auswirken.

Bemerkung 8.6 Die normweise Konditionsschranke (8.3) kann zu großen Überschätzungen der praktischen Kondition eines Problems führen. Bei der komponentenweisen Konditionsschranke

$$\kappa_{f,\mathrm{kpw.}}(x) := \frac{\left\|\left|\frac{\partial f_i}{\partial x_j}(x)\right| |x|\right\|_\infty}{\|f(x)\|_\infty}$$

wird dies vermieden. ◇

Beispiel 8.7 Kondition der arithmetischen Grundoperationen.

1. Addition zweier Zahlen: $f(x) := x + a$, $a \in \mathbb{R} \setminus \{0\}$ fest:

$$\kappa_f(x) = \left|\frac{x \cdot 1}{x + a}\right| = \left|\frac{x}{x + a}\right|.$$

Für $x = 0$ ist die Kondition Null. Null addiert man gewissermaßen fehlerfrei. Besitzen x und $x + a$ gleiche Vorzeichen, ist $\kappa_f(x)$ kleiner als 1, die Addition also gut konditioniert. Für $x \approx -a$ ist die Kondition groß, was in Kombination mit der in Gleitpunktarithmetik auftretenden Auslöschung große Fehlerverstärkungen bewirken kann.

2. Multiplikation zweier Zahlen: $f(x) := ax$, $a \in \mathbb{R}$ fest:

$$\kappa_f(x) = \left|\frac{ax}{ax}\right| = 1.$$

Die Multiplikation ist auf ganz $\mathbb{R}$ gut konditioniert. △

Beispiel 8.8 Kondition linearer Gleichungssysteme.

Es sei $A \in \mathbb{R}^{n \times n}$ eine fest vorgegebene invertierbare Matrix. Für variables $b \in \mathbb{R}^n$ betrachten wir die Funktion

$$f : \mathbb{R}^n \to \mathbb{R}^n, \quad x = f(b) := A^{-1}b$$

mit der Funktionalmatrix

$$\left(\frac{\partial f_i}{\partial b_j} \right) = A^{-1}.$$

Die Kondition von f ist

$$\kappa_f(b) = \frac{\|b\| \, \|A^{-1}\|}{\|A^{-1}b\|} = \frac{\|Ax\| \, \|A^{-1}\|}{\|x\|}.$$

Sie besitzt den maximalen Wert

$$\sup_{b \neq 0} \kappa_f(b) = \sup_{x \neq 0} \frac{\|Ax\|}{\|x\|} \, \|A^{-1}\| = \|A\| \, \|A^{-1}\| = \kappa(A).$$

$\triangle$

8.4   Stabilität eines numerischen Algorithmus

Bei der Stabilitätsanalyse will man für einen gegebenen numerischen Algorithmus abschätzen, wie sich Approximations- und Diskretisierungsfehler sowie Rundungsfehler im Verlauf der Rechnung auf das Ergebnis auswirken. Von einem zuverlässigen Algorithmus wird erwartet, dass kleine Messfehler in Eingangsgrößen bei gut konditionierten Problemen nicht zu unverhältnismäßig großen Fehlern im berechneten Ergebnis führen. Andernfalls möchte man den Algorithmus so abändern, dass Fehlerverstärkung in der Berechnung vermieden wird.

Wir gehen von der folgenden Situation aus: Die Funktion $f : \mathbb{R}^n \to \mathbb{R}^m$ wird auf dem Rechner durch den Algorithmus $\tilde{f} : \mathbb{R}^n \to \mathcal{R}^m$ realisiert. Datenfehler durch Messung oder Rundung der Eingangsdaten und einzelne Rundungsfehler in Gleitpunktoperationen seien durch die relative Fehlerschranke eps wie in (8.2) beschränkt.

Definition 8.9 Der Algorithmus $\tilde{f} : \mathbb{R}^n \to \mathcal{R}^m$ heißt auf D vorwärts stabil, falls es eine nicht zu große Konstante C_V gibt, sodass

$$\frac{\left\| \tilde{f}(x) - f(x) \right\|_\infty}{\|f(x)\|_\infty} \leq C_V \cdot \kappa_f(x) \cdot \text{eps} \tag{8.4}$$

für alle $x \in D$ gilt.

Der Algorithmus $\tilde{f}$ ist genau dann vorwärts stabil, wenn die Kondition des Problems f durch $\tilde{f}$ höchstens moderat vergrößert wird. Genaue Ergebnisse darf man in einer numerischen Berechnung nur erwarten, wenn das Problem gut konditioniert und der verwendete Algorithmus stabil ist. Ein instabiler Algorithmus kann auch für ein gut konditioniertes Problem versagen, wohingegen schlecht konditionierte Probleme häufig auch mit stabilen Algorithmen nicht oder nicht zufriedenstellend gelöst werden können. Ein möglicher Ausweg besteht in diesem Fall in der Umformulierung des Problems.

Beispiel 8.10 Vorwärtsanalyse der arithmetischen Grundoperationen.

1. Addition: Für festes $a \in \mathcal{R}$ und $x \in \mathcal{R}$ mit $x \neq -a$ sei

$$f(x) := x + a,$$

$$\tilde{f}(x) := \Box(x + a) = (x + a)(1 + \varepsilon), \quad |\varepsilon| \leq \text{eps}.$$

Die Vorwärtsanalyse liefert mit der in Beispiel 8.7 berechneten Konditionszahl $\kappa_f(x) = \left| \dfrac{x}{x + a} \right|$:

$$\left| \frac{\tilde{f}(x) - f(x)}{f(x)} \right| = \left| \frac{(x + a)(1 + \varepsilon) - (x + a)}{x + a} \right| = |\varepsilon| = \left| \frac{x + a}{x} \right| \kappa_f(x) \, |\varepsilon| \leq \left| 1 + \frac{a}{x} \right| \kappa_f(x) \, \text{eps}.$$

Die Addition ist vorwärts stabil, sofern $|x| \lll |a|$ gilt.

2. Multiplikation: Für $x \in \mathcal{R}$ sei

$$f(x) := ax, \quad a \in \mathcal{R} \text{ fest},$$

$$\tilde{f}(x) := \Box(ax) = ax(1 + \varepsilon), \quad |\varepsilon| \leq \text{eps}.$$

Mit der Kondition aus Beispiel 8.7 gilt:

$$\left| \frac{\tilde{f}(x) - f(x)}{f(x)} \right| = |\varepsilon| = \kappa_f(x) \, |\varepsilon| \leq \kappa_f(x) \, \text{eps}.$$

Die Multiplikation ist somit vorwärts stabil.   △

Bei der Vorwärtsanalyse eines Algorithmus erweist sich oft die Berechnung der Kondition von f als schwierig. Abschätzungen der Kondition durch gesicherte obere Schranken sind manchmal leichter durchführbar, aber kontraproduktiv, weil überschätzte Konditionszahlen in (8.4) vermeintlich kleine Werte von C_V erlauben. In anderen Worten: Falls die Kondition einer Funktion f überschätzt wird, besteht die Gefahr, dass ein zugehöriger Algorithmus $\tilde{f}$ fälschlicherweise als vorwärts stabil eingestuft wird.

Die von Wilkinson entwickelte Rückwärtsanalyse kommt ohne die Kondition von f aus. Bei der Rückwärtsanalyse interpretiert man den vom Algorithmus $\tilde{f}$ berechneten Näherungswert $\tilde{f}(x)$ als exakten Funktionswert von f an einer gestörten Stelle $\tilde{x}$:

$$\tilde{f}(x) = f(\tilde{x}).$$

Definition 8.11 Der Algorithmus $\tilde{f}: \mathbb{R}^n \to \mathcal{R}^m$ heißt auf D rückwärts stabil, falls es eine nicht zu große Konstante C_R gibt, sodass zu jedem $x \in D$ ein $\tilde{x} \in D$ mit

$$\tilde{f}(x) = f(\tilde{x}), \quad \frac{\|\tilde{x} - x\|_\infty}{\|x\|_\infty} \leq C_R \cdot \text{eps}$$

existiert.

Bemerkung 8.12 Ist der Algorithmus $\tilde{f}$ rückwärts stabil, dann gilt

$$\frac{\left\|\tilde{f}(x) - f(x)\right\|_\infty}{\|f(x)\|_\infty} = \frac{\|f(\tilde{x}) - f(x)\|_\infty}{\|f(x)\|_\infty} \approx \frac{\|f'(x)(\tilde{x} - x)\|_\infty}{\|f(x)\|_\infty} = \kappa_f(x) \frac{\|\tilde{x} - x\|_\infty}{\|x\|_\infty} \leq C_R \cdot \kappa_f(x) \cdot \text{eps}.$$

Jeder rückwärts stabile Algorithmus ist auch vorwärts stabil. Die Umkehrung gilt im Allgemeinen nicht. $\Diamond$

Beispiel 8.13 Rückwärtsanalyse der arithmetischen Grundoperationen.

1. Addition: Für festes $a \in \mathcal{R}$ und $x \in \mathcal{R}$ mit $x \neq -a$ sei

$$f(x) := x + a,$$

$$\tilde{f}(x) := \Box(x + a) = (x + a)(1 + \varepsilon), \quad |\varepsilon| \leq \text{eps}.$$

Im Fall $|x| \lll |a|$ ist die Addition rückwärts stabil, denn es gilt:

$$\tilde{f}(x) = (x + a)(1 + \varepsilon) = \underbrace{x\left(1 + \varepsilon + \frac{\varepsilon a}{x}\right)}_{\tilde{x}} + a.$$

Für $|x| \ll |a|$ ist $\frac{\varepsilon a}{x}$ groß, die Addition ist also nicht rückwärts stabil. Man kann dies auch durch die folgende Überlegung begründen: In $\mathcal{S}$ gilt für $a = 1$, $|x| \leq \frac{1}{2} \cdot 10^{-3} (= \text{eps})$

$$\Box(1 + x) = 1 = 1 + 0 =: 1 + \tilde{x}.$$

$\tilde{x} = 0$ ist eindeutig bestimmt. Will man die Bedingung

$$\left|\frac{\tilde{x} - x}{x}\right| = 1 \overset{!}{\le} C_R \text{ eps}$$

erfüllen, muss $C_R \ge \dfrac{1}{\text{eps}}$ gelten.

2. Multiplikation: Für $x \in \mathcal{R}$ sei

$$f(x) := ax, \quad a \in \mathcal{R} \text{ fest,}$$

$$\tilde{f}(x) := \Box(ax) = ax(1 + \varepsilon), \quad |\varepsilon| \le \text{eps}.$$

Aus

$$\tilde{f}(x) = (ax)(1 + \varepsilon) = a\underbrace{\left(x(1 + \varepsilon)\right)}_{\tilde{x}}$$

folgt, dass die Multiplikation rückwärts stabil ist.

Sind $a, x \in [\text{mininorm, maxreal}]$ nicht exakt als Maschinenzahlen darstellbar, treten zusätzliche Rundungsfehler auf. Der Algorithmus

$$z_1 := \Box a = a(1 + \varepsilon_1),$$

$$z_2 := \Box x = x(1 + \varepsilon_2),$$

$$z_3 := \Box(z_1 z_2) = z_1 z_2(1 + \varepsilon_3),$$

$$\tilde{f} := z_3$$

ist wegen

$$\tilde{f}(x) = a\underbrace{\left(x(1 + \varepsilon_1)(1 + \varepsilon_2)(1 + \varepsilon_3)\right)}_{\tilde{x}}$$

$$= ax(1 + \varepsilon_1 + \varepsilon_2 + \varepsilon_3 + \varepsilon_1\varepsilon_2 + \varepsilon_1\varepsilon_3 + \varepsilon_2\varepsilon_3 + \varepsilon_1\varepsilon_2\varepsilon_3) \approx ax(1 + \varepsilon_1 + \varepsilon_2 + \varepsilon_3),$$

d. h. $\left|\dfrac{\tilde{x} - x}{x}\right| \lesssim 3 \text{ eps}$, ebenfalls rückwärts stabil. $\triangle$

Bei der Stabilitätsanalyse eines Algorithmus ist auch die eventuelle Rundung von Eingangsdaten zu berücksichtigen. Liegen als Eingangsdaten keine exakten Maschinenzahlen vor, werden die Eingangsdaten gerundet und der jeweils betrachtete Algorithmus wird mit den gerundeten Größen durchgeführt.

Falls man die Rundung von Eingangsdaten nicht als Teil eines Algorithmus auffassen will, löst man auf dem Rechner $\tilde{f}(\tilde{x})$ anstelle des realen Problems $f(x)$. Nach der Dreiecksungleichung gilt dann

$$\left\|\tilde{f}(\tilde{x}) - f(x)\right\|_\infty \le \|f(\tilde{x}) - f(x)\|_\infty + \left\|\tilde{f}(\tilde{x}) - f(\tilde{x})\right\|_\infty.$$

Den ersten Fehlerterm auf der rechten Seite kann man mithilfe der Kondition des Problems abschätzen. Für die Stabilitätsanalyse des zweiten Fehlerterms darf man dann von einer exakten Eingangsgröße $\tilde{x}$ ausgehen. Interpretiert man umgekehrt die Rundung von Eingangsdaten als Teil des Algorithmus $\tilde{f}$, wird auf dem Rechner $\tilde{f}(x)$ berechnet. Die Abschätzung von

$$\left\| \tilde{f}(x) - f(x) \right\|_\infty$$

ist dann eine reine Stabilitätsanalyse. Führt man nur die Rückwärtsanalyse durch, kann man auf die Berechnung der Kondition von f verzichten.

Beispiel 8.14 Stabilität des Logarithmus
Für $x \in \mathcal{R}$, $x > 0$, sei

$$f(x) := \ln x, \quad \tilde{f}(x) := \Box \ln x = (1 + \varepsilon) \ln x, \quad |\varepsilon| \le \mathrm{eps}.$$

Falls x nicht nahe bei 1 liegt, ist f gut konditioniert:

$$\kappa_f(x) = \left| \frac{x f'(x)}{f(x)} \right| = \left| \frac{1}{\ln x} \right|.$$

Vorwärtsanalyse:

$$\left| \frac{\tilde{f}(x) - f(x)}{f(x)} \right| = |\varepsilon| \le |\ln x| \, \kappa_f(x) \, \mathrm{eps}.$$

Der Algorithmus zur Berechnung der Logarithmusfunktion ist vorwärts stabil, wenn $|\ln x|$ nicht zu groß ist, z. B. für $x \in [e^{-10}, e^{10}]$.
Rückwärtsanalyse:

$$\tilde{f}(x) = (1 + \varepsilon) \ln x = \ln\left(x^{1+\varepsilon} \right) =: \ln \tilde{x}.$$

$\tilde{x}$ ist eindeutig bestimmt und es gilt

$$\left| \frac{\tilde{x} - x}{x} \right| = \left| \frac{x e^{\varepsilon \ln x} - x}{x} \right| \approx \left| \frac{x(1 + \varepsilon \ln x) - x}{x} \right| = |\varepsilon| \, |\ln x|,$$

sodass der Algorithmus zur Berechnung der Logarithmusfunktion auch rückwärts stabil ist, wenn $|\ln x|$ nicht zu groß ist.
Für $x \notin \mathcal{R}$ ist eine zusätzliche Rundung zur Berechnung des Logarithmus erforderlich. Für den Algorithmus

$$z_1 := \Box x = x(1 + \varepsilon_1),$$

$$z_2 := \Box \ln z_1 = (1 + \varepsilon_2) \ln z_1,$$

$$\tilde{f} := z_2$$

erhält man mit Taylor-Entwicklung

$$\tilde{f}(x) = f(\tilde{x}) \quad \text{für} \quad \tilde{x} = \big(x(1+\varepsilon_1)\big)^{1+\varepsilon_2} \approx x\big(1+\varepsilon_1+\varepsilon_2 \ln x\big).$$

Auch dieser Algorithmus ist rückwärts stabil für hinreichend kleine Werte von $|\ln x|$.
$\triangle$

Für weitere Stabilitätsuntersuchungen sind die folgenden auf Taylor-Entwicklung beruhenden Approximationen nützlich:

- $(1+\varepsilon_1)(1+\varepsilon_2) \approx 1+\varepsilon_1+\varepsilon_2, \quad (1+\varepsilon)^n \approx 1+n\varepsilon,$
- $\dfrac{1}{1+\varepsilon} \approx 1-\varepsilon, \quad \dfrac{1+\varepsilon_1}{1+\varepsilon_2} \approx 1+\varepsilon_1-\varepsilon_2,$
- $\sqrt{1+\varepsilon} \approx 1+\dfrac{1}{2}\varepsilon.$

Beispiel 8.15 Es sei

$$f(x) = \frac{1}{x^2}, \quad x > 0,$$

und $\tilde{f}$ der folgende Algorithmus zur Berechnung von Funktionswerten von f:

$$z_1 = x^2(1+\varepsilon_1),$$
$$z_2 = \frac{1}{z_1}(1+\varepsilon_2),$$
$$\tilde{f} = z_2,$$

mit $|\varepsilon_1|, |\varepsilon_2| \leq \text{eps}$. Aus

$$\tilde{f}(x) = \frac{1}{x^2}\frac{(1+\varepsilon_2)}{(1+\varepsilon_1)} \overset{!}{=} f(\tilde{x}) = \frac{1}{\tilde{x}^2}$$

folgt

$$\tilde{x} = x\sqrt{\frac{1+\varepsilon_1}{1+\varepsilon_2}}$$

und somit

$$\left|\frac{\tilde{x}-x}{x}\right| = \left|\sqrt{\frac{1+\varepsilon_1}{1+\varepsilon_2}} - 1\right| \approx \left|\frac{1+\frac{1}{2}\varepsilon_1}{1+\frac{1}{2}\varepsilon_2} - 1\right| \approx \left|1+\frac{1}{2}\varepsilon_1 - \frac{1}{2}\varepsilon_2 - 1\right| \leq \frac{1}{2}\,\text{eps} + \frac{1}{2}\,\text{eps} = \text{eps}\,.$$

Daher ist $\tilde{f}$ rückwärts stabil. $\triangle$

8.5   Zusammenfassung und Ausblick

Werden numerische Verfahren auf Computern in Gleitpunktarithmetik ausgeführt, kommt es zu Darstellungs- und Rundungsfehlern, welche sich im Verlauf der Rechnung fortpflanzen. Bei instabilen Algorithmen kann dies dramatische Fehlerverstärkungen verursachen, die das Ergebnis unbrauchbar machen.

In manchen Situationen garantiert Stabilität eines Algorithmus die Konvergenz der damit berechneten Näherungslösungen. Dies gilt unter anderem für die numerische Lösung von Differentialgleichungen. Ohne Kenntnis der exakten Lösung ist Konvergenz auf direktem Weg schwer zu zeigen. Einfacher ist es, die sogenannte Konsistenzordnung eines solchen Näherungsverfahrens zu bestimmen und seine Stabilität nachzuweisen. Aus beidem folgt dann die Konvergenz.

Anhang A: Metrik, Norm und Skalarprodukt

A

In diesem Abschnitt beschreiben wir die wichtigsten Zusammenhänge zwischen einer Metrik, einer Norm und einem Skalarprodukt. Insbesondere wird diskutiert, welche zusätzlichen Eigenschaften eine Norm gegenüber einer Metrik besitzt und unter welchen Umständen man eine Norm zu einem Skalarprodukt erweitern kann. In der umgekehrten Richtung sind die Verhältnisse einfach: Jedes Skalarprodukt induziert eine Norm und jede Norm eine Metrik.

Definition A.1 Sei X eine nichtleere Menge. Falls jedem Paar (x, y) zweier Elemente $x, y \in X$ ein Abstand $d(x, y)$ mit den Eigenschaften

(i) $\quad d(x, y) \geq 0, \quad d(x, y) = 0 \iff x = y \quad$ (Definitheit)

(ii) $\quad d(x, y) = d(y, x) \quad\quad\quad\quad\quad\quad$ (Symmetrie)

(iii) $\quad d(x, z) \leq d(x, y) + d(y, z) \quad\quad$ (Dreiecks-Ugl.)

zugeordnet ist, heißt d Metrik auf X und X metrischer Raum.

Mithilfe einer Metrik wird in der Mathematik häufig Konvergenz gemessen. In einem metrischen Raum M bedeutet Konvergenz einer Folge $\{x_n\}$ gegen ein $x \in M$, dass die Folge der Abstände $\{d(x, x_n)\}$ gegen Null strebt. Konvergenz in M wird dadurch auf die Konvergenz einer reellen Zahlenfolge zurückgeführt.

Beispiel A.2

1. Diskrete Metrik: $d(x, y) = 1$ für $x \neq y$.
2. Euklid'scher Abstand im $\mathbb{R}^n$: Für zwei Punkte $x, y \in \mathbb{R}^n$ ist

$$d(x, y) = \sqrt{\sum_{j=1}^{n}(y_j - x_j)^2}.$$

M. Neher, *Numerische Mathematik*, https://doi.org/10.1007/978-3-662-68815-1

3. Sei $f: \mathbb{R} \to \mathbb{R}$ eine injektive Funktion. Dann wird durch

$$d(x, y) = |f(x) - f(y)|$$

   eine Metrik auf $\mathbb{R}$ definiert.   △

Die Anschauung im $\mathbb{R}^2$ und $\mathbb{R}^3$ zeigt, dass für eine Metrik d in einem Vektorraum V die folgenden zusätzlichen Eigenschaften wünschenswert sind:

(vi) Der Abstand ist verschiebungsinvariant, d.h. für beliebige x, y, $z \in V$ gilt

$$d(x, y) = d(x + z, y + z).$$

 (v) Homogenität: Der Abstand des Vektors αx zum Ursprung wächst proportional zu $|\alpha| \in \mathbb{R}$:

$$d(\alpha x, 0) = |\alpha|\, d(x, 0).$$

Für eine verschiebungsinvariante homogene Metrik gilt:

Lemma A.3 *Es sei V ein reeller Vektorraum. Eine Metrik d in V mit den Eigenschaften (i)–(v) erfüllt für beliebige $x \in V$, $\alpha \in \mathbb{R}$ die folgenden Bedingungen:*

(i') $d(x, 0) \geq 0,\ \ d(x, 0) = 0 \iff x = 0.$ *(Definitheit)*

(ii') $d(\alpha x, 0) = |\alpha|\, d(x, 0).$ *(Homogenität)*

(iii') $d(x + y, 0) \leq d(x, 0) + d(y, 0).$ *(Dreiecks-Ungleichung)*

Beweis (i') ist ein Spezialfall von (i), (ii') ist (v). (iii') folgt aus

$$d(x + y, 0) \stackrel{\text{(iv)}}{=} d(x, -y) \stackrel{\text{(iii)}}{\leq} d(x, 0) + d(0, -y) \stackrel{\text{(ii,v)}}{=} d(x, 0) + d(y, 0).$$

Setzt man $\|x\| := d(x, 0)$ und fordert für $\|.\|$ die Eigenschaften (i')–(iii'), erhält man eine Norm in V.

Definition A.4 Sei V ein reeller Vektorraum. Eine Abbildung $\|.\| : V \to \mathbb{R}_0^+$ heißt Norm, falls sie die folgenden Eigenschaften erfüllt:

(i) $\|x\| \geq 0$ für alle $x \in V$ und $\|x\| = 0 \iff x = 0$ (Nullvektor). (Definitheit)

(ii) $\|\alpha x\| = |\alpha|\, \|x\|$ für alle $x \in V$, $\alpha \in \mathbb{R}$.   (Homogenität)

(iii) $\|x + y\| \leq \|x\| + \|y\|$ für alle $x, y \in V$.   (Dreiecks-Ungleichung)

Abb. A.1 Parallelogrammgleichung

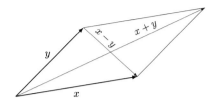

Bemerkung A.5 Jede Norm erfüllt die umgekehrte Dreiecks-Ungleichung

$$\text{(iii)'} \quad \big| \|x\| - \|y\| \big| \leq \|x - y\| \quad \text{für alle } x, y \in V.$$

(iii)' ist eine verkleidete Stetigkeitsaussage. Jede Norm ist stetig, denn aus $y \to x$ folgt nach (iii)' auch $\|y\| \to \|x\|$.

Außerdem induziert jede Norm durch $d(x, y) := \|x - y\|$ eine verschiebungsinvariante homogene Metrik in V. ◇

Die Euklid-Norm in $\mathbb{R}^2$ erfüllt die Parallelogrammgleichung

$$\|x + y\|^2 + \|x - y\|^2 = 2 \left(\|x\|^2 + \|y\|^2 \right). \tag{A.1}$$

Der Beweis kann mit dem Kosinussatz erbracht werden (Abb. A.1).

△

Für eine Norm, die (A.1) erfüllt, definieren wir nun:

$$(x, y) := \frac{1}{4} \left(\|x + y\|^2 - \|x - y\|^2 \right).$$

Dann folgt für alle $x, y, z \in V$ und alle $\alpha, \beta \in \mathbb{R}$:

1. $(x, x) = \|x\|^2$, sodass $(x, x) \geq 0$ und $(x, x) = 0 \Leftrightarrow x = 0$ (Definitheit).
2. $(x, y) = (y, x)$ (Symmetrie).
3. $(\alpha x + \beta y, z) = \alpha(x, z) + \beta(y, z)$ (Bilinearform).

Der Beweis der ersten beiden Eigenschaften ist trivial. Der Nachweis der dritten Eigenschaft kann mit geeigneten Hilfsgrößen rechnerisch geführt werden, ist aber keineswegs naheliegend.

Definition A.6 Es sei V ein reeller Vektorraum. Eine positiv definite symmetrische Bilinearform

$$(.,.) \colon V \times V \to \mathbb{R}$$

mit den Eigenschaften

(1) $(x, x) \geq 0$ und $(x, x) = 0 \iff x = 0$ (Definitheit)

(2) $(x, y) = (y, x)$ (Symmetrie)

(3) $(\alpha x + \beta y, z) = \alpha(x, z) + \beta(y, z)$ (Bilinearform)

heißt Skalarprodukt. V nennt man dann Skalarproduktraum oder Innenproduktraum. Ein vollständiger Innenproduktraum heißt Hilbert-Raum.

Bemerkung A.7

1. Jedes Skalarprodukt induziert durch

$$\|x\| = \sqrt{(x, x)}$$

   eine Norm, die kanonische Norm in V.
2. Eine Norm wird genau dann von einem Skalarprodukt induziert, wenn sie die Parallelogrammgleichung erfüllt.
3. Für ein Skalarprodukt und die induzierte Norm gilt die Cauchy-Schwarzsche-Ungleichung

$$|(x, y)| \leq \|x\| \, \|y\| \, .$$

Skalarprodukte sind vor allem nützlich, um Winkel zu messen.

Definition A.8 Durch

$$\cos \varphi := \frac{(x, y)}{\|x\| \, \|y\|}$$

wird ein Winkel zwischen Vektoren $x, y \in V \setminus \{0\}$ definiert.

Dadurch wird Orthogonalität von Vektoren festgelegt. Es gilt

$$x \perp y \iff \cos \varphi = 0 \iff (x, y) = 0.$$

Die wichtigsten Anwendungen betreffen die Berechnung von Orthonormalbasen und die Bestapproximation in Innenprodukträumen.

Anhang B: Darstellung der Matrizenmultiplikation durch dyadische Produkte

B

Gemäß der Berechnungsvorschrift zur Matrizenmultiplikation ist das dyadische Produkt eines Spaltenvektors $a \in \mathbb{R}^m$ mit einem Zeilenvektor $b^T \in \mathbb{R}^n$ eine Matrix mit Rang 1, deren Zeilen aus Vielfachen des Zeilenvektors b^T gebildet werden und in deren Spalten Vielfache des Spaltenvektors a stehen:

$$a \cdot b^T = \underbrace{\begin{pmatrix} a_1 \\ \vdots \\ a_m \end{pmatrix}}_{m \times 1} \cdot \underbrace{\begin{pmatrix} b_1 & \ldots & b_n \end{pmatrix}}_{1 \times n} = \underbrace{\begin{pmatrix} a_1 b_1 & a_1 b_2 & \ldots & a_1 b_n \\ a_2 b_1 & a_2 b_2 & \ldots & a_2 b_n \\ \vdots & \vdots & & \vdots \\ a_m b_1 & a_m b_2 & \ldots & a_m b_n \end{pmatrix}}_{m \times n}.$$

Eine beliebige Matrix $C \in \mathbb{R}^{m \times n}$ kann mithilfe dyadischer Produkte als Summe von Rang 1-Matrizen dargestellt werden. Bezeichnet s^j, $j = 1, 2, \ldots, n$, die Spaltenvektoren von C, $(z^i)^T$, $i = 1, 2, \ldots, m$, die Zeilenvektoren von C, e^j den j-ten Einheitsvektor im $\mathbb{R}^n$ und $\tilde{e}^i$ den i-ten Einheitsvektor im $\mathbb{R}^m$, dann gilt

$$C = \sum_{j=1}^{n} s^j (e^j)^T = \sum_{i=1}^{m} \tilde{e}^i (z^i)^T.$$

Beispiel B.1 Es sei

$$C = \begin{pmatrix} 1 & 2 & 3 \\ 4 & 5 & 6 \end{pmatrix}.$$

Dann gilt:

$$C = \begin{pmatrix} 1 & 0 & 0 \\ 4 & 0 & 0 \end{pmatrix} + \begin{pmatrix} 0 & 2 & 0 \\ 0 & 5 & 0 \end{pmatrix} + \begin{pmatrix} 0 & 0 & 3 \\ 0 & 0 & 6 \end{pmatrix}$$

$$= \begin{pmatrix} 1 \\ 4 \end{pmatrix} \begin{pmatrix} 1 & 0 & 0 \end{pmatrix} + \begin{pmatrix} 2 \\ 5 \end{pmatrix} \begin{pmatrix} 0 & 1 & 0 \end{pmatrix} + \begin{pmatrix} 3 \\ 6 \end{pmatrix} \begin{pmatrix} 0 & 0 & 1 \end{pmatrix}$$

$$= \begin{pmatrix} 1 & 2 & 3 \\ 0 & 0 & 0 \end{pmatrix} + \begin{pmatrix} 0 & 0 & 0 \\ 4 & 5 & 6 \end{pmatrix}$$

$$= \begin{pmatrix} 1 \\ 0 \end{pmatrix} \begin{pmatrix} 1 & 2 & 3 \end{pmatrix} + \begin{pmatrix} 0 \\ 1 \end{pmatrix} \begin{pmatrix} 4 & 5 & 6 \end{pmatrix}.$$

△

Für das Matrizenprodukt von $A \in \mathbb{R}^{m \times n}$ mit Spaltenvektoren a^j und $B \in \mathbb{R}^{n \times p}$ mit Zeilenvektoren $(b^i)^T$ folgt hieraus ebenfalls eine Darstellung als Summe von dyadischen Produkten bzw. Rang 1-Matrizen:

$$AB = \Big(\sum_{j=1}^{n} a^j (e^j)^T\Big)\Big(\sum_{i=1}^{n} e^i (b^i)^T\Big) = \sum_{j=1}^{n}\sum_{i=1}^{n} a^j \underbrace{(e^j)^T e^i}_{\delta_{ij}} (b^i)^T,$$

also

$$AB = \sum_{i=1}^{n} a^i (b^i)^T. \tag{B.1}$$

Beispiel B.2 Es sei

$$A = \begin{pmatrix} -2 & 0 & 1 \\ 2 & 3 & -1 \end{pmatrix}, \qquad B = \begin{pmatrix} 1 & 2 & 3 & 4 \\ 5 & 6 & 7 & 8 \\ 9 & 10 & 11 & 12 \end{pmatrix}.$$

Dann gilt

$$AB = \begin{pmatrix} 7 & 6 & 5 & 4 \\ 8 & 12 & 16 & 20 \end{pmatrix}$$

$$= \begin{pmatrix} -2 & -4 & -6 & -8 \\ 2 & 4 & 6 & 8 \end{pmatrix} + \begin{pmatrix} 0 & 0 & 0 & 0 \\ 15 & 18 & 21 & 24 \end{pmatrix} + \begin{pmatrix} 9 & 10 & 11 & 12 \\ -9 & -10 & -11 & -12 \end{pmatrix}$$

$$= \begin{pmatrix} -2 \\ 2 \end{pmatrix} \begin{pmatrix} 1 & 2 & 3 & 4 \end{pmatrix} + \begin{pmatrix} 0 \\ 3 \end{pmatrix} \begin{pmatrix} 5 & 6 & 7 & 8 \end{pmatrix} + \begin{pmatrix} 1 \\ -1 \end{pmatrix} \begin{pmatrix} 9 & 10 & 11 & 12 \end{pmatrix}.$$

△

Anhang C: Der Satz von Gerschgorin

C

In numerischen Fehlerabschätzungen treten gelegentlich Eigenwerte von Matrizen auf. In der Regel lassen sich diese Eigenwerte nur mit hohem Aufwand genau bestimmen. Manchmal genügen aber Eigenwertschranken. Zur einfachen Berechnung solcher Schranken kann man den Satz von Gerschgorin heranziehen, der eine Aussage über die Lage der Eigenwerte einer Matrix in der komplexen Ebene macht.

Die Ungleichung

$$|z - z_0| \leq r$$

beschreibt eine komplexe Kreisscheibe mit Mittelpunkt $z_0 = x_0 + i\, y_0$ und Radius $r > 0$ (Abb. C.1).

Satz C.1

1. Die Eigenwerte der Matrix

$$A = \begin{pmatrix} a_{11} & a_{12} & \cdots & a_{1n} \\ a_{21} & a_{22} & \ddots & \vdots \\ \vdots & \ddots & \ddots & a_{n-1,n} \\ a_{n1} & \cdots & a_{n,n-1} & a_{nn} \end{pmatrix} \in \mathbb{C}^{n \times n}$$

Abb. C.1 Kreisscheibe in $\mathbb{C}$

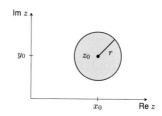

liegen in der Vereinigung der n komplexen Kreisscheiben

$$K_i : \ |z - a_{ii}| \leq \sum_{\substack{j=1 \\ j \neq i}}^{n} |a_{ij}|, \quad i = 1, 2, \ldots, n.$$

Der Mittelpunkt von K_i ist a_{ii} und der Radius von K_i ist die Summe der Beträge der Nichtdiagonalelemente in der i-ten Zeile von A.

2. *Bilden m dieser Kreisscheiben eine Menge M, die von den übrigen Kreisscheiben nicht geschnitten wird, dann liegen in M genau m Eigenwerte von A.*

Beweis

von 1.: x sei ein Eigenvektor zum Eigenwert λ von A. i bezeichne den Index einer betragsgrößten Komponente von x. Dann lautet die i-te Zeile von $Ax = \lambda x$:

$$(\lambda - a_{ii})x_i = \sum_{\substack{j=1 \\ j \neq i}}^{n} a_{ij}x_j,$$

woraus

$$|\lambda - a_{ii}| \, |x_i| = \left| \sum_{\substack{j=1 \\ j \neq i}}^{n} a_{ij}x_j \right| \leq \sum_{\substack{j=1 \\ j \neq i}}^{n} |a_{ij}| \, |x_j| \leq |x_i| \sum_{\substack{j=1 \\ j \neq i}}^{n} |a_{ij}|$$

folgt. Division durch $|x_i|$ ergibt schließlich

$$|\lambda - a_{ii}| \leq \sum_{\substack{j=1 \\ j \neq i}}^{n} |a_{ij}|,$$

d.h. der Eigenwert λ liegt in mindestens einem der Geschgorin-Kreise (nämlich dem i-ten). Alle Eigenwerte von A liegen somit in der Vereinigung der Gerschgorin-Kreise.

von 2.: Sei $D := \mathrm{diag}(a_{11}, \ldots, a_{nn})$ der Diagonalanteil von A und $C := A - D$. Die Eigenwerte der Matrix

$$A_\varepsilon := D + \varepsilon C$$

hängen stetig von ε ab. Beim Übergang von $\varepsilon = 0$ zu $\varepsilon = 1$ blähen sich die Gerschgorin-Punkte der Matrix $D = A_0$ stetig zu den Gerschgorin-Kreisen von $A = A_1$ auf. Die ursprünglichen m Eigenwerte der Diagonalmatrix können die Vereinigung der zugehörigen m Gerschgorin-Kreise dabei nicht verlassen. Daraus folgt die Behauptung.   □

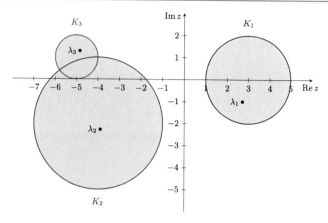

Abb. C.2 Gerschgorin-Kreise und Eigenwerte von A

Beispiel C.2 Die Eigenwerte der Matrix

$$A = \begin{pmatrix} 3-i & i & -1 \\ 2i & -4 & -1 \\ 0 & 1 & -5+i \end{pmatrix}$$

liegen in der Vereinigung der Kreisscheiben

$$K_1 : |z - 3 + i| \leq 1 + 1 = 2,$$

$$K_2 : |z + 4| \leq 2 + 1 = 3,$$

$$K_3 : |z + 5 - i| \leq 1.$$

Der Kreis K_1 und die Vereinigung von K_2 und K_3 sind disjunkt. Daher liegt in K_1 ein Eigenwert von A und in $K_2 \cup K_3$ liegen zwei Eigenwerte von A (Abb. C.2).

Die Gerschgorin-Kreise können auch aus den Spalten von A abgeleitet werden, denn die Eigenwerte von A und A^T stimmen überein. Durch Schnittbildung erhält man bei unsymmetrischen Matrizen manchmal bessere Eigenwerteinschließungen.

Beispiel C.3 Die Eigenwerte der Matrix

$$A = \begin{pmatrix} 0 & 1 & 1 \\ 2 & 6 & 1 \\ 4 & 2 & 12 \end{pmatrix}$$

liegen in der Vereinigung der zeilenweise bestimmten Kreisscheiben

$$K_1 : |z| \leq 1 + 1 = 2,$$

$$K_2 : |z - 6| \leq 2 + 1 = 3,$$

$$K_3 : |z - 12| \leq 2 + 4 = 6,$$

aber auch in der Vereinigung der spaltenweise bestimmten Kreisscheiben

$$\widehat{K}_1 : |z| \leq 2 + 4 = 6,$$

$$\widehat{K}_2 : |z - 6| \leq 1 + 2 = 3,$$

$$\widehat{K}_3 : |z - 12| \leq 1 + 1 = 2.$$

Wegen

$$K_1 \cap (K_2 \cup K_3) = \emptyset = (\widehat{K}_1 \cup \widehat{K}_2) \cap \widehat{K}_3$$

liegt ein Eigenwert der Matrix A in K_1, ein Eigenwert in $\widehat{K}_3$ sowie ein Eigenwert in

$$(K_2 \cup K_3) \cap (\widehat{K}_1 \cup \widehat{K}_2) = K_2.$$

$\triangle$

Anhang D: Auswertung von Polynomen

D

In diesem Anhang stellen wir verschiedene Methoden vor, um Funktionswerte von Polynomen zu berechnen. Der natürliche Weg zur Berechnung von

$$\sum_{j=0}^{n} a_j x^j = a_n x^n + a_{n-1} x^{n-1} + \cdots + a_1 x + a_0 \tag{D.1}$$

besteht darin, die Potenzen $x^2, x^3, \ldots x^n$ zu bestimmen, was insgesamt $n-1$ Multiplikationen erfordert, und anschließend (D.1) mithilfe von weiteren n Multiplikationen und n Additionen auszuwerten.

Durch geschickte Klammerung lassen sich die $n-1$ Multiplikationen zur Berechnung der Potenzen einsparen. Wir veranschaulichen dies zunächst für $n = 3$. Es ist

$$a_3 x^3 + a_2 x^2 + a_1 x + a_0 = \big((a_3 x + a_2) x + a_1 \big) x + a_0.$$

Auf der linken Seite des Gleichheitszeichens treten fünf Multiplikationen auf, auf der rechten Seite nur drei. Im Allgemeinen führt die Klammerung auf den folgenden nach William George Horner benannten Algorithmus:

Algorithmus D.1: Horner-Schema

Gegeben: Polynomkoeffizienten $a_n, \ldots, a_0$
sowie Argument x.

$p_n := a_n$
Für $j = n-1, n-2, \ldots, 0$:
$\quad p_n := p_n \cdot x + a_j$

M. Neher, *Numerische Mathematik*,
https://doi.org/10.1007/978-3-662-68815-1

Durch analoge Klammerung kann auch das Newton'sche Interpolationspolynom ausgewertet werden. Für das Polynom p_4 in Beispiel 6.10 verwendet man die Darstellung

$$p_4(x) = \left(\left(\left(\frac{9}{40}(x - \frac{2}{3}) + \frac{3}{20} \right)x - 1 \right)(x - 1) \right)(x + 1).$$

Das allgemeine Vorgehen wird daraus ersichtlich.

Sind Polynome rekursiv definiert, kann die Rekursionsformel ebenfalls zur
Berechnung von Funktionswerten herangezogen werden. Bei kurzen Rekursionen
ist dies eine effiziente Alternative zur natürlichen Auswertung. Beispielsweise lässt
sich der Funktionswert $T_n(t)$ des n-ten Tschebyschow-Polynoms T_n an der Stelle t
durch

$$x = 2 \cdot t, \quad T_0 = 1, \quad T_1 = t, \quad T_{j+1} = x \cdot T_j - T_{j-1}, \quad j = 1, \ldots, n - 1,$$

mithilfe von n Multiplikationen und $n - 1$ Additionen berechnen.

Literatur

1. F. J. Anscombe. „Graphs in Statistical Analysis". In: *The American Statistician* 27 (1973), S. 17–21.
2. G. Bärwolff. *Numerik für Ingenieure, Physiker und Informatiker*. 3. Aufl. Heidelberg: Spektrum-Verlag, 2020.
3. J.-P. Berrut und L. N. Trefethen. „Barycentric Lagrange Interpolation". In: *SIAM Rev.* 46 (2004), S. 501–517.
4. J. Bewersdorff. *Algebra für Einsteiger*. 6. Aufl. Wiesbaden: Springer Spektrum, 2019.
5. A. Björck. „Iterative Refinement of Linear Least Squares Solutions". In: *BIT* 7 (1967), S. 1–21.
6. C. de Boor. *A Practical Guide to Splines*. Rev. ed. New York: Springer, 2001.
7. W. Dahmen und A. Reusken. *Numerik für Ingenieure und Naturwissenschaftler*. 3. Aufl. Berlin: Springer Spektrum, 2022.
8. P. Deuflhard und A. Hohmann. *Numerische Mathematik 1, Eine algorithmisch orientierte Einführung*. 5. Aufl. Berlin: de Gruyter, 2019.
9. G. Faber. „Über die interpolatorische Darstellung stetiger Funktionen". In: *Jahresbericht der DMV* 23 (1914), S. 192–210.
10. O. Forster und F. Lindemann. *Analysis 1*. 13. Aufl. Wiesbaden: Springer Spektrum, 2023.
11. G. E. Forsythe und C. B. Moler. *Computer Solution of Linear Algebraic Systems*. Englewood Cliffs, N.J.: Prentice-Hall, 1967.
12. G. Golub und C. van Loan. *Matrix Computations*. 4th ed. Baltimore: John Hopkins University Press, 2013.
13. M. Hanke-Bourgeois. *Grundlagen der Numerischen Mathematik und des Wissenschaftlichen Rechnens*. 3. Aufl. Stuttgart: Teubner, 2009.
14. N. Henze. *Stochastik für Einsteiger*. 13. Aufl. Berlin: Springer Spektrum, 2021.
15. P. Knabner, B. Reuter und R. Schulz. *Mit Mathe richtig anfangen –Eine Einführung mit integrierter Anwendung der Programmiersprache Python*. Wiesbaden: Springer Spektrum, 2019.
16. J. Marcinkiewicz. „Sur l'interpolation d'operations". In: *C. R. Acad. des Sciences* 208 (1939), S. 1272–1273.
17. A. Meister. *Numerik linearer Gleichungssysteme, Eine Einführung in moderne Verfahren*. 5. Aufl. Wiesbaden: Springer Spektrum, 2015.
18. J.-M. Muller. *Elementary Functions. Algorithms and Implementation*. 3rd ed. New York: Springer Science+Business Media, 2016.
19. G. Opfer. *Numerische Mathematik für Anfänger, Eine Einführung für Mathematiker, Ingenieure und Informatiker*. 5. Aufl. Wiesbaden: Vieweg+Teubner, 2008.

M. Neher, *Numerische Mathematik*,
https://doi.org/10.1007/978-3-662-68815-1

20. J. M. Ortega undW. C. Rheinboldt. *Iterative Solution of Nonlinear Equations in Several Variables*. Philadelphia: Society for Industrial und Applied Mathematics, 2000.

21. R. Plato. *Numerische Mathematik kompakt*. 5. Aufl. Berlin: Springer Spektrum, 2021.

22. T. Richter und T. Wick. *Einführung in die Numerische Mathematik*. Berlin: Springer Spektrum, 2017.

23. L. Schumaker. *Spline Functions: Basic Theory*. 3rd ed. Cambridge: Cambridge University Press, 2007.

24. L. Schumaker. *Spline Functions: Computational Methods*. Philadelphia: SIAM, 2015.

25. H.-R. Schwarz und N. Köckler. *Numerische Mathematik*. 8. Aufl. Wiesbaden: Vieweg+Teubner, 2011.

26. L. N. Trefethen. „Is Gauss Quadrature Better than Clenshaw-Curtis?" In: *SIAM Rev.* 50 (2008), S. 67–87.

27. J. E. Volder. „The CORDIC Trigonometric Computing Technique". In: *IRE Transactions on Electronic Computers* 8 (1959), S. 330–334.

28. D. S. Watkins. *The Matrix Eigenvalue Problem*. Philadelphia: SIAM, 2007.

Stichwortverzeichnis

© Der/die Herausgeber bzw. der/die Autor(en), exklusiv lizenziert an Springer-Verlag GmbH, DE, ein Teil von Springer Nature 2024
M. Neher, *Numerische Mathematik*,
https://doi.org/10.1007/978-3-662-68815-1

Printed in the United States
by Baker & Taylor Publisher Services